本书荐辞

"是时候写一本通俗易懂、内容全面的数据分析知识指南了,好让概念的学习变得既简单又有趣。借助各种成熟的技术和免费的工具,数据分析将改变你思考问题和解决问题的方式。概念对理论有用,对实践更有用。"

——Anthony Rose, Support Analytics公司总裁

"《深入浅出数据分析》写得漂亮,读者可以学到分析现实问题的系统性方法。从卖咖啡到开橡皮玩具厂,再到要求老板涨工资,此书告诉我们如何发现和解密数据在日常生活中的强大作用。从图形图表到Excel和R计算机程序,《深入浅出数据分析》想尽办法让各个层次的读者都体会到系统化的数据分析对于制定大大小小的决策的强大作用。"

——Eric Heilman, 乔治敦预备学校统计学教师

"被堆积如山的数据压得喘不过气了?让Michael Milton做你的老师吧,在办公工具里添上数据分析工具,抢占技术先机。《深入浅出数据分析》将告诉你如何将原始数据转变成真正的知识。别再抽签算卦了——几套软件,一本《深入浅出数据分析》,就能让你做出正确的决策。"

——Bill Mietelski, 软件工程师

 本书资源

注册成为博文视点社区(www.broadview.com.cn)用户,即享受以下服务:

- **下载资源**:本书所提供的示例代码及资源文件均可在【下载资源】处下载。
- **提勘误赚积分**:可在【提交勘误】处提交对内容的修改意见,若被采纳将获赠博文视点社区积分(可用来抵扣购买电子书的相应金额)。
- **交流学习**:在页面下方【读者评论】处留下您的疑问或观点,与作者和其他读者共同交流。

页面入口:http://www.broadview.com.cn/18477

二维码入口:

深入浅出系列图书美誉

"Kathy和Bert合著的《深入浅出Java》（*Head First Java*）让白纸黑字摇身一变，成为读者领略过的最接近GUI的作品。作者以幽默、新潮的风格，让学习Java成为不断追问'他们接下来打算怎么办呢？'的愉快体验。"

——Warren Keuffel,《软件开发杂志》

"《深入浅出Java》（*Head First Java*）引人入胜的风格会把一无所知的你变成斗志昂扬的Java战士，不仅如此，书中还收入了大量实用事例，这样的实用事例在其他文章中只会留给恐怖的'读者练习'。此书睿智、幽默、新潮而实用——能在讲授对象序列化和网络加载协议知识的同时有这样的主张并坚持做到的书籍并不多见。"

——Dan Russell博士，IBM Almaden研究中心用户科学和用户体验研究室主任（兼斯坦福大学人工智能教师）

"此书明快，风趣，玩世不恭，引人入胜。细心读——你可能确实能学到东西！"

——Ken Arnold,　曾任Sun Microsystems高级工程师，与Java创始人James Gosling合著《Java编程语言》（*The Java Programming Language*）

"如醍醐灌顶，脑海中堆积如山的书本知识一下子消化了。"

——Ward Cunningham, 维基百科发明人，Hillside Group创立人

"正合我们这些喜欢研究技术、生活随意的程序员的口味，实用开发策略的称手参考书——让我的大脑尽情运转，无须硬着头皮应付迂腐乏味的专家说教。"

——Travis Kalanick, Scour网站和Red Swoosh网站创始人，获麻省理工学院TR100（《技术回顾》世界百名青年创新学者）称号

"有的书是用来买的，有的书是用来藏的，还有的书是用来摆在案头的。感谢O'Reilly和Head First的员工，他们出了最高等级的书——深入浅出（*Head First*）系列，让人爱不释手、百读不厌。《深入浅出SQL》（*Head First SQL*）是我最心爱的书，都快翻烂了。"

——Bill Sawyer, Oracle公司ATG课程经理

"本书的透彻、幽默和睿智令人钦佩，连编程门外汉也能借助这样的书想出办法解决问题。"

—— Cory Doctorow,　博客网站BoingBoing撰稿人合作编辑，著有《魔法王国的故事》（*Down and Out in the Magic Kingdom*）及《人来人往的城市》（*Someone Comes to Town, Someone Leaves Town*）

深入浅出系列图书美誉

"昨天收到书就开始读……一读就停不下来了，真是酷毙了。书很有趣，内容扎实，切中肯綮。印象太好了。"

——Erich Gamma，IBM 杰出工程师，《设计模式》（*Design Patterns*）合著者

"我读过的最有趣、最高明的软件设计图书之一。"

—— Aaron LaBerge，ESPN.com 技术副主席

"过去要犯着错误摸索前进的漫长学习过程，现在干净利落地浓缩在一本迷人的平装书中。"

——Mike Davidson，Newsvine, Inc.首席执行官

"每一章都凝聚着优雅的设计，每一条原理无不饱含实用价值与闪光智慧。"

——Ken Goldstein，迪斯尼在线执行副总裁

"我♥《深入浅出HTML + CSS & XHTML》（*Head First HTML with CSS & XHTML*）。它以'有趣'的模式，将全部知识倾囊相授。"

——Sally Applin，UI设计师、艺术家

"通常，阅读设计模式方面的书或文章时，我都得头悬梁锥刺股才能保证注意力集中。这本书却是个例外，听起来可能有点怪，这本书让学习设计模式变得盎然有趣。

"当其他设计模式方面的书籍还在教读者呀呀学语时，这本书却已在踏浪高歌'加油，兄弟！'"

——Eric Wuehler

"我实实在在爱这本书。不瞒大家说，我当着老婆的面亲了这本书。"

——Satish Kumar

O'Reilly其他相关图书

Analyzing Business Data with Excel

Excel Scientific and Engineering Cookbook

Access Data Analysis Cookbook

O'Reilly深入浅出系列其他图书

Head First Java

Head First Object-Oriented Analysis and Design (OOA&D)

Head First HTML with CSS and XHTML

Head First Design Patterns

Head First Servlets and JSP

Head First EJB

Head First PMP

Head First SQL

Head First Software Development

Head First JavaScript

Head First Ajax

Head First Physics

Head First Statistics

Head First Rails

Head First PHP & MySQL

Head First Algebra

Head First Web Design

Head First Networking

O'REILLY®

深入浅出数据分析
Head First Data Analysis

Michael Milton 著

李芳 译

电子工业出版社
Publishing House of Electronics Industry
北京·BEIJING

内 容 简 介

《深入浅出数据分析》以类似"章回小说"的活泼形式，生动地向读者展现优秀的数据分析人员应知应会的技术：数据分析基本步骤、实验方法、最优化方法、假设检验方法、贝叶斯统计方法、主观概率法、启发法、直方图法、回归法、误差处理、相关数据库、数据整理技巧；正文之后，意犹未尽地以三篇附录介绍数据分析十大要务、R工具及ToolPak工具，在充分展现目标知识以外，为读者搭建了走向深入研究的桥梁。

本书构思跌宕起伏，行文妙趣横生，无论读者是职场老手，还是业界新人；无论是字斟句酌，还是信手翻阅，都能跟着文字在职场中走上几回，体味数据分析领域的乐趣与挑战。

978-0-596-15393-9 Head First Date Analysis © 2009 by O'Reilly Media, Inc. Simplified Chinese edition, jointly published by O'Reilly Media ,Inc. and Publishing House of Electronics Industry, 2010.Authorized translation of the English edition, 2009 O'Reilly Media, Inc., the owner of all rights to publish and sell the same.All rights reserved including the rights of reproduction in whole or in part in any form.

本书中文简体版专有出版权由O'Reilly Media, Inc.授予电子工业出版社，未经许可，不得以任何方式复制或抄袭本书的任何部分。

版权贸易合同登记号　图字：01-2009-6690

图书在版编目（CIP）数据

深入浅出数据分析/（美）米尔顿（Milton,M.）著；李芳译.—北京：电子工业出版社，2012.12（2019.1重印）
书名原文：Head First Data Analysis
ISBN 978-7-121-18477-2

Ⅰ.①深… Ⅱ.①米…②李… Ⅲ.①统计数据—统计分析 Ⅳ.①O212.1

中国版本图书馆 CIP 数据核字（2012）第 213490 号

责任编辑：刘　皎
印　　刷：北京天宇星印刷厂
装　　订：三河市良远印务有限公司
出版发行：电子工业出版社
　　　　　北京市海淀区万寿路173信箱　　邮编：100036
开　　本：860×1092　1/16　　印张：30.5　　字数：480千字
版　　次：2012年12月第1版
印　　次：2019年1月第17次印刷
定　　价：88.00元

凡所购买电子工业出版社图书有缺损问题，请向购买书店调换。若书店售缺，请与本社发行部联系，联系及邮购电话：（010）88254888，88258888。
质量投诉请发邮件至zlts@phei.com.cn，盗版侵权举报请发邮件至dbqq@phei.com.cn。
本书咨询联系方式：（010）51260888-819，faq@phei.com.cn。

谨将此书献给我的祖母Jane Reese Gibbs

作者

作者简介

Michael Milton

Michael Milton将自己的大半职业生涯献给了非盈利机构，帮助这些机构解析和处理从赞助人那里收集来的数据，提高融资能力。

Michael Milton拥有新佛罗里达学院哲学学位及耶鲁大学宗教伦理学学位。多年来，他博览群书，这些书籍虽字字珠玑，却枯燥乏味；蓦然抬首，深入浅出（*Head First*）系列图书让他眼前一亮，他欣然抓住机会，写出了这本同样字字珠玑，兼振奋人心的书。

走出图书馆和书店，人们会看到他在跑步、摄影，以及亲手酿制啤酒。

译者序

2010年2月，春节将至，我向博文视点的某个邮箱寄出了一封请求参加翻译任何一本图书的邮件。很快，有人回信了，内容简单明了：请下载并试译第1章1~17页内容。落款是博文视点编辑徐定翔。于是我试译，寄出，然后等待。春节过去了，一切都从节日的慵懒中苏醒过来——包括我的试译结果——它来了：通过。合作事项很快商定，工作就这样开始了。

如今已是2010年8月，稿件已如期交付，按照出版惯例，我可以占用一点篇幅，谈谈这本书。

正如O'Reilly出版社的Head First系列的其他图书那样，本书在语言组织、排版设计方面非常有特色，用"新颖"二字形容毫不为过，用"周到"二字形容也十分妥当。

其构思跌宕起伏，其行文妙趣横生，无论读者是职场老手，还是业界新人；无论是字斟句酌，还是信手翻阅，相信都能跟着文字在职场中走上几回，体味数据分析领域的乐趣与挑战。一本技术图书，在传道授业之外，又为读者送上了章回小说的精彩。

这些设计巧妙的"章回"生动地向读者展现了数据分析基本步骤、实验方法、最优化方法、假设检验方法、贝叶斯统计方法、主观概率法、启发法、直方图法、回归法、误差处理、相关数据库、数据整理技巧，此后意犹未尽，又以3篇附录介绍数据分析十大要务、R工具及ToolPak工具，在尽情展现目标知识以外，为读者搭建了走向深入研究的桥梁。

与我们司空见惯的很多书籍不一样，本书更愿意引导读者进行思考，而不愿向读者灌输现成的条条框框去禁锢读者的想象空间。在本书点到即止的启发下，读者很有可能跃跃欲试，急不可待地要把目光投向更宽、更深的知识领域，发掘更多的数据分析知识，以便早日成为数据分析达人。

文章字里行间流露出作者传道授业的热忱，以下仅举两例：

一是设法克服术语的障碍。这一点，英语使用者恐怕比中文使用者体会更深，层出不穷的英语术语甚至让以英语为母语的读者感到厌倦和头痛，作者深知这一点，于是尽量用浅显的语言表述，解除英语读者的心头之患；至于中文，感谢祖国语言的优秀特性，倘若作为译者的我没有在这里帮倒忙，术语方面的问题甚至可以忽略不计了（为方便读者审评，部分术语翻译对照表可在此下载：http://images.china-pub.com/ebook195001-200000/197047/shuyu.pdf）。

二是设法实现理论与实践的转化。理论如何向实践转化，一向是学习者的难题。然而本书精心构思的"章回"体裁，却让理论知识与实际操作水乳交融，职场气息扑面而来，除了谈分析，作者也谈经济、谈局势、谈心理、谈做人，涉猎广泛，面面俱到。

能够理解，作者希望这本书成为读者书架上的常备手册，在读者走进数据分析领域之初，或是遇到从业疑难时，提供力所能及的帮助。我也如此希望。

最后，请容我借本序致谢：

感谢博文视点。

感谢徐定翔编辑对我的信任和指教。

感谢家人对我的理解和支持。

李芳
2010年8月

总目录

	序言	I
1	数据分析引言：分解数据	1
2	实验：检验你的理论	37
3	最优化：寻找最大值	75
4	数据图形化：图形让你更精明	111
5	假设检验：假设并非如此	139
6	贝叶斯统计：穿越第一关	169
7	主观概率：信念数字化	191
8	启发法：凭人类的天性作分析	225
9	直方图：数字的形状	251
10	回归：预测	279
11	误差：合理误差	315
12	相关数据库：你能关联吗？	359
13	整理数据：井然有序	385
附录A	尾声：正文未及的十大要诀	417
附录B	安装R：启动R！	427
附录C	安装Excel分析工具：ToolPak	431

细分目录及各章引子

序言

大脑对待数据分析的态度。一边是你努力想学会一些知识，一边是你的大脑忙着开小差。你的大脑在想："最好把位置留给更重要的事，像该离哪些野生动物远点啊，像光着身子滑雪是不是个坏点子啊。"既然如此，你该如何引诱你的大脑意识到，懂得数据分析是你安身立命的根本？

谁适合阅读本书？	II
我们了解你在想什么	III
元认知	V
征服大脑	VII
自述	VIII
技术顾问组	X
致谢	XI

1 数据分析引言

分解数据

数据无处不在。如今，不管是不是自称数据分析师，人人都得处理堆积如山的数据。熟谙一切数据分析技术方法的分析者会比其他人**技高一筹**：他们知道如何**处理**所有的数据材料，如何将原始数据转变成**推进现实工作**的妙策，如何**分解和构建**复杂的问题和数据集，进而牢牢把握工作中的各种问题的要害。

Acme化妆品公司需要你出力	2
首席执行官希望数据分析师帮他提高销量	3
数据分析就是仔细推敲证据	4
确定问题	5
客户将帮助你确定问题	6
Acme公司首席执行官给了你一些反馈	8
把问题和数据分解为更小的组块	9
现在再来看看了解到的情况	10
评估组块	13
分析从你介入的那一刻开始	14
提出建议	15
报告写好了	16
首席执行官欣赏你的工作	17
一则新闻	18
首席执行官确信的观点让你误入歧途	20
你对外界的假设和你确信的观点就是你的心智模型	21
统计模型取决于心智模型	22
心智模型应当包括你不了解的因素	25
首席执行官承认自己有所不知	26
Acme给你发来了一长串原始数据	28
深入挖掘数据	31
泛美批发公司确认了你的印象	32
回顾你的工作	35
你的分析让客户做出了英明的决策	36

2 实验

检验你的理论

你能向别人揭示自己坚信的信念吗？ 正在进行实证检验？做个好实验吧，再没有什么办法能像一个好实验那样，既能解决问题又能揭示事物的真正运行规律。一个好实验往往能让你摆脱对**观察数据**的无限依赖，能帮助你理清**因果联系**；可靠的实证数据将让你的分析判断更有说服力。

咖啡业的寒冬到了！	38
星巴仕董事会将在三个月内召开	39
星巴仕调查表	41
务必使用比较法	42
比较是破解观察数据的法宝	43
价值感是导致销售收入下滑的原因吗？	44
一位典型客户的想法	46
观察分析法充满混杂因素	47
店址可能对分析结果有哪些影响	48
拆分数据块，管理混杂因素	50
情况比预料的更糟！	53
你需要做一个实验，指出哪种策略最有效	54
星巴仕首席执行官已经急不可待	55
星巴仕降价了	56
一个月后……	57
以控制组为基准	58
避免解雇123	61
让我们重新做一次实验	62
一个月后…	63
实验照样会毁于混杂因素	64
精心选择分组，避免混杂因素	65
随机选择相似组	67
随机访谈	68
准备就绪，开始实验	71
结果在此	72
星巴仕找到了与经验吻合的销售策略	73

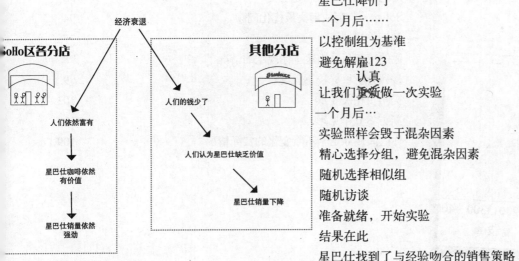

3 最优化

寻找最大值

有些东西人人都想多多益善。为此我们上下求索。要是能用数字表示我们不断追求的东西——利润、钱、效率、速度等,实现更高目标的机会就在眼前。有一种数据分析工具能够帮助我们调整决策变量,找出**解决方案**和优化点,使我们最大限度地达到目标。本章将使用这样一种工具,并通过强大的电子表格软件包Solver来实现这个工具。

现在是浴盆玩具游戏时间	76
你能控制的变量受到约束条件的限制	79
决策变量是你能控制的因素	79
你碰到了一个最优化问题	80
借助目标函数发现目标	81
你的目标函数	82
列出有其他约束条件的产品组合	83
在同一张图形里绘制多种约束条件	84
合理的选择都出现在可行区域里	85
新约束条件改变了可行区域	87
用电子表格实现最优化	90
Solver一气呵成解决最优化问题	94
利润跌穿地板	97
你的模型只是描述了你规定的情况	98
按照分析目标校正假设	99
提防负相关变量	103
新方案立竿见影	108
你的假设立足于不断变化的实际情况	109

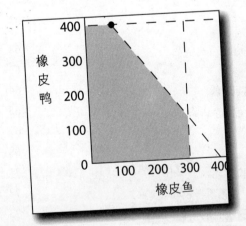

数据图形化

图形让你更精明

数据表远非你所需。你的数据庞杂晦涩,各种变量让你目不暇接,应付堆积如山的电子表格不只令人厌倦不堪,而且确实浪费时间。相反,与仅仅使用电子表格不同,一幅用纸不多、栩栩如生的清晰图像,却能让你摆脱"一叶障目,不见泰山"的烦恼。

新军队需要优化网站	112
结果面世,信息设计师出局	113
前一位信息设计师提交的三份信息图	114
这些图形隐含哪些数据?	115
体现数据!	116
这是前一位设计师主动提供的意见	117
数据太多绝不会成为你的问题	118
让数据变美观也不是你要解决的问题	119
数据图形化的根本在于正确比较	120
你的图形已经比打入冷宫的图形更有用	123
使用散点图探索原因	124
最优秀的图形都是多元图形	125
同时展示多张图形,体现更多变量	126
图形很棒,但网站掌门人仍不满意	130
优秀的图形设计有助于思考的原因	131
实验设计师出声了	132
实验设计师们有自己的假设	135
客户欣赏你的工作	136
订单从四面八方滚滚而来!	137

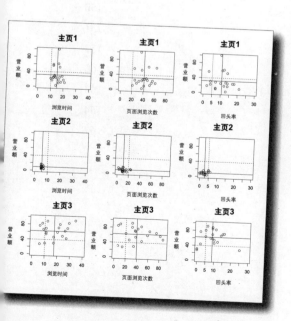

5 假设检验

假设并非如此

世事纷纭，真假难辨。人们需要用庞杂多变的数据预测未来，然而免不了剪不断，理还乱。正因如此，分析师不会简单听信浮于表面的解释，也不会想当然地认可这些解释的真实性。通过数据分析的仔细推理，分析师能够异常细致地评估大量备选答案，然后将手头的一切信息整合到各种模型中。接下来要学的**证伪法**即是一种切实有效的非直觉方法。

给我来块"皮肤"……	140
我们何时开始生产新手机皮肤？	141
PodPhone不希望别人看透他们的下一步行动	142
我们得知的全部信息	143
电肤的分析与数据相符吗？	144
电肤得到了机密《战略备忘录》	145
变量之间可以正相关，也可以负相关	146
现实世界中的各种原因呈网络关系，而非线性关系	149
假设几个PodPhone备选方案	150
用手头的资料进行假设检验	151
假设检验的核心是证伪	152
借助诊断性找出否定性最小的假设	160
无法一一剔除所有假设，但可以判定哪个假设最强	163
你刚刚收到一条图片短信……	164
即将上市！	167

6 贝叶斯统计

穿越第一关

数据收集工作永不停息。 必须确保每一个分析过程都充分利用所搜集到的与问题有关的数据。虽说你已学会了**证伪法**，处理异质数据源不在话下，可要是碰到**直接概率**问题该怎么办？这就要讲到一个极其方便的分析工具，叫做**贝叶斯规则**，这个规则能帮助你利用**基础概率**和波动数据做到明察秋毫。

医生带来恼人的消息	170
让我们逐条细读正确性分析	173
蜥蜴流感到底有多普遍？	174
你计算的是假阳性	175
这些术语说的都是条件概率	176
你需要算算	177
1%的人患蜥蜴流感	178
你患蜥蜴流感的几率仍然非常低	181
用简单的整数思考复杂的概率	182
搜集到新数据后，用贝叶斯规则处理基础概率	182
贝叶斯规则可以反复使用	183
第二次试验结果：阴性	184
新试验的正确性统计值有变化	185
新信息会改变你的基础概率	186
放心多了！	189

7 主观概率

信念数字化

虚拟数据未尝不可。真的。不过,这些数字必须描述你的心智状态,表明你的信念。**主观概率**就是这样一种将严谨融入直觉的简便办法,具体做法马上介绍。随着讲解的进行,你将学会如何利用**标准偏差**评估数据分布,前面学过的一个更强大的分析工具也会再次登台亮相。

背水投资公司需要你效力	192
分析师们相互叫阵	193
主观概率体现专家信念	198
主观概率可能表明:根本不存在真正的分歧	199
分析师们答复的主观概率	201
首席执行官不明白你在忙些什么	202
首席执行官欣赏你的工作	207
标准偏差量度分析点与平均值的偏差	208
这条新闻让你措手不及	213
贝叶斯规则是修正主观概率的好办法	217
首席执行官完全知道该怎么处理这条新信息了	223
俄罗斯股民欢欣鼓舞!	224

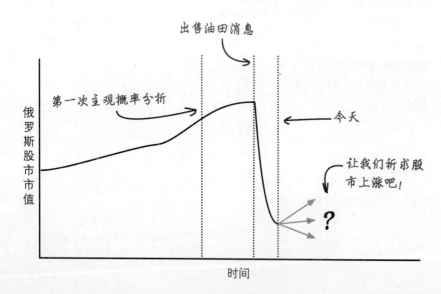

启发法

8 凭人类的天性做分析

现实世界的风云变幻让分析师难以料事如神。 总有一些数据可望不可及，即使有所能及，最优化方法也往往**艰深耗时**。所幸，生活中的大部分实际思维活动并非以最理性的方式展开，而是利用既不齐全也不确定的信息，凭经验进行处理，迅速做出决策。奇就奇在这些经验**确实能够奏效**，因此也是进行数据分析的重要而必要的工具。

邋遢集向市议会提交了报告	226
邋遢集确实把镇上打扫得干干净净	227
邋遢集已经计量了自己的工作效果	228
他们的任务是减少散乱垃圾量	229
计量垃圾量不可行	230
问题刁钻，回答简单	231
数据邦市的散乱垃圾结构复杂	232
无法建立和运用统一的散乱垃圾计量模型	233
启发法是从直觉走向最优化的桥梁	236
使用快省树	239
是否有更简单的方法评估邋遢集的成就？	240
固定模式都具有启发性	244
分析完毕，准备提交	246
看来你的分析打动了市议会的议员们	249

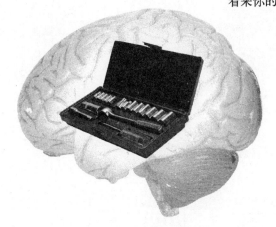

9 直方图

数字的形状

直方图能说明什么？数据的图形表示方法不计其数，直方图是其中出类拔萃的一种。直方图与柱状图有些相似，能迅速而有效地汇总数据。接下来你将用这种小巧而实用的图形量度数据的**分布**、**差异**、**集中**趋势等。无论数据集多么庞大，只要画一张直方图，就能"看出"数据中的奥妙。让我们在本章中用一个新颖、免费、无所不能的**软件工具**绘制直方图。

员工年度考评即将到来	252
伸手要钱形式多样	254
这是历年加薪记录	255
直方图体现每组数据的发生频数	262
直方图不同区间之间的缺口即数据点之间的缺口	263
安装并运行R	264
将数据加载到R程序	265
R创建了美观的直方图	266
用数据的子集绘制直方图	271
加薪谈判有回报	276
谈判要求加薪对你意味着什么？	277

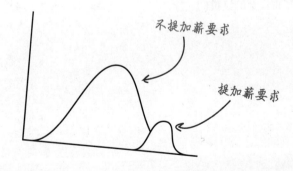

10 回归

预测

洞悉一切，未卜先知。 回归分析法力无边，只要使用得法，就能帮助你预测某些结果值。若与控制实验同时使用，回归分析还能预测未来。商家狂热地运用回归分析帮助自己建立模型，预测客户行为。本章即将让你看到，明智地使用回归分析，确实能够带来巨大效益。

你打算怎么花这些钱？	280
以获取大幅度加薪为目的进行分析	283
稍等片刻……加薪计算器！	284
这个算法的玄机在于预测加薪幅度	286
用散点图比较两种变量	292
直线能为客户指明目标	294
使用平均值图形预测每个区间内的数值	297
回归线预测出人们的实际加薪幅度	298
回归线对于具有线性相关特点的数据很有用	300
你需要用一个等式进行精确预测	304
让R创建一个回归对象	306
回归方程与散点图密切相关	309
加薪计算器的算法正是回归方程	310
你的加薪计算器没有照计划行事……	313

要求

加薪计算器

提出要求会得到什么结果呢？下面这个方程会回答：

$$y=2.3+0.7x$$

其中x是要求额度，y是预期得到的额度。

加薪

11 误差

合理误差

世界错综复杂。预测有失精准并不稀奇。不过,如果在进行预测的时候指出**误差范围**,你和你的客户就不仅能知道平均预测值,还能知道该误差造成的典型偏差,指出误差可以让预测和信念更全面。通过本章讲授的工具,你还会懂得如何控制误差及如何尽量降低误差,从而提高预测可信度。

客户大为恼火	316
你的加薪预测算法做了什么?	317
客户组成	318
要求加薪25%的家伙不在模型范围内	321
如何对待想对数据范围以外的情况进行预测的客户	322
由于使用外插法而惨遭解雇的家伙冷静下来了	327
你只解决了部分问题	328
扭曲的加薪结果数据看起来是什么样子?	329
机会误差=实际结果与模型预测结果之间的偏差	330
误差对你和客户都有好处	334
机会误差访谈	335
定量地指定误差	336
用均方根误差定量表示残差分布	337
R模型知道存在均方根误差	338
R的线性模型汇总展示了均方根误差	340
分割的根本目的是管理误差	346
优秀的回归分析兼具解释功能和预测功能	350
相比原来的模型,分区模型能更好地处理误差	352
你的客户纷纷回头	357

12 关系数据库

你能关联吗?

如何组织变化多端的多变量数据? 一张电子数据表只有两维数据：行和列。如果你的数据包括许多方面，则**表格格式**很快就会过时。在本章，你会看出电子表格很难管理多变量数据，还能看到**关系数据库**管理系统让多变量数据的存储和检索变得极其简单。

《数据邦新闻》希望分析销量	360
这是他们保存的运营跟踪数据	361
你需要知道数据表之间的相互关系	362
数据库就是一系列相互有特定关系的数据	365
找到一条贯穿各种关系的路线，以便进行必要的比较	366
创建一份穿过这条路径的电子表格	366
通过汇总将文章数目和销量关联起来	371
看来你的散点图确实画得很好	374
复制并粘贴所有这些数据是件痛苦的事	375
用关系数据库管理关系	376
《数据邦新闻》利用你的关系图建立了一个RDBMS	377
《数据邦新闻》用SQL提取数据	379
RDBMS数据可以进行无穷无尽的比较	382
你上了封面	383

13 整理数据

井然有序

乱糟糟的数据毫无用处。许多数据搜集者需要花大量时间**整理**数据。不整齐的数据无法进行分割、无法套用公式，甚至无法阅读，被人们视而不见也是常事，对不对？其实，你可以做得更好。只要眼前**清楚地浮现**出希望看到的数据外观，再用上一些文本处理工具，就能**抽丝剥茧**地整理数据，化腐朽为神奇。

刚从停业的竞争对手那儿搞到一份客户名单	386
数据分析不可告人的秘密	387
Head First猎头公司想为自己的销售团队搞到这份名单	388
清理混乱数据的根本在于准备	392
一旦组织好数据，就能修复数据	393
将#号作为分隔符	394
Excel通过分隔符将数据分成多个列	395
用SUBSTITUTE替换"^"字符	399
所有的"姓"都整理好了	400
用SUBSTITUTE替换名字模式太麻烦了	402
用嵌套文本公式处理复杂的模式	403
R能用正则表达式处理复杂的数据模式	404
用sub指令整理"名"	406
现在可以向客户交货了	407
可能尚未大功告成……	408
为数据排序，让重复数值集中出现	409
这些数据有可能来源于某个关系数据库	412
删除重复名字	413
你创建了美观、整洁、具有唯一性的记录	414
Head First猎头公司正在一网打尽各种人才！	415
再见……	416

附录A 尾声
正文未及的十大要诀

你已颇有收获。但数据分析这门技术不断变迁,学之不尽。由于本书篇幅有限,尚有一些密切相关的知识未予介绍,我们将在本附录中浏览十大知识点。

其一：统计知识大全	418
其二：Excel技巧	419
其三：耶鲁大学教授Edward Tufte（爱德华·塔夫特）的图形原则	420
其四：数据透视表	421
其五：R社区	422
其六：非线性与多元回归	423
其七：原假设-备择假设检验	424
其八：随机性	424
其九：Google Docs	425
其十：你的专业技能	426

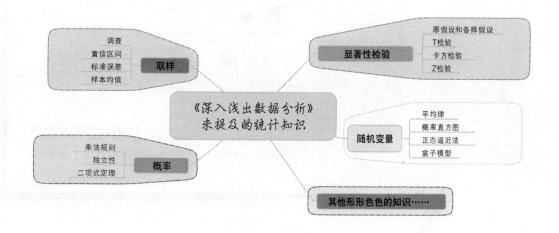

附录B 安装R

启动R!

强大的数据分析功能靠的是复杂的内部机制。好在只需几分钟就能安装和启动R，本附录将介绍如何不费吹灰之力安装R。

R起步　　　　　　　　　　　　　　　　　　　　　　　　　　　　　428

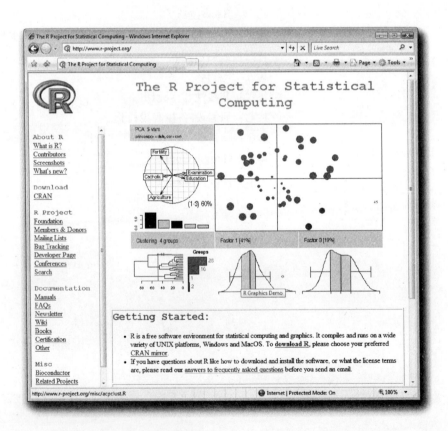

附录C 安装Excel分析工具 ToolPak

Excel有一些最好的功能在默认情况下并不安装。 为了执行第3章的优化和第9章的直方图，需要激活**Solver**和**Analysis ToolPak**，Excel在默认情况下安装了这两种扩展插件，但若非用户主动操作，这些插件不会被激活。

在Excel中安装数据分析工具　　　　　　　　　　　432

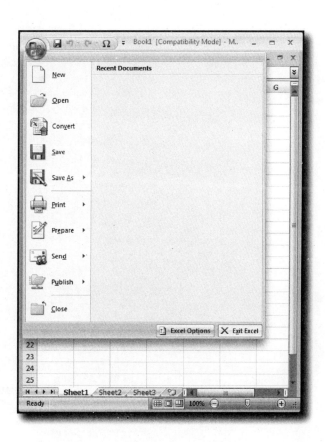

如何使用本书

序言

> 真难以相信,他们竟把**这些东西**写进讲数据分析的书里了。

本节回答一个热门问题:"作者为什么非要把这些东西写进一本讲数据分析的书里?"

谁适合阅读本书？

请先回答几个问题：

① 你觉得，数据中隐含了无穷的智慧，只要有合适的工具，就能利用这些智慧，对吗？

② 你想学习、理解和记忆如何创建靓丽的图形、试验假设条件、进行回归分析或整理混乱的数据，对吗？

③ 你喜欢笑语喧哗的晚宴甚于枯燥、无聊的学术演讲，对吗？

如果以上问题全部回答"对！"——这本书适合你。

谁该和本书说拜拜？

请先回答几个问题：

① 你是一个经验老道的数据分析师，正在调查数据分析领域最前沿的课题，对吗？

② 你从未用过Microsoft Excel或OpenOffice calc，对吗？

③ 你惧怕尝试新事物，宁可上山打虎也不愿标新立异，对吗？你认为要是用拟人的手法叙述控制组和目标函数，技术书籍就难免有失严肃，对吗？

只要有一个问题回答"对！"——你与本书无缘。

[营销部捎话——只要有信用卡就可以买书哦。]

我们了解你在想什么

"**这**怎么能是一本严肃的数据分析图书呢?"

"**这**些图都是用来干嘛的?"

"我真能这样**学**数据分析吗?"

我们了解你的大脑在想什么

你的大脑渴望新事物。大脑总是不停地搜索、探查、**等待**不同寻常的事物,它天生如此,这正是你活力的来源。

那么,大脑怎么对待你所碰到的常规、普通、一般的事情呢?——它会竭尽全力阻止这些事情,以免干扰自己**真正的**工作——记录**重要**事项。大脑不会费力保存这些琐事;这些琐事从来不会成功地闯过"明显不重要事项"的关卡。

你的大脑如何**知道**哪件事重要?假想有一天你出门旅行,迎面扑来一只吊睛白额大虎,你的头脑和身体会有什么反应?

神经元发动……情绪激动……**化学物质激增**

于是,你的大脑知道——

这事绝对重要!记住!

但,想像你是呆在家里,或者是呆在图书馆里,也就是说,是在一个安全、温暖、没有老虎的地方。

你正在复习迎考,要不然就是在努力弄明白一些艰深的技术,你的老板认为花个把星期就能搞定,顶多十天。

唯一的问题是:你的大脑想好好帮你一把,它试图保证不让这种"明显不重要"的内容去破坏珍稀的资源,这些珍稀的资源最好用来保存真正"**重大**"的事情,像老虎啊,像火灾险情啊,像你绝不该在大学生网站Facebook的网页上贴上那些聚会照片啊。没有什么便当的办法可以告诉大脑"喂,大脑,我对你感激之至,可惜啊,不管这本书多无聊,也不管我的情感地动仪如何纹丝不动,我**真的**希望你把这些材料都记住。"

我们认为该系列图书的读者都是学习者。

既然要学习,怎样才能学会呢?首先,你得搞懂,然后,切勿遗忘;一字一句硬塞不是办法。根据最新的认知科学、神经生物学及教育心理学研究结果,学习远不仅仅是读书认字。Head First 知道怎么让你的脑筋动起来。

下面是部分深入浅出(Head First)教学原则:

将知识图形化。图形比单调的文字好记得多,可以提高学习效率(记忆学习和转移学习的学习效率最多能提高89%);图形还能让知识更容易理解,相比将文字放在页脚和下一页,**将文字放在相关图形当中或图形周围**,学习者成功解决相关问题的可能性将成倍增长。

采用对话式的个性化风格。最近的研究表明,要是回避一本正经的语气,代之以对话般的风格,以第一人称平易近人地给学生上课,学生的课后测验成绩最多可提高40%。多讲几个故事,少来一点高谈阔论,语气宜随和。别太郑重其事。想想看,一局笑语喧哗的晚宴和一场演讲,哪一样更让你惦记?

引导读者深入思考:换句话说,除非读者主动调动自己的神经元,否则脑袋里不会发生什么大变化。只有激发读者的兴趣,引起读者的好奇,刺激读者的灵感,读者才能解决问题,得出结论,获得新知识。为此,讲授者要设计各种难题、练习,提出引人深思的提问,还要多让读者做一些让左右脑半球和多种感官都动起来的活动。

牢牢吸引读者的注意力。大家都有这样的体验——"我是真想学,但看完第一页就晕了"。大脑注意的是不同寻常的、有趣的、奇怪的、引人注意的、出人意料的事情。学习一种新颖艰深的技术不一定非得枯燥不可,如果它不是这样乏味,大脑会学得更快。

影响读者的情感。现已知道,人的记忆能力在很大程度上取决于要记忆的内容对情感的影响。我们关心什么,就会记住什么;我们对什么事有感觉,就会记住什么。这里讲的情感并非天灾人祸给人带来的撕心裂肺的伤痛情感,而是惊讶、好奇、感觉有趣、想追根究底之类的情感,以及在猜对一个字谜、在学会别人感觉难以学会的事情或是在意识到自己懂的东西居然比工程部那位开口闭口"我比你有技术"的张三还多时,油然而生的"我是老大"的感觉。

元认知：对思考的思考

如果真想学东西，而且想学得更快更深入，就要关注自己如何集中注意力。要思考自己的思考方式；研究自己的研究方式。

大多数人在成长过程中都不曾学习元认知和学习理论方面的知识。人们**期望**我们学知识，但极少有人**教**我们如何学。

但想象得到，捧着本书的你，的确想学习数据分析知识，同时可能不想花费太多时间。要想利用在本书中读到的知识，就得记住读过的知识，为此必须**理解**这些知识。为了淋漓尽致地发挥本书或**任何**书本或学习经验的作用，请管好你的大脑，请管好大脑对待本书的态度。

诀窍在于让大脑把正在学习的新资料当做"正经大事"——对幸福至关重要的大事，像老虎一样重要的大事。若非如此，你就会陷入一场持久战：你竭力要记住新知识，大脑却竭力要把这些新知识踢出去。

既然如此，如何让大脑像对待吃人的老虎一样对待数据分析知识呢？

有两种办法，一种缓慢而乏味，一种迅速而有效。慢办法是简单记忆。你显然明白，只要不停地把同样的东西往大脑里灌，即使是最乏味的知识，也能学会、记牢。只要重复灌的次数足够多，大脑就会想："这些东西给他的**感觉**并不重要，但他不停地看这些相同的东西，**一遍**，**一遍**，**再一遍**。因此我猜这些东西肯定很重要。"

快办法是做**一切增进大脑活动**的事，尤其是不同**类型**的大脑活动。上一页讲了很多这样的活动，事实证明，这些活动全都能促使大脑以有利于己的方式工作。例如，研究表明，将文字放在文字所描述的图片当中（相反的做法是将文字放在页面中的其他位置，如注释位置或正文位置），会促使大脑努力搞清楚文字和图片之间的关系，进而发动更多神经元。更多神经元发动 = 更有机会让大脑**明白**某件事值得注意，可能还值得记住。

对话式的写作风格对此很有帮助。人们在与人对话时注意力会更集中，原因是别人期待他们有所表现。令人惊讶的是，大脑不一定会**在意**"对话"是在人和书之间进行！反之，要是写作风格了无新意，乏味枯燥，大脑的感觉就和在挤满消极听众的屋子里听演讲没什么两样：没必要保持清醒。

不过，图形和对话式风格只是起步……

我们的做法

我们使用**丰富的图片**,这是因为,大脑追逐图像,而非文字。在大脑的活动中,一张图片胜过千言万语。当同时使用图片和文字进行说明时,我们将文字填写在图片**当中**,当文字出现在它所描述的事物**当中**时,大脑的工作更有效率;相反,若将说明性文字放在注释或其他正文当中,则无此效果。

我们使用**反复论述法**,即以**不同的**方式、通过不同的媒介对同一主题进行反复描述,给读者营造**丰富的感受**,目的是让这些主题有更多机会印在大脑的多个区域。

我们以**出人意料的**方式叙述概念和使用图片,因为,大脑追逐新鲜事物;我们在图片和创意中或多或少加入了**一些情感性**的内容,因为,大脑关注情感的生物化学反应。让人有所**感触**的东西更可能让人记住,即使这点感触不过是一丝**幽默**、一丝**惊讶**或一丝**兴趣**。

我们使用个性化的**对话式写作风格**,因为,当大脑认为你是在进行对话而不是在消极地听报告时,就会调整到注意力更集中的状态。即使在**读书**时,大脑也是这个习惯。

我们安排了80多个**活动**,因为,相比读书,在**做事**时,大脑经过调整,能学会和记住更多东西。我们安排的练习有难度,但不会让人束手无策,这正是大多数人愿意做的练习。

我们使用**多种教学风格**,因为,**有的人**可能喜欢一步一步按顺序来,有的人可能喜欢先看懂大图,还有一些人可能只想看看例子。我们将以多种方式反复讲述相同的主题,不管读者的个人爱好如何,**他们都**将因此受益匪浅。

我们安排了让**左右脑半球**分别负责的内容,因为,大脑开动部位越多,就学得越多,记得越多,注意力更持久。由于一侧大脑工作往往意味着另一侧大脑得到休息,左右半脑的分工合作使得长时间学习的学习效率得到提高。

我们还安排了一些**场景**和练习,在场景中展现**不同的观点**,因为,当大脑被迫进行评估和判断时,会调整到深入学习状态。

我们在练习中安排了一些**难点**,即提出一些无法简单回答的**问题**。因为,你的大脑在不得不**处理**某件事情时,会调整到学习和记忆状态。开动脑筋吧,"光看别人做运动无法让自己**体态**健美"。别担心,我们尽力保证,你努力学习的都是该学的,你不会为了对付一个费解的例子或为了分析一段用词过于晦涩或行文过于简练的段落而**多用一个脑细胞**。

我们以**人物**为例,把人物安排在场景、实例、图片等内容中。至于原因嘛,因为**你是**人群中的一员啊,你的大脑对**人**比对**事**更关注。

把这张图剪下来，贴在冰箱上。

你的任务：征服大脑

我们的工作到此为止，剩下的就看你的了。从下面这些提示出发，顺从大脑的判断，看看哪些对你有用，哪些对你没用，尝试一下新事物吧。

① **慢慢读。理解的内容越多，要记忆的内容越少。**
忌死读。停一停，想一想，碰到书中的提问时，别直接翻看答案；想象真的有人在问你这个问题。强迫自己的大脑想得越深，学会、记住的概率就越大。

② **自己做练习，自己记笔记。**
我们安排了练习和笔记，但是，要是我们替你完成，就像让别人替你锻炼身体一样；只动眼不动手也不可取，**要动动笔**。大量证据证明，学习时的身体动作能提高学习效率。

③ **阅读"世上没有傻问题"部分。**
世上没有傻问题。这些问题并非可看可不看，**这是核心内容的组成部分**！请勿忽略。

④ **请将下面这段话作为最后一段床头阅读文字，或起码作为最后一段高深的床头阅读文字。**
有一部分学习过程（尤其是短暂记忆转变为长期记忆的过程）发生在放下书本之后，大脑需要有自己的时间进行更多处理。如果在这段处理时间内学新东西，将会丢失一些刚学会的东西。

⑤ **开口大声讨论。**
说话会刺激大脑的其他部分。如果你正在努力理解一些知识，或者正在努力增加以后记住这些知识的概率，请大声说出这些知识。还有一种更好的做法，试着向别人大声解释这些知识。你会学得更快，可能还会发现一些阅读时不曾发现的名堂。

⑥ **大量喝水。**
充沛的体液会让大脑处于最佳工作状态，脱水（早在感到口渴前就会发生）则会让认知功能下降。

⑦ **聆听大脑的声音。**
留意你的大脑是否超负荷工作。若你发现自己开始心不在焉，或者刚刚读过的东西转眼忘记，就该休息。一旦过了某个学习点，哪怕拼命塞，也无法提高学习效率，反而有可能影响学习。

⑧ **找到感觉。**
大脑需要知道事情是否**重要**。让自己融入各种场景，为照片设想旁注，就连抱怨一个并不好笑的玩笑，也比什么感觉都没有强。

⑨ **勤加练习！**
学会数据分析的唯一办法就是勤加练习，这正是本书的要求。数据分析是一门技术，精于此道的唯一办法就是大量实践。本书将给你带来大量实践机会：每一章中都有一个等待你解决的问题，千万别跳过这些问题不看——大量学习都发生在解决问题的过程中。我们为每一个问题提供了答案，要是卡了壳（有些细微之处很容易给人带来麻烦），别不敢看！不过，请尽量先解决问题再看答案，务必让你的办法行之有效，然后才继续看书中的下一部分内容。

自述

本书是经验之谈,并非参考书籍,我们故意抽掉了会妨碍讲述书中相关知识的东西。本书对你已经见识过和学习过的知识作了一些假设,因此第一次通读本书的时候,需要从头读起。

本书并非软件工具指导书。

许多以"数据分析"为题的图书都是顺着Excel函数表把认为和数据分析有关的部分一路讲下去,然后针对每个函数给几个实例。但《深入浅出数据分析》讲的是如何**成为数据分析师**,尽管你在本书中会学到相当多的软件工具,但它们不过是手段而已,目的是学习如何进行出色的数据分析。

我们希望你懂得如何使用基本的电子表格公式。

用过电子表格的SUM求和公式吗?要是没用过,你可能先要突击一下才能开始学习本书。尽管许多章节根本不要求使用电子表格,但其他有此要求的章节却假定你会使用各种公式。要是熟悉SUM工具,那么你基础不错。

本书超越统计学。

本书充满统计知识,作为数据分析师,你应该尽量多掌握一些统计知识,读完《深入浅出数据分析》之后,最好再读一读《深入浅出统计学》(*Head First Statistics*)。不过,数据分析不仅涵盖统计学,还牵涉许多其他领域,本书中选用的非统计题材主要用于讲解来源于现实生活的具体、实用的数据分析经验。

活动并非可做可不做。

练习和活动不是点缀,而是本书的核心组成部分。这些练习和活动有的是为了帮助记忆,有的是为了帮助加深理解,还有的是为了帮助应用所学知识,**切勿忽略**。

反复论述是刻意而重要的安排。

深入浅出系列图书有一个明显特色:我们希望你**真正掌握**学到的知识,我们希望你在看完本书的同时就记住学到的知识。大多数参考书都不把记忆和回忆当做一个目标,但本书的目标是**学会**,所以,常常会看到同一概念多次出现。

本书意犹未尽。

我们乐于看到你在书籍合作网站上找到更多实用而有趣的资料,下列网站可为你提供这些资料:

http://www.headfirstlabs.com/books/hfda/.

"动动脑"练习没有答案。

有一些"动动脑"练习没有标准答案;另有一些练习可以参考"动动脑"活动的学习经验部分判断自己的答案是否正确,以及在什么情况下会正确。部分"动动脑"练习给出了提示,为你指明正确方向。

技术顾问组

Eric Heilman

Tony Rose

Bill Mietelski

技术顾问：

Eric Heilman，美国乔治敦大学沃尔什外交学院优秀毕业生，国际经济学学位。在哥伦比亚特区读大学期间，曾在美国国务院和白宫国家经济委员会工作。他在芝加哥大学完成经济学毕业论文，目前在位于美国马里兰州贝塞斯达（Bethesda）的乔治敦大学预备学校任统计分析和数学教师。

Bill Mietelski，软件工程师，三度担任深入浅出（*Head First*）技术顾问。他急不可待地想给自己的高尔夫技术做个数据分析，好在球场上一领风骚。

Anthony Rose，在数据分析领域从业近十年，目前任Support Analytics公司总裁、数据分析及图表顾问。Anthony拥有财务与管理专业工商管理硕士学位，他对数据分析的热爱由此开始。工作之余，他常常出现在马里兰州哥伦比亚市的高尔夫球场上，陶醉在好书中，品味着美味的葡萄酒，或者和年幼的女儿们及迷人的妻子一起消磨时光。

致谢

我的编辑：

  Brian Sawyer，一位不可思议的编辑。和Brian一起工作就像和舞蹈家共舞，各种各样重要的工作纷至沓来，虽令人不十分理解，看上去却很不错，让人干得兴高采烈。我们的合作振奋人心，他的支持、反馈和创意是无价之宝。

Brian Sawyer

O'Reilly团队：

  Brett McLaughlin一开始就看到了这个项目的前途，引领项目走过艰难岁月，始终如一地支持项目。Brett孜孜不倦地强调**你**对深入浅出（*Head First*）书籍的体验，让人备受鼓舞。他运筹帷幄。

  Karen Shaner提供后勤支持，在剑桥寒冷的清晨给我们带来很多快乐。**Brittany Smith**贡献了一些非常棒的图形元素，供我们反复使用。

Brett McLaughlin

给我启示的睿智者：

  本书有大量出色的创意，许多创意在以"数据分析"为题的书籍中颇不常见，但这些创意很少是我个人的独创。我从Dietrich Doerner、Gerd Gigerenzer、Richards Heuer、Edward Tufte等超级智星的作品中汲取了大量经验。把他们的作品统统读一遍吧！"反查"（anti-resume）这个创意出自Nassim Taleb的《黑天鹅》（真希望他出第二部，带来更多创意）；**Richards Heuer**好心地给我回信讨论本书，还给我出了很多有用的主意。

朋友与同事：

  感谢**Lou Barr**为本书提供知识产权、职业道德、逻辑学及美学支持；Vezen Wu给我讲解关系模型；Aron Edidin在我大学求学期间曾赞助我学习一门超棒的情报分析课；我的牌友Paul、Brewster、Matt、Jon和Jason给我上了关于均衡使用启发法和最优化决策法的昂贵一课。

Blair与Niko Christian

离开这些人我没法活：

  技术顾问组工作出色，他们揪出成堆的错误，提出大量建议，给予我巨大支持。在本书撰写过程中，我对一位心思缜密的统计师——我的朋友**Blair Christian**依赖甚深，书中每一页都能看到他的影子。谢谢你为我做的一切，Blair。

  我的家人**Michael Sr.**、**Elizabeth**、**Sara**、**Gary**和**Marie**给了我巨大的支持，尤其要感谢我的妻子Julia的坚定支持，她是我的一切。谢谢我的全家！

Julia Burch

1 数据分析引言

分解数据

数据无处不在。

如今,不管是不是自称数据分析师,人人都得处理堆积如山的数据。熟谙一切数据分析技术方法的分析者会比其他人**技高一筹**:他们知道如何**处理**所有的数据材料,如何将原始数据转变成**推进现实工作**的妙策,如何**分解和构建**复杂的问题和数据集,进而牢牢把握工作中的各种问题的要害。

销量下滑

Acme化妆品公司需要你出力

这是你走上数据分析师岗位的第一天,刚刚收到了首席执行官发来的销售数据,需要查阅一下。数据反映了Acme公司旗舰产品——貌洁超强保湿霜的销售情况。

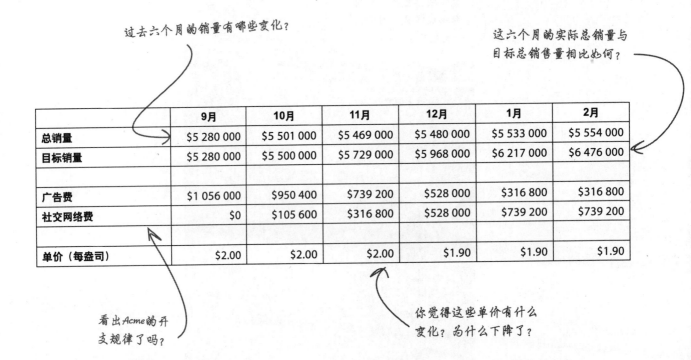

过去六个月的销量有哪些变化?

这六个月的实际总销量与目标总销售量相比如何?

	9月	10月	11月	12月	1月	2月
总销量	$5 280 000	$5 501 000	$5 469 000	$5 480 000	$5 533 000	$5 554 000
目标销量	$5 280 000	$5 500 000	$5 729 000	$5 968 000	$6 217 000	$6 476 000
广告费	$1 056 000	$950 400	$739 200	$528 000	$316 800	$316 800
社交网络费	$0	$105 600	$316 800	$528 000	$739 200	$739 200
单价(每盎司)	$2.00	$2.00	$2.00	$1.90	$1.90	$1.90

看出Acme的开支规律了吗?

你觉得这些单价有什么变化?为什么下降了?

看看这些数据,不必抽丝剥茧——只要放慢速度就行。

看出什么了吗?表格让你对Acme的业务了解了多少?对Acme的貌洁超强保湿霜了解了多少?

优秀的数据分析师总想看到数据。

首席执行官希望数据分析师帮他提高销量

他希望你"帮他分析分析"。

这要求很**含糊**,不是吗?听起来挺简单,可你的工作会那么顺吗?不错,他希望提高销量;不错,他认为这些数据中有些东西能帮助实现这个目标。可到底是哪些东西呢?怎么帮呢?

这位就是首席执行官。

欢迎加入我们的团队。看看我们的数据,给我分析分析,说说我们该如何提高销量。等你的结论。

他这话是什么意思?

动动脑

想想首席执行官主要想从你这里得到什么,同时思考这个问题:做数据分析到底意味着什么?

分析步骤

数据分析就是仔细推敲证据

数据分析这个词涵盖大量形形色色的工作和大量形形色色的技巧。就算有人明白告诉你她是数据分析师,你依然无法确定她的**专长**。

但是,所有优秀的分析师,无论专长及目标如何,都会在工作过程中按顺序执行下面这个**固定基本流程**,同时通过经验数据来仔细推敲各种问题。

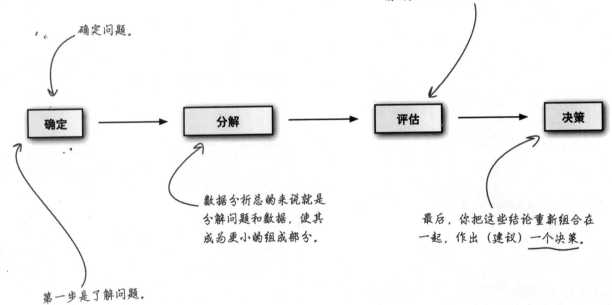

在本书的每一章中,你会一次又一次地按顺序执行这些步骤,很快,这些步骤就会完全成为你的第二本能。

所有的数据分析师最终都会被打造成能作出**更好决策**的人才,你要学的就是在浩如烟海的数据中洞察先机,作出更好决策。

确定问题

未明确确定自己的问题或目标就进行数据分析就如同未定下目的地就上路旅行一样。

当然,您可能会碰到一些有意思的现象,有时还可能盼着能兜去兜去地撞上点好东西,但是,**谁会说你将有所发现**?

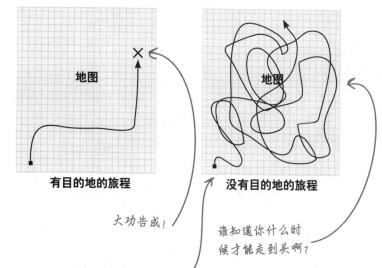

大功告成!

看出相似之处了吗?

谁知道你什么时候才能走到头啊?

这是一份繁复的分析报告。

见过**长达百万页、图表不计其数**的分析报告吗?

偶尔,分析师的确会需要几百张纸或一小时的幻灯片来阐述一个观点,但如此一来,分析师常常**不够注重**自己要解决的问题,他们抛给别人一些信息,借此推卸自己**解决问题**和**建议决策**的义务。

有时情况更糟糕:问题根本没有确定下来,而且分析师不想让别人意识到他只是在数据中兜圈子。

你如何确定问题?

你的目标

客户将帮助你确定问题

客户是分析结果的服务对象。你的客户可能是你的上司、你所在公司的首席执行官,或甚至就是你本人。

客户将根据你的分析作决策,你需要尽量从他那里多了解一些信息,才能**确定问题**。

本文中这位首席执行官想提高销量,但这只是最初答案。你需要更多更确切地摸清他的心思,才能拟定一个能够解决问题的分析方案。

> 要是你能想出提高貌洁超强保湿霜销量的办法,就给你发奖金。

这位就是首席执行官,你是在给这家伙做事。

成为客户肚子里的蛔虫肯定不会错。

Acme化妆品公司首席执行官

  要 点

你的客户可能:

- 相当了解或不甚了解自己的数据
- 相当了解或不甚了解自己的问题或目标
- 相当了解或不甚了解自己的业务
- 目标明确或优柔寡断
- 头脑清醒或稀里糊涂
- 富有直觉或善于分析

你对客户了解越深,你的分析越有可能派上用场。

阅读本章时,请注意页尾这些图示,它们代表你所处的各个分析阶段。

确定 → 分解 → 评估 → 决策

深入浅出数据分析

世上没有傻问题

问：我总是在数据里兜来兜去。您是说我得先在脑子里有些特定的目标，才能哪怕只是过一眼我的数据？

答：没必要先在脑子里形成问题才去浏览数据。但要记住，**仅仅过一眼**并不是数据分析。数据分析总的来说就是认清问题，以及继而解决问题。

问：我听说过探索性数据分析，就是从数据中找出一些可能想进一步进行评估的点子。这种数据分析方法中并没有什么"问题确定"步骤！

答：确实有这种分析方法。在探索性数据分析中，问题就是要找到一些值得进行测试的假设条件，这完全是个具体问题。

问：很好。给我多讲讲对自己的问题不甚了解的客户吧。那种人也需要数据分析师吗？

答：当然！

问：听起来似乎那种人更需要专业帮助。

答：的确如此，优秀的数据分析师帮助客户思考自己的问题；他们不会等着客户告诉他们该做什么。要是有人能够向客户指出他们毫无察觉的问题，客户会真心诚意地感谢此人。

问：听起来挺傻。谁想多搞出些问题？

答：聘用数据分析师的人认为，具备分析技能的人能够改善他们的业务。有些人把问题视为机会，而向客户指出如何发现机会的数据分析师则能让客户赢得竞争优势。

动动笔

总体问题是我们需要提高销量。为了更好地摸清这位首席执行官的真正意图，你想问这位首席执行官什么问题呢？写出5个问题。

1 ....

2 ....

3 ....

4 ....

5 ....

客户反馈

Acme公司首席执行官给了你一些反馈

这份邮件对你的问题进行了答复。其中有很多知识点……

你提出的问题可能与此不同。

这是一些能让首席执行官确定你的分析目标的典型提问。

发件人： Acme化妆品公司首席执行官
收件人： Head First
主题： 回复：确定问题

您希望销量提高多少？

我需要让销量重新回到目标值，你可以在表格里看到这个目标值。我们所有的预算都是按照这个目标值确定的，如果达不到目标值，我们就会有麻烦。

不停地问"是多少"，使你的各种目标和确信观点得到量化。

您觉得我们怎样才能办到呢？

哦，想办法是你的事。不过策略是要让更多的人买更多的产品，我所说的"人"是十岁出头的少女消费者（11~15岁）。你们要通过对这样那样的产品进行市场营销来提高销量。你是数据人才，想想办法！

您觉得销量提高多少是可行的？目标销量合理吗？

这些少女消费者手头宽裕——做保姆的工钱，父母给的零花钱，等等。

我想，通过向她们推销貌洁超强保湿霜，销量可以扶摇直上。

预见客户的想法，他一定会关心竞争对手的情况。

我们的竞争对手销量如何？

我没有可靠的数字，但在我印象中他们打算超过我们。我得说他们的保湿霜总收入要比我们高50%~100%。

对某些数据感到好奇吗？问吧！

广告和社交网络营销预算是怎么回事？

我们正在尝试一些新手段，总预算是第一个月收入的20%。过去这笔预算全部用在广告上，但我们现在会分出一些用于社交网络上。要是广告费一直维持这个水平，我真不敢想会有什么结果。

确定 → 分解 → 评估 → 决策

把问题和数据分解为更小的组块

数据分析的下一步就是把从客户那里了解到的问题和手头的数据放在一起,把这些问题分解为**颗粒级**的小问题,让它们在分析时发挥最大作用。

确定 → **分解** → 评估 → 决策

将大问题划分为小问题

你需要将问题划分为**可管理**、**可解决**的组块。你面对的问题常常**含糊不清**,例如:

"我们如何提高销量?"
→ "我们最好的客户希望我们给他们什么?"
→ "哪种促销方式最有可能产生效果?"
→ "我们的广告做得怎么样了?"

你无法直接回答大问题。但是,通过回答从大问题**分解**出来的小问题,你就可以找到大问题的答案。

回答小问题,解决大问题

将数据分解为更小的组块

数据的处理也是如此。人们无意告诉你你所需要的精确答案的量化值,你必须自己提炼重要的因子。

如果你拿到的是**汇总情况**,就像Acme给你的那些数据,你就会想知道哪些因子对你至关重要。

如果你拿到的是**原始数据**表,你就会想对这些因子进行汇总,让数据更有用。

	9月	10月	11月	12月	1月	2月
总销量	$5 280 000	$5 501 000	$5 469 000	$5 480 000	$5 533 000	$5 554 000
目标销量	$5 280 000	$5 500 000	$5 729 000	$5 968 000	$6 217 000	$6 476 000
广告费	$1 056 000	$990 400	$739 200	$528 000	$316 800	$316 800
社交网络费	$0	$105 600	$316 800	$528 000	$739 200	$739 200
单价(每盎司)	$2.00	$2.00	$2.00	$1.90	$1.90	$1.90

12月目标销量 $5 968 000
11月单价 $2.00

稍后会详细解释这些时髦的行话!

这些可能就是你要查看的组块。

让我们给分解工作来个特写……

重新查看数据

现在再来看看了解到的情况

让我们从数据开始。你手头有一份Acme销售数据汇总,尝试分解最重要因子的最好起步办法是找出高效的**比较因子**。

找到感兴趣的比较对象,分解汇总数据。

1月份的总销量与2月份的总销量相比如何?

10月份的总销量与目标销量相比如何?

	9月	10月	11月	12月	1月	2月
总销量	$5 280 000	$5 501 000	$5 469 000	$5 480 000	$5 533 000	$5 554 000
目标销量	$5 280 000	$5 500 000	$5 729 000	$5 968 000	$6 217 000	$6 476 000
广告费	$1 056 000	$950 400	$739 200	$528 000	$316 800	$316 800
社交网络费	$0	$105 600	$316 800	$528 000	$739 200	$739 200
单价(每盎司)	$2.00	$2.00	$2.00	$1.90	$1.90	$1.90

广告费和社交网络费怎样随着时间变化而相对变化?

单价的降低与总销量的变化一致吗?

进行有效的比较是数据分析的核心,本书通篇都在讲述这个工作。

在这个案例中,您想通过比较各项汇总数据在脑子里形成一个概念,即Acme公司的貌洁超强保湿霜业务是如何开展的。

确定 → **分解** → 评估 → 决策

你已经确定了问题：**想出提高销量的办法**。但通过这个问题几乎无法知道别人对你的工作期望，于是你从首席执行官那里搞到了大量有用的言论。

这是一些相关问题 →

这些言论给出了关于如何开展化妆品业务的重要**基准假设**。希望首席执行官关于这些假设的看法是正确的，因为它们将是分析的**基础**！首席执行官的论点里最重要的有哪些呢？

这个评论本身就是一类数据。它的哪几个部分最为重要呢？

哪些东西最有用？

> 发件人：Acme化妆品公司首席执行官
> 收件人：Head First
> 主题：　回复：确定问题
>
> **您希望产量提高多少？**
>
> 我需要让销量重新回到目标值，您可以在表格里看到这个目标值。我们所有的预算都是按照这个目标值确定的，如果达不到目标值，我们就会有麻烦。
>
> **您觉得我们怎样才能办到呢？**
>
> 哦，想办法是你的事。不过策略是要让更多的人买更多的产品，我所说的"人"是十岁出头的少女消费者（11~15岁）。你们要通过对这样那样的产品进行市场营销来提高销量。你是数据人才，想个办法吧！
>
> **您觉得销量提高多少是可行的？　目标销量合理吗？**
>
> 这些豆蔻年华的少女消费者手头宽裕——做保姆的工钱，父母给的零花钱，等等。
>
> 我想，通过向她们推销貌洁超强保湿霜，销量可以扶摇直上。
>
> **我们的竞争对手销量如何？**
>
> 我没有可靠的数字，但在我印象中他们打算超过我们。我得说他们的保湿霜总收入要比我们高50%~100%。
>
> **广告和社交网络营销预算是怎么回事？**
>
> 我们正在尝试一些新手段，总预算是第一个月收入的20%。过去这笔预算全部用在广告上，但我们现在会分出一些用于社交网络上。要是广告费一直维持这个水平，我真不敢想会有什么结果。

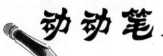

动动笔

根据你所得到的分析数据，总结一下客户确信无疑的观点以及你的想法。分析以上邮件和你的数据，将它们分解为能够描述你的现状的更小的组块。

客户确信无疑的观点

❶ ....
❷ ....
❸ ....
❹ ....

你对数据的想法

❶ ....
❷ ....
❸ ....
❹ ....

分析客户

清点一下你和客户确信无疑的观点。你发现了什么?

客户确信无疑的观点

你写的答案可能略有不同。

1. 貌洁超强保湿霜的消费者是处于豆蔻年华的少女（具体说是11~15岁），她们基本上是唯一的消费群。

2. Acme试图重新分配广告费和社交网络费，但迄今为止，这个新办法是否成功尚未可知。

   — 好……现在的人都这么做。

3. 我们看出产品在少女消费者中的销售潜力是无限的。

4. Acme的竞争对手极为强大。

   — 这值得记住。

你对数据的想法

1. 2月份的销量与上年9月份相比略有上升，但成绩平平。

   — 大问题

2. 销量与目标相去甚远，而且从11月份开始南辕北辙。

3. 降价看来无助于销量达标。

   — 接下来他们该怎么办?

4. 削减费用可能会影响Acme的销量达标能力。

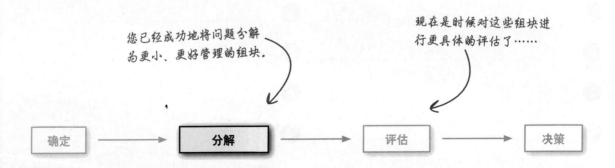

您已经成功地将问题分解为更小、更好管理的组块。

现在是时候对这些组块进行更具体的评估了……

确定 → **分解** → 评估 → 决策

评估组块

好戏上场了。你知道需要想办法,你知道哪些数据组块能让你做到这一点。现在,仔细、专注地看看这些组块,形成自己的判断。

正如分解时一样,评估分解组块的关键就是比较。

通过对这些因子进行相互比较,你看出了什么?

抽取两个因素,依次阅读。

你看出什么了?

针对问题的观察结果

貌洁超强保湿霜的消费者是处于豆蔻年华的少女消费者(具体是11~15岁)。她们基本上是唯一的消费群体。

Acme正在尝试增加用于扩展社交网络的广告费,但迄今为止,新做法是否成功尚未可知。

我们看出产品在少女消费群体中的销售潜力是无限的。

Acme的竞争者极为危险。

针对数据的观察结果

2月份的销量与上年9月份的销量相比略有上升,但尚属持平。

销量与目标相去甚远。

看来降价无助于销量达标。

削减费用可能会影响Acme的销量达标能力。

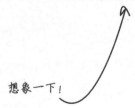

想象一下!

你几乎拥有所有合适的组块,唯独缺少重要的一块……

分析从你介入的那一刻开始

让自己介入分析的意思是**作出自己的明确假设，并且以自己的信用为自己的结论打赌**。

无论你正在构建复杂的模型还是在作简单的决策，数据分析就是你的一切：你的信念，你的判断，你的信用。

只要你在分析中明白地展现自己，成功就更有希望。

本人介入

给你带来的好处

你将知道要在数据中发现什么。

你将避免作出过头的结论。

你将对工作成败负责。

给客户带来的好处

客户将更尊重你的判断。

客户将理解到你的判断是有局限性的。

本人不介入

给你带来的坏处

你将无法追踪基准假设如何影响你的结论。

你将成为逃避责任的懦夫！

给客户带来的坏处

客户将不会信任你的分析，因为他不知道你的动机和动力。

客户可能会产生客观的错觉，或变得冷漠而理性。

哎呀！你不想卷入这种问题吧。

在撰写最终报告的时候，一定要提到你自己，这样客户才知道你的结论出自何处。

确定 → 分解 → **评估** → 决策

提出建议

作为数据分析师,你的工作就是让自己和客户仔细研究你对数据的评估,洞察先机,从而有能力作出更好的**决策**。

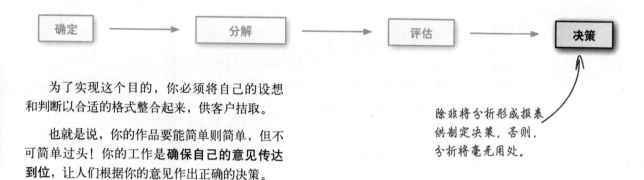

为了实现这个目的,你必须将自己的设想和判断以合适的格式整合起来,供客户拮取。

也就是说,你的作品要能简单则简单,但不可简单过头!你的工作是**确保自己的意见传达到位**,让人们根据你的意见作出正确的决策。

除非将分析形成报表供制定决策,否则,分析将毫无用处。

你提交给客户的报告要以得到客户理解、鼓励客户以数据为基础作出明智的决策为重点。

动动笔

看看你在前面几页搜集到的信息。

你建议Acme如何提高销量?为什么?

....
....
....
....
....
....
....

展示分析结果

报告写好了

**Acme化妆品公司
分析报告**

背景

貌洁超强保湿霜的客户是少女消费者（具体是11~15岁）。她们基本上是唯一的客户群。Acme正在尝试增加用于扩展社交网络的广告费，但迄今为止，这个新做法是否成功尚未可知。我们看出产品在少女消费者中的销售潜力巨大。Acme的竞争对手极为危险。

数据解说

2月份的销量与上年9月份相比略有增长，但仍属持平。销量与目标相去甚远，削减广告费用可能会影响Acme的销售达标能力。降价看来无助于销量达标。

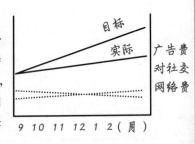

建议

销量相对目标下降可能与广告费相对从前的广告费下降有关。没有充分的证据让我们相信社交网络建设已如我们所愿取得成功。我将把广告费重新调整到9月的水平，看看少女消费者是否有反应。**针对少女消费者做广告是让总销售额重新达到销售目标的手段。**

这是我们一开始从首席执行官那里得到的材料。

这是你的分析大餐。

你的结论可能与此不同。

在报告中写下自己和客户的假设是个不错的办法。

用简单的图形解说自己的结论。

首席执行官会怎么想呢？

确定 → 分解 → 评估 → **决策**

首席执行官欣赏你的工作

干得好,我完全被说服了。我立刻就下订单多投广告,我迫不及待地想知道结果!

你的报告简炼、专业、直截了当

报告说清楚了首席执行官的需求,甚至比首席执行官本人说得更清楚。

你审视数据,通过首席执行官把事情弄得更明白,把首席执行官确信的观点和你自己对数据的理解相比较,然后提出决策建议。

干得好!

你的建议将给Acme的业务带来哪些影响?

Acme的销量会上升吗?

惊人的信息

一则新闻

> 表面上看起来是一篇正面报道。

数据邦商务时报

貌洁保湿霜在少女消费者市场完全饱和

据我报化妆品行业独立分析师报告，少女消费者保湿霜市场已经完全被Acme公司保湿霜旗舰产品"貌洁"占据，据《数据邦商务时报》调查，95%的少女消费者称"非常频繁"使用貌洁保湿霜，通常每天两次以上。

当我报记者告诉Acme首席执行官这个调查结果时，他非常惊讶。"我们承诺以平易近人的价格给少女消费者最奢华的保湿体验"，他说，"得知貌洁在少女消费者中如此走红我很高兴，希望以后由我们的数据分析部门告诉我这些消息，而不是报社。"

Acme在市场上的实际竞争对手——竞争化妆品公司回应了记者采访："我们基本上已经撤出了少女消费者市场。我们雇来扰乱市场的少女消费者受到了朋友们的嘲笑，因为据说使用了廉价、低档的产品。貌洁品牌太强了，和他们竞争是在浪费营销费用。菩萨保佑，给貌洁来个打击，比如，让他们的代言人在镜头里被逮到……"

> 这对你的分析有意义吗？

表面上来这对Acme是个好消息，但是，如果市场已经饱和，再多投广告可能就不会有太大效果。

数据分析引言

幸好我接到了这个电话,我取消了少女消费者市场广告。马上给我再搞一个有用的方案吧。

很难想象少女消费者市场广告会有效。要是绝大部分少女消费者每天都用貌洁保湿霜,而且用两次以上,销量还有机会提高吗?

你需要寻找别的机会提高销量,但首先需要搞清楚你的分析有何差池。

考考你

你在分析过程中得到了一些**错误的或不完整的信息**,使你对上述有关少女消费者的情况把握不准。是哪些信息不完整呢?

分析模型有误

首席执行官确信的观点让你误入歧途

这是首席执行官嘴里的貌洁销售情况：

> **首席执行官确信的貌洁销售情况**
>
> 貌洁超强保湿霜的消费者是处于豆蔻年华的少女消费者（具体说是11~15岁）。她们基本上是唯一的消费群。
>
> Acme试图重新分配广告费和社交网络费，但迄今为止，这个新办法是否成功尚未可知。
>
> 我们看出产品在少女消费者中的销售潜力是巨大的。
>
> Acme的竞争对手极为危险。

这是一种心智模型……

看看这些确信观点与数据的吻合情况，二者一致还是矛盾？所描述的内容有差别吗？

	9月	10月	11月	12月	1月	2月
总销量	$5 280 000	$5 501 000	$5 469 000	$5 480 000	$5 533 000	$5 554 000
目标销量	$5 280 000	$5 500 000	$5 729 000	$5 968 000	$6 217 000	$6 476 000
广告费	$1 056 000	$950 400	$739 200	$528 000	$316 800	$316 800
社交网络费	$0	$105 600	$316 800	$528 000	$739 200	$739 200
单价（每盎司）	$2.00	$2.00	$2.00	$1.90	$1.90	$1.90

数据没有体现少女消费者市场的任何情况。 他假定少女消费者是产品的唯一购买者，而且少女消费者有能力购买更多的貌洁保湿霜。

看了上述新闻后，你可能想重新评估首席执行官确信的这些观点。

我们又回到了起点！

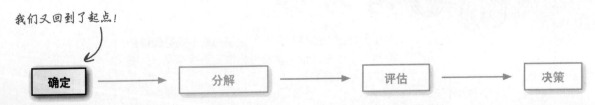

确定 → 分解 → 评估 → 决策

你对外界的假设和你确信的观点就是你的<u>心智模型</u>

在这个案例中，心智模型带来了问题，如果新闻报导是真实的，那么首席执行官关于少女消费者市场的确信观点就是错误的，而这些确信观点正是你用来解释数据的模型。

现实世界非常复杂，因此我们用**心智模型**来理解现实。你的大脑就像一个工具箱，只要有新信息进来，大脑就会拿出一个工具利用这个新信息。

心智模型可能是一些与生俱来的先天禀赋，也可能是后天学会的理论，不管是哪种情况，都会**大大影响**你对数据的解释。

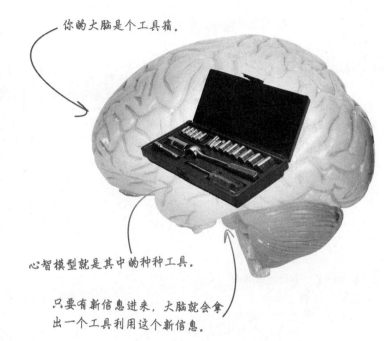

你的大脑是个工具箱。

心智模型就是其中的种种工具。

只要有新信息进来，大脑就会拿出一个工具利用这个新信息。

心智模型有时助益良多，有时带来麻烦。本书就是你的妥善利用心智模型速成班。

重中之重是明确心智模型，并且像对待数据一样**严肃认真地对待**心智模型。

务必尽量明确你的心智模型。

不是说讲**数据**分析吗？怎么变成讲思维了？是不是该叫**数据模型**？

模型的影响

统计模型取决于心智模型

心智模型决定你的观察结果，是你观察现实的棱镜。

你无法看到一切，因此你的大脑必须做出选择，以便集中注意力，这就是所谓的心智模型大大**决定观察结果**。

如果你**了解**自己的心智模型，那么你发现重点、开发最相关最有用统计模型的可能性就更大。

你的统计模型**取决于**你的心智模型，如果用了错误的心智模型，分析就会胎死腹中。

最好使用正确的心智模型！

让我们再次审视这些数据,想一想,有没有其他的心智模型适合这些数据。

	9月	10月	11月	12月	1月	2月
总销量	$5 280 000	$5 501 000	$5 469 000	$5 480 000	$5 533 000	$5 554 000
目标销量	$5 280 000	$5 500 000	$5 729 000	$5 968 000	$6 217 000	$6 476 000
广告费	$1 056 000	$950 400	$739 200	$528 000	$316 800	$316 800
社交网络费	$0	$105 600	$316 800	$528 000	$739 200	$739 200
单价(每盎司)	$2.00	$2.00	$2.00	$1.90	$1.90	$1.90

❶ 列出一些假设情况:若貌洁保湿霜的确是少女消费者喜爱的润肤品,则假设成立。

发挥你的创造力!

....
....
....
....

❷ 列出一些假设情况:若貌洁保湿霜处于在竞争中失去顾客的危险境地,则假设成立。

....
....
....
....

心智模型

动动笔解答

你刚才用新眼光观察了汇总数据。**不同的**心智模型该如何与之契合呢?

	9月	10月	11月	12月	1月	2月
总销量	$5 280 000	$5 501 000	$5 469 000	$5 480 000	$5 533 000	$5 554 000
目标销量	$5 280 000	$5 500 000	$5 729 000	$5 968 000	$6 217 000	$6 476 000
广告费	$1 056 000	$950 400	$739 200	$528 000	$316 800	$316 800
社交网络费	$0	$105 600	$316 800	$528 000	$739 200	$739 200
单价（每盎司）	$2.00	$2.00	$2.00	$1.90	$1.90	$1.90

❶ 列出一些假设情况：若貌洁保湿霜的确是少女消费者喜爱的润肤品，则假设成立。

少女消费者几乎把所有保湿霜预算都给了貌洁。

Acme需要开发新的貌洁保湿霜市场才能提高销量。

这里歌舞升平。

貌洁保湿霜没有匹敌的竞争对手，它是迄今为止最好的产品。

社交网络是目前售卖产品最经济有效的方式。

少女消费者愿意在保湿霜上花更多的钱。

❷ 列出一些假设情况：若貌洁保湿霜处于在竞争中失去顾客的危险境地，则假设成立。

少女消费者改用新的保湿霜产品，Acme需要夺回失地。

貌洁保湿霜被认为"不够酷"，是"给傻子用的"。

这里刀光剑影。

"干"皮肤在年轻人中日渐流行。

社交网络营销是个无底洞，我们需要重投广告的怀抱。

提高貌洁的价格将损失市场份额。

客户拥有完全错误的心智模型并不稀奇，忽略心智模型中有可能最重要的部分其实也是家常便饭……

| 确定 | → | 分解 | → | 评估 | → | 决策 |

心智模型应当包括你不了解的因素

一定要指出**不确定**因素,只要能明确不确定因素,你就会小心防范并想办法填补知识空白,继而提出更好的建议。

考虑不确定因素及盲点会让人感觉不爽但回报显著。这种"反查"方法会揭示出**未知**信息,而不是已知信息,例如,你要雇用一个舞蹈家,他不会跳的舞可能比会跳的舞更让你感兴趣。

数据分析也是如此,了解自己的知识缺陷非常重要。

未雨绸缪方能防备不测风云。

> 反思这些会感觉痛苦。

Head First反查表

我所没有的经历:
 被捕
 吃小龙虾
 骑自行车
 铲雪

我不知道的事情:
 圆周率前50位数
 我今天用手机打了多少分钟电话
 生命的意义

我不知道该怎么做的事情:
 做法式面包
 跳恰恰舞
 弹吉他

我没读过的书:
 《红楼梦》
 《三刻拍案惊奇》

> 人们往往在雇用职员后才发现他们有些事做不来,可为时已晚。

动动笔

为了搞清楚首席执行官**不知道**的事情,你会问哪些问题?

....

....

....

....

....

客户心里话

首席执行官承认自己有所不知

发件人： Acme化妆品公司首席执行官

收件人： Head First

主题： 回复：管理不确定因素

关于貌洁保湿霜的销售情况，你觉得自己在哪方面最缺乏了解？

> 哦，这是个有意思的问题，我总是觉得我们真正了解客户对产品的感受，但由于我们并没有直接把产品卖给消费者，所以，在将产品发给经销商后，我们确实不知道接下来的情况。所以，不错，我们确实不知道貌洁保湿霜出库后的情况。

关于广告对提高销量的贡献，你有多少信心？

> 哦，正如大家一向所说，一半有用，一半没用，而且永远也不知道哪一半是哪一半。但很明显，貌洁品牌是消费者购买最多的产品，因为貌洁与其他保湿霜产品并无太大差别，所以广告是打响品牌的关键。

除了少女消费者，还有谁可能会买这些产品？

> 这我可不知道，毫无线索，因为产品全靠牌子，我们只考虑了少女消费者，我们绝不插手其他消费者群体。

有没有我该知道的其他难以排解的不确定因素？

> 当然有，还不少呢。你吓死我了，我再也不觉得自己对产品了如指掌了，你的数据分析让我觉得我对产品所知甚少。

让客户开始思考，挺不错。

广告效果并不十分确定。

这是一个巨大的盲点！

还有谁可能买貌洁保湿霜？

除了少女消费者，有其他买家吗？

确定 → **分解** → 评估 → 决策

世上没有**傻问题**

问: 首席执行官最后一句话挺搞笑: 数据分析让人感觉自己所知甚少, 这话不对吧?

答: 这要看你怎么对待。如今越来越多的问题能够通过数据分析技术解决, 而在过去, 人们要靠直觉来解决这些问题。

问: 所以和以前相比, 心智模型越来越不可信了?

答: 许多由心智模型完成的工作都是为了帮助你填补信息空白。好的一面是, 数据分析工具让你有能力以系统而自信的方式填补这些空白, 因此, "指定大量不确定因素"这一做法的目的就是帮助你发现盲点, 这要求拥有过硬的数据工作经验。

问: 但我非得用心智模型来填补"对外界的了解"这项知识的空白吗?

答: 确实如此……

问: 我这么说是因为, 即使我目前对外界的运行规律了如指掌, 但十分钟后外界就会变成另外一个样子。

答: 对极了。你无法无所不知, 世界总是在不断变化, 这就是严谨地指定问题并管理心智模型不确定因素之所以成为工作重点的原因。你只有那么些时间、那么些资源来解决分析问题, 因此, 回答上述问题将有助你有效率、有效果地完成工作。

问: 通过统计模型了解到的信息能为心智模型所用吗?

答: 当然能。今天的研究所发现的事实和现象往往成为明天的研究的假设情况。这样想: 你不可避免地会从统计模型得出错误结论, 人无完人嘛。当这些结论成为心智模型的一部分后, 你希望它们突显出来, 这样才能认明情况, 以便在需要时回头改变这种结论。

问: 所以心智模型可以通过经验进行试验?

答: 对, 而且应该进行试验。你无法试验每一件事, 但可以试验模型中的每一件事。

问: 如何改变心智模型?

答: 你即将了解……

首席执行官下令搞来了更多数据, 帮助你寻找少女消费者以外的市场。让我们看一看。

获得丰富数据

Acme给你发来了一长串原始数据

所获得的新数据若未经过任何处理，即称为**原始数据**，为了让他人提供的数据在你要进行的数据运算中发挥作用，**几乎总是要调节数据**。

千万要**保存原始数据**，避免进行任何数据处理。即使是最好的数据分析师也会失误，必须能够将自己的工作结果与原始数据进行比较。

资料太多了……你可能用不了这么多。

日期	经销商	运算 （件）	运区	费用
9/1/08	野蛮女友化妆品公司	5253	20817	$75 643
9/3/08	野蛮女友化妆品公司	6148	20817	$88 531
9/4/08	恒悦公主公司	8931	20012	$128 606
9/14/08	野蛮女友化妆品公司	2031	20817	$29 246
9/14/08	恒悦公主公司	8029	20012	$115 618
9/15/08	泛美批发公司	3754	20012	$54 058
9/20/08	野蛮女友化妆品公司	7039	20817	$101 362
9/21/08	恒悦公主公司	7478	20012	$107 683
9/25/08	泛美批发公司	2646	20012	$38 102
9/26/08	野蛮女友化妆品公司	6361	20817	$91 598
10/4/08	恒悦公主公司	9481	20012	$136 526
10/7/08	泛美批发公司	8598	20012	$123 811
10/9/08	野蛮女友化妆品公司	6333	20817	$91 195
10/12/08	泛美批发公司	4813	20012	$69 307
10/15/08	恒悦公主公司	1550	20012	$22 320
10/20/08	恒悦公主公司	3230	20817	$46 512
10/25/08	野蛮女友化妆品公司	2064	20817	$29 722
10/27/08	泛美批发公司	8298	20012	$119 491
10/28/08	恒悦公主公司	8300	20012	$119 520
11/3/08	泛美批发公司	6791	20012	$97 790
11/4/08	恒悦公主公司	3775	20012	$54 360
11/10/08	野蛮女友化妆品公司	8320	20817	$119 808
11/10/08	野蛮女友化妆品公司	6160	20817	$88 704
11/10/08	泛美批发公司	1894	20012	$27 274
11/15/08	恒悦公主公司	1697	20012	$24 437
11/24/08	恒悦公主公司	4825	20012	$69 480
11/28/08	野蛮女友化妆品公司	6188	20817	$89 107
11/28/08	泛美批发公司	4157	20012	$59 861
12/3/08	野蛮女友化妆品公司	6841	20817	$98 510
12/4/08	恒悦公主公司	7483	20012	$107 755
12/6/08	泛美批发公司	1462	20012	$21 053
12/11/08	泛美批发公司	8680	20012	$124 992
12/14/08	野蛮女友化妆品公司	3221	20817	$46 382
12/14/08	恒悦公主公司	6257	20012	$90 101
12/24/08	泛美批发公司	4504	20012	$64 858
12/25/08	恒悦公主公司	6157	20012	$88 661
12/28/08	野蛮女友化妆品公司	5943	20817	$85 579
1/7/09	野蛮女友化妆品公司	4415	20817	$63 576
1/10/09	恒悦公主公司	2726	20012	$39 254
1/10/09	泛美批发公司	4937	20012	$71 093
1/15/09	野蛮女友化妆品公司	9602	20817	$138 269
1/18/09	泛美批发公司	7025	20012	$101 160
1/20/09	恒悦公主公司	4726	20012	$68 054
1/21/09	野蛮女友化妆品公司	7489	20817	$107 842
1/25/09	恒悦公主公司	9280	20012	$133 632
1/28/09	泛美批发公司	9994	20012	$143 914
2/8/09	野蛮女友化妆品公司	7418	20817	$106 819
2/9/09	恒悦公主公司	6201	20012	$89 294
2/10/09	泛美批发公司	8100	20012	$116 640
2/12/09	恒悦公主公司	9437	20012	$135 893
2/13/09	泛美批发公司	3354	20012	$48 298
2/18/09	野蛮女友化妆品公司	9810	20817	$141 264
2/23/09	泛美批发公司	5442	20012	$78 365
2/25/09	恒悦公主公司	7813	20012	$112 507
2/26/09	野蛮女友化妆品公司	5258	20818	$75 715

数据太太太多了！我该怎么办？该从哪儿开始？

放轻松

数据多往往是好现象

在密集的数据中兜圈子很容易让人"迷路"，要是你迷失了目标，忘记了假设，只要集中注意力完成该完成的数据处理就能扭转局势，优秀的数据分析的根本在于密切关注需要了解的数据。

确定 → **分解** → 评估 → 决策

28　深入浅出数据分析

练习

好好看看这些数据，想一想**首席执行官的心智模型**。这些数据符合所有顾客都是少女消费者的想法吗？还是看得出有其他的消费者？

日期	经销商	运量（件）	运区	费用
9/1/08	野蛮女友化妆品公司	5253	20817	$75 643
9/3/08	野蛮女友化妆品公司	6148	20817	$88 531
9/4/08	忸怩公主公司	8931	20012	$128 606
9/14/08	野蛮女友化妆品公司	2031	20817	$29 246
9/14/08	忸怩公主公司	8029	20012	$115 618
9/15/08	泛美批发公司	3754	20012	$54 058
9/20/08	野蛮女友化妆品公司	7039	20817	$101 362
9/21/08	忸怩公主公司	7478	20012	$107 683
9/25/08	泛美批发公司	2646	20012	$38 102
9/26/08	野蛮女友化妆品公司	6361	20817	$91 598
10/4/08	忸怩公主公司	9481	20012	$136 526
10/7/08	泛美批发公司	8598	20012	$123 811
10/9/08	野蛮女友化妆品公司	6333	20817	$91 195
10/12/08	泛美批发公司	4813	20012	$69 307
10/15/08	忸怩公主公司	1550	20012	$22 320
10/20/08	野蛮女友化妆品公司	3230	20817	$46 512
10/25/08	野蛮女友化妆品公司	2064	20817	$29 722
10/27/08	泛美批发公司	8298	20012	$119 491
10/28/08	忸怩公主公司	8300	20012	$119 520
11/3/08	泛美批发公司	6791	20012	$97 790
11/4/08	忸怩公主公司	3775	20012	$54 360
11/10/08	野蛮女友化妆品公司	8320	20817	$119 808
11/10/08	野蛮女友化妆品公司	6160	20817	$88 704
11/10/08	泛美批发公司	1894	20012	$27 274
11/15/08	忸怩公主公司	1697	20012	$24 437
11/24/08	忸怩公主公司	4825	20012	$69 480
11/28/08	野蛮女友化妆品公司	6188	20817	$89 107
11/28/08	泛美批发公司	4157	20012	$59 861
12/3/08	野蛮女友化妆品公司	6841	20817	$98 510
12/4/08	忸怩公主公司	7483	20012	$107 755
12/6/08	泛美批发公司	1462	20012	$21 053
12/11/08	泛美批发公司	8680	20012	$124 992
12/14/08	野蛮女友化妆品公司	3221	20817	$46 382
12/14/08	忸怩公主公司	6257	20012	$90 101
12/24/08	泛美批发公司	4504	20012	$64 858
12/25/08	忸怩公主公司	6157	20012	$88 661
12/28/08	野蛮女友化妆品公司	5943	20817	$85 579
1/7/09	野蛮女友化妆品公司	4415	20817	$63 576
1/10/09	忸怩公主公司	2726	20012	$39 254
1/10/09	泛美批发公司	4937	20012	$71 093
1/15/09	野蛮女友化妆品公司	9602	20817	$138 269
1/18/09	泛美批发公司	7025	20012	$101 160
1/20/09	忸怩公主公司	4726	20012	$68 054

把答案写在这儿。

细查数据

练习解答

从数据中看出什么了?首席执行官"只有豆蔻年华的少女消费者才买貌洁保湿霜"的想法对吗?还是看得出有其他的消费者?

这些公司像是会向少女消费者销售化妆品的。

可以肯定地看到,Acme将产品卖给各家公司,这些公司再将产品卖给年轻的消费者。野蛮女友化妆品公司和忸怩公主公司看来肯定名副其实,可名单上还有一家经销商——泛美批发公司,单从名字无法看出其客户群,但可能值得调查一下。

这些人是谁?

日期	经销商	运量(件)	运区	费用
9/1/08	野蛮女友化妆品公司	5253	20817	$75 643
9/3/08	野蛮女友化妆品公司	6148	20817	$88 531
9/4/08	忸怩公主公司	8931	20012	$128 606
9/14/08	野蛮女友化妆品公司	2031	20817	$29 246
9/14/08	忸怩公主公司	8029	20012	$115 618
9/15/08	泛美批发公司	3754	20012	$54 058
9/20/08	野蛮女友化妆品公司	7039	20817	$101 362
9/21/08	忸怩公主公司	7478	20012	$107 683
9/25/08	泛美批发公司	2646	20012	$38 102
9/26/08	野蛮女友化妆品公司	6361	20817	$91 598
10/4/08	忸怩公主公司	9481	20012	$136 526
10/7/08	泛美批发公司	8598	20012	$123 811
10/9/08	野蛮女友化妆品公司	6333	20817	$91 195
10/12/08	泛美批发公司	4813	20012	$69 307
10/15/08	忸怩公主公司	1550	20012	$22 320
10/20/08	野蛮女友化妆品公司	3230	20817	$46 512
10/25/08	野蛮女友化妆品公司	2064	20817	$29 722
10/27/08	泛美批发公司	8298	20012	$119 491
10/28/08	忸怩公主公司	8300	20012	$119 520
11/3/08	泛美批发公司	6791	20012	$97 790
11/4/08	忸怩公主公司	3775	20012	$54 360
11/10/08	野蛮女友化妆品公司	8320	20817	$119 808
11/10/08	野蛮女友化妆品公司	6160	20817	$88 704
11/10/08	泛美批发公司	1894	20012	$27 274
11/15/08	忸怩公主公司	1697	20012	$24 437
11/24/08	忸怩公主公司	4825	20012	$69 480
11/28/08	野蛮女友化妆品公司	6188	20817	$89 107
11/28/08	泛美批发公司	4157	20012	$59 861
12/3/08	野蛮女友化妆品公司	6841	20817	$98 510
12/4/08	忸怩公主公司	7483	20012	$107 755
12/6/08	泛美批发公司	1462	20012	$21 053
12/11/08	泛美批发公司	8680	20012	$124 992
12/14/08	野蛮女友化妆品公司	3221	20817	$46 382
12/14/08	忸怩公主公司	6257	20012	$90 101
12/24/08	泛美批发公司	4504	20012	$64 858
12/25/08	忸怩公主公司	6157	20012	$88 661
12/28/08	野蛮女友化妆品公司	5943	20817	$85 579
1/7/09	野蛮女友化妆品公司	4415	20817	$63 576
1/10/09	忸怩公主公司	2726	20012	$39 254
1/10/09	泛美批发公司	4937	20012	$71 093
1/15/09	野蛮女友化妆品公司	9602	20817	$138 269
1/18/09	泛美批发公司	7025	20012	$101 160
1/20/09	忸怩公主公司	4726	20012	$68 054

确定 → 分解 → **评估** → 决策

深入挖掘数据

要看的数据很多,但任务很明确:找出除少女消费者以外购买产品的群体。

你发现了一家名叫泛美批发公司的公司,它是谁?谁买它的产品?

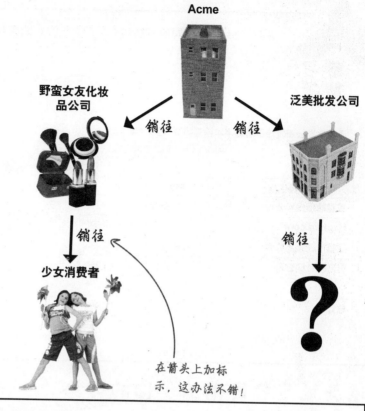

练习

泛美批发公司应Acme的要求发来了这份貌洁客户明细表。这些信息能帮助你弄清楚谁在购买产品吗?

写下从这些数据中看出的购买貌洁保湿霜的消费者

泛美批发公司貌洁保湿霜半年销售明细(至2009年2月)

经销商	件数	%
威猛胡须保养公司	9 785	23%
Haohan.com	20 100	46%
四辫子剃须品公司	8 093	19%
男用化妆品公司	5 311	12%
总计	43 289	100%

数据验证

练习解答

泛美批发公司的销售明细告诉你是谁在购买貌洁保湿霜了吗?

泛美批发公司貌洁保湿霜半年销售明细（至2009年2月）

经销商	件数	%
威猛胡须保养公司	9 785	23%
Haohan.com	20 100	46%
四犊子剃须品公司	8 093	19%
男用化妆品公司	5 311	12%
总计	43 289	100%

看来是男人在买貌洁保湿霜！Acme原来的销售表没有显示出是男人在买保湿霜，但泛美批发公司却将貌洁保湿霜转卖给了剃须品经销商！

泛美批发公司确认了你的印象

是，老头们喜欢这东西，虽说用小姑娘的东西让他们有点难为情，但用来做剃须后保养棒极了。

这恐怕是大买卖。

看来，有一个群体在买貌洁保湿霜，而Acme竟还没有意识到。

一切顺利的话，就靠这个潜在群体提高Acme的销量了。

确定 → 分解 → **评估** → 决策

数据分析引言

> 我被迷住了,这条妙计可能让我们的业务来个天翻地覆的变化。能让我过一遍你得出这个结论的过程吗?我们该怎么利用这个新信息呢?

你已经进入分析冲刺阶段。

现在该写报告了。记住,让客户详细地浏览你的思考过程——你是如何得出这个看法的?

根据这个看法,你建议客户如何改进业务?这条信息如何能帮助他**提高销量**?

动动笔

心智模型有哪些改变?

有何证据证明你的结论?

有难以排解的不确定因素吗?

....

....

....

....

....

....

与客户沟通

动动笔解答

你如何扼要复述你的工作?你对首席执行官提出了哪些建议以期提高销量?

> 一开始,我试图想办法提高少女消费者市场的销量,因为我们相信这些消费者是貌洁保湿霜唯一的客户群。当我们发现少女消费者市场已经饱和后,我深入挖掘数据,寻找提高销量的源泉。在这个过程中,我改变了心智模型,结果表明热衷于使用貌洁的人比我们意识到的要多——尤其是上了年纪的男人。由于这个消费群并不宣扬自己对产品的热衷,我建议大幅度增加对这个群体的广告宣传,用更易被男性接受的特色销售同样的产品,这将提高销量。

世上没有傻问题

问: 如果为了解决问题而需要获得更详细的信息,我该做到什么程度呢?是不是要亲自去采访客户?

答: 对新数据的挖掘深度最终取决于你自己的最佳判断,在这个例子中,你不断摸索,终于找到了新的市场领域,这个发现足以让你制定有说服力的销售策略。我们将在后续章节中进一步讨论何时该停止搜集数据。

问: 看来,起初的错误心智模型是第一次分析失败的罪魁祸首。

答: 是啊,最初的错误假设注定了分析会得出错误的答案,因此,从一开始就务必要基于正确的假设建立模型显得如此重要,并且,要做好准备,一旦所得到的数据有违你的假设,就要立即回头重新详加思考。

问: 分析会有大结局吗?我所追求的是定论。

答: 数据分析肯定会得出重大问题的答案,但绝不会料事如神,即使你今天无所不知,明天又会有新情况。向年长男子促销的建议可能在今天是有效的,但Acme永远需要分析师为他们出点子抓销售。

问: 听起来挺没劲。

答: 恰好相反!分析师好比侦探,总有一些秘密等着他们去发现,这正是数据分析的乐趣所在!回顾问题、提炼模型、基于新模型观察外界,这些都是分析师工作的基本组成部分,并非特例,而是规律。

回顾你的工作

下面最后看一眼你所经历的所有步骤，目的是得出如何帮助Acme提高貌洁保湿霜销量的结论。

你收到首席执行官的论点和数据。

把手头的资料汇总为有用的格式。

比较汇总表中的各个因素。

你提出提高对少女消费者市场的广告力度，这可能有助于销量回升。

确定 → 分解 → 评估 → 决策

这时，少女消费者市场报告让你的心智模型受到质疑。

确定 → 分解 → 评估 → 决策

你查看不确定范围。

搜集更多的貌洁保湿霜客户数据。

发现老年男子跻身貌洁消费群体。

你建议扩大老年男子市场。

> 啊，我卖出去了。让我们追随老头们前进吧！

你的分析让客户做出了英明的决策

看了你的报告后,首席执行官迅即调动营销团队创建"须洁"品牌——无非就是"貌洁"保湿霜换个新名字罢了。

Acme旋风般地把须洁保湿霜推向老年男子市场,下面是结果:

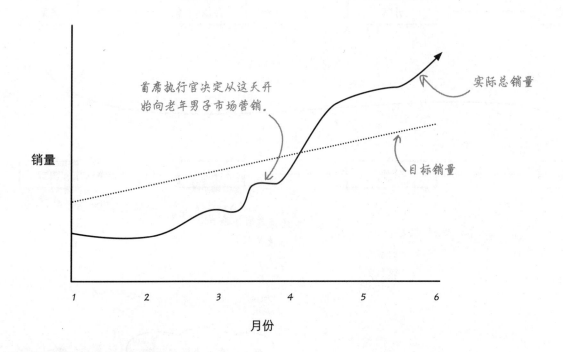

销量一飞冲天!两个月的销量超过了你在文章开头看到的所有目标销量。

你的分析出成果了!

2 实验

检验你的理论

你能向别人揭示自己坚信的信念吗?

正在进行**实证**检验？做个好实验吧，再没有什么办法能像一个好实验那样，既能解决问题又能揭示事物的真正运行规律。一个好实验往往能让你摆脱对**观察数据**的无限依赖，能帮助你理清因果联系；可靠的**实证数据**将让你的分析判断更有说服力。

星巴仕需要你

咖啡业的寒冬到了！

时局艰难，连**星巴仕咖啡店**也在经历剧痛，那可一向是享受极品咖啡的去处。然而，在过去几个月里，实际销量与目标销量背道而驰，骤然下滑。

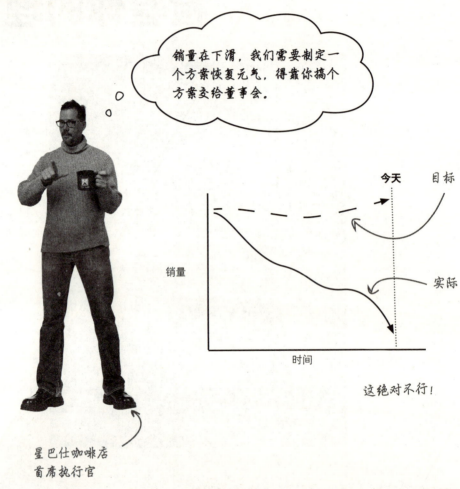

销量在下滑，我们需要制定一个方案恢复元气，得靠你搞个方案交给董事会。

星巴仕咖啡店
首席执行官

这绝对不行！

星巴仕首席执行官打电话把你叫来，让你帮忙想办法恢复销量。

星巴仕董事会将在三个月内召开

要在三个月内拿出一个扭转乾坤的方案,时间已不多,但必须如此。

我们不完全知道销量为何下降,但必定与经济环境有某种关系。无论如何,你得想出**恢复销量**的办法。

该从哪儿着手呢?

发件人: 星巴仕首席执行官
收件人: Head First
主题: 转发:董事大会即将召开

看到了吗?!?

发件人: 星巴仕董事会主席
收件人: 首席执行官
主题: 董事大会即将召开

董事会希望在下一次董事大会上看到一整套扭转销售状况的方案。

如果你们挽回销量的计划不够周全,我们将被迫执行我们的方案,首先就是换掉所有高层职员。

谢谢。

哇呀!

动动笔

请看以下选项。你认为哪些做法会是最好的**起点**?为什么?

会见首席执行官,弄清楚星巴仕如何进行商务运营。
....

....

进行一次客户调查,弄清楚客户的想法。
....

....

弄清楚目标销量是怎么计算出来的。
....

....

会见董事长。
....

....

给自己泡一大杯热气腾腾的星巴仕咖啡。
....

....

在空白处写下你对每个选项的看法。

第2章 实验 **检验你的理论**

随机调查

动动笔解答

为了想出提高星巴仕咖啡销量的办法，你认为哪种做法是最好的起点？

会见首席执行官，弄清楚星巴仕在如何进行商务运营。

肯定是个好起点。他在生意上足智多谋。

进行一次客户调查，弄清楚客户的想法。

能这样也不错。你得摸透客户的心思，让他们多买咖啡。

弄清楚目标销量是怎么计算出来的。

能弄清楚这一点很有意思，但恐怕这不是你该考虑的第一件事。

会见董事长。

真是不知深浅啊。你真正的客户是首席执行官，爬到他头上去是要冒风险的。

给自己泡一大杯热气腾腾的星巴仕咖啡。

星巴仕咖啡味道极棒，为什么不来一杯？

> 我欣赏客户调查这个点子。看看我们的客户调查，把结果告诉我。

市场部每个月做一次客户调查。

他们随机抽取一些典型的咖啡消费者作为样本，问消费者一堆相关的问题，觉得咖啡怎么样啊，买咖啡有哪些经验啊……

人们在调查中的说法不一定符合他们的实际做法，但问问他人的感受总不会有坏处。

随机……记住这个词！

星巴仕调查表

这就是市场调查表：市场部每月对大量客户进行抽样调查。

如果你是星巴仕的客户，很可能有人会递给你一张这样的表请你填写。

星巴仕调查表

感谢您填写星巴仕调查表！填完后，我们的客户经理将很乐意为您呈上一份价值10美元的礼券，您可以在任何一家星巴仕咖啡店享用。感谢您光临星巴仕！

日期　　　　　　　2009年1月

星巴仕咖啡店编号　04524

从1到5中圈出每种说法给你的感觉。1 表示完全不同意，5 表示完全同意

"星巴仕咖啡店的选址对我很方便。"

　　　1　　　2　　　3　　　4　　　**(5)**

"端上来的咖啡总是冷热合适。"

　　　1　　　2　　　3　　　**(4)**　　　5

"星巴仕员工彬彬有礼，咖啡上得很快。"

　　　1　　　2　　　3　　　4　　　**(5)**

"我认为星巴仕咖啡非常值。"

　　　1　　　**(2)**　　　3　　　4　　　5

"星巴仕咖啡店是我偏爱的去处。"

　　　1　　　2　　　3　　　4　　　**(5)**

得分高表示对这些说法非常赞同。这位顾客的确非常喜欢星巴仕。

你会怎样汇总这份调查数据？

比较法

务必使用比较法

统计与分析最基本的原理之一就是**比较法**,它指出,数据只有通过相互比较才会有意义。

在这个案例中,市场部计算出每个问题的平均答案,然后逐月对这些平均值进行比较,每个月的平均值**只有**在与其他月份的平均值进行比较时才有用。

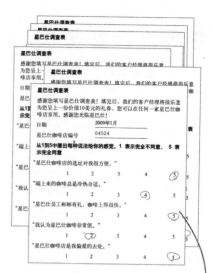

统计只有与其他统计相关联,才能给人带来启发。

这是一份2008年下半年市场调查**汇总表**,表中数字是各家分店参加调查的人对各个调查项给出的平均分。

	08年8月	08年9月	08年10月	08年11月	08年12月	09年1月
选址方便	4.7	4.6	4.7	4.2	4.8	4.2
咖啡温度	4.9	4.9	4.7	4.9	4.7	4.9
员工热情	3.6	4.1	4.2	3.9	3.5	4.6
咖啡价值	4.3	3.9	3.7	3.5	3.0	2.1
偏爱去处	3.9	4.2	3.7	4.3	4.3	3.9
参加调查的店	100	101	99	99	101	100

对调查问题的回答经过平均,汇总在这份表格里。

这个数字只有与这些数字相比较才会有用。

小心!

必须进行明确的比较。

如果一份统计数据看起来颇有意思,或看起来有用,你就需要针对这份统计数据与其他统计数据的比较情况,解释为什么会有这种作用。

如果不搞清楚这一点,就等于是在假设客户会自己进行这种比较,这会是一个不合格的分析。

比较是破解观察数据的法宝

比较越多,分析结果越正确,对于**观察研究**尤其如此,星巴仕研究就是一例。

通过观察数据,你仅仅是在观察人们,并让人们自己决定所属的群体。搜集观察数据往往是通过实验取得更有用数据的第一步。

人群可能分为好几类:大客户、茶客等。

而在实验中,则由你决定哪些人属于哪些群体。

术语角

观察研究法 被研究的人自行决定自己属于哪个群体的一种研究方法。

练习

查看对开页上的调查数据,比较几个月内的平均值。

注意到某种规律了吗?
....
....
....
....

有什么信息能说明销量下降的原因吗?
....
....
....
....
....

寻找原因

练习解答

现在你已经细细看过数据，可以找出数据蕴含的规律了。

注意到某种规律了吗？

除了"咖啡价值"，所有的变量都在有限的范围内波动。例如"咖啡温度"，最高得分4.9，最低得分4.7，波动不大。相反，"咖啡价值"则降幅巨大。12月得分是8月得分的一半，这是一个巨大的变化。

有什么信息能说明销量下降的原因吗？

这么说吧，如果一般人认为咖啡的价值与价格不相称，他们就不愿意在星巴仕多花钱。由于经济衰退，人们手头的钱少了，于是他们发现星巴仕咖啡并无出色的价值。

价值感是导致销售收入下滑的原因吗？

纵观这些数据，除了星巴仕咖啡价值感这个变量，星巴仕的顾客对其他方面都感觉良好。

看起来，星巴仕没有给人们物超所值的感觉，这可能是导致购买量下降的原因。也许经济环境让人们钱包变瘪了，于是他们对价格更为敏感。

让我们把这个理论称为"价值问题"。

星巴仕咖啡
这是2008年下半年市场调查汇总表。表中数字是在各家分店参加调查的人对各个调查项给出的平均分。

	08年8月	08年9月	08年10月	08年11月	08年12月	09年1月
选址方便	4.7	4.6	4.7	4.2	4.8	4.2
咖啡温度	4.9	4.9	4.7	4.9	4.7	4.9
员工热情	3.6	4.1	4.2	3.9	3.5	4.6
咖啡价值	**4.3**	**3.9**	**3.7**	**3.5**	**3.0**	**2.1**
偏爱去处	3.9	4.2	3.7	4.3	4.3	3.9
参加调查的店	100	101	99	99	101	100

这个变量在过去六个月中相当平稳地下降。

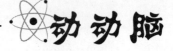

你认为感知价值的下降是销量下降的原因吗？

世上没有傻问题

问： 我怎么知道价值下降确实会导致咖啡销量下降？

答： 你没法知道。但目前只有感知价值数据与销量的下降相吻合。销量和感知价值看起来像是在并肩下落，但你无法确定是价值的下降导致了销量的下降，目前，这只是理论上的判断。

问： 会不会有其他作用因素？可能价值问题并不像看上去那么简单。

答： 几乎可以肯定会有其他因素在起作用，使用观察研究方法时，应当假定其他因素会混杂你的结论，因为你无法像控制实验那样控制这些因素。后面几页会进一步讨论这些行话。

问： 会不会正好相反呢？可能正是销量下降让人们认为咖啡没有什么价值。

答： 问得非常好，很有可能正好相反。分析师们的一个很好的经验法则是，当你开始怀疑因果关系的走向时（如价值感的下降导致销量下降），请进行反方向思考（如销量下降导致价值感下降），看看结果怎么样。

问： 那么我如何看出是谁导致了谁？

答： 我们将在本书中大量讨论如何判定原因，但现在你该知道的是，当涉及判定因果关系时，观察研究法并不是那么强大有力。一般情况下，需要使用其他工具才能进行判定。

问： 听起来观察研究法没什么意思。

答： 完全不是这么回事！观察数据无所不在，要是因为观察研究法有不足之处就忽视这种方法，那可是疯了。真正重要的是，你要了解观察研究法的局限性，这样才不会得出错误的结论。

你所谓的"价值问题"在我的店里根本不存在！我们的星巴仕咖啡红透半边天，没有人认为星巴仕缺乏价值。肯定是哪里搞错了。

星巴仕SoHo区区域经理

SoHo区的区域经理不同意

SoHo区是一个富人区，也是几家利润丰厚的星巴仕分店的所在地，负责这几家分店的经理不相信价值感问题的真实性。

你认为她为什么不同意？是她的顾客在说谎吗？是数据记录不正确吗？还是观察研究法本身有问题？

因果图

一位典型客户的想法

吉姆：别把SoHo区星巴仕放在心上。那些家伙不知道怎么看数据，数据是不会撒谎的。

弗兰克：我可不愿这么快下结论，有时候一线人员的直觉比统计数据更能说明问题。

乔：完全正确。其实，我正想丢开所有的数据，有些东西看起来很可疑。

吉姆：你有什么特别的理由认为这些数据有问题？

乔：我没理由。味道可疑？

弗兰克：看，我们需要回头看看我们对典型客户或一般客户的释义。

乔：好。这儿，我画了一张图。

弗兰克：这一连串的事情没有发生在SoHo区居民的身上，有什么原因吗？

吉姆：可能SoHo区的居民没受到经济环境的打击，住那儿的人富得冒油，还自私自利。

乔：喂，我女朋友住在SoHo区。

弗兰克：搞不懂你怎么说动这等风流人物和你约会的。吉姆，你可能说对了，要是有人理财能力强的话，可能就不那么容易相信星巴仕缺乏价值。

每个人都受到了影响。
→ 经济下滑
↓
我的钱少了
↓
星巴仕缺乏价值
↓
星巴仕销量下降

把所想到的事物之间的联系画出来，这一向是个好主意。

人们的反应造成了这个结果。

看起来，SoHo区星巴仕店的顾客可能和其他星巴仕店的顾客不一样……

观察分析法充满混杂因素

混杂因素就是研究对象的个人差异,它们不是你试图进行比较的因素,最终会导致分析结果的敏感度变差。

在这个案例中,你对不同**时间段**内的星巴仕顾客进行相互比较,星巴仕的客户显然互不相同——因为他们是不同的人。

但是,如果他们的相互差异表现在你力求了解的某个变量方面,这种差异就是混杂因素,本例中的混杂因素是**店址**。

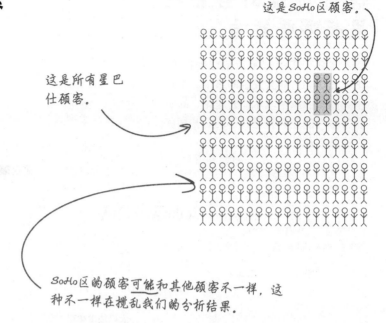

这是所有星巴仕顾客。

这是SoHo区顾客。

SoHo区的顾客可能和其他顾客不一样,这种不一样在搅乱我们的分析结果。

重新绘制对开页中的因果图,将SoHo店和其他店分开,**校正选址混杂因素**。

假定SoHo区区域经理是正确的,即SoHo区顾客并没有感受到价值问题。那么这种现象对销量有何影响呢?

店址可能对分析结果有哪些影响

这是一张经过重新整理的图形，图中表现了可能会发生的事情。用这样的图来**形象地表示你的理论**，的确非常棒，能让你自己和你的客户顺着你的思路去想。

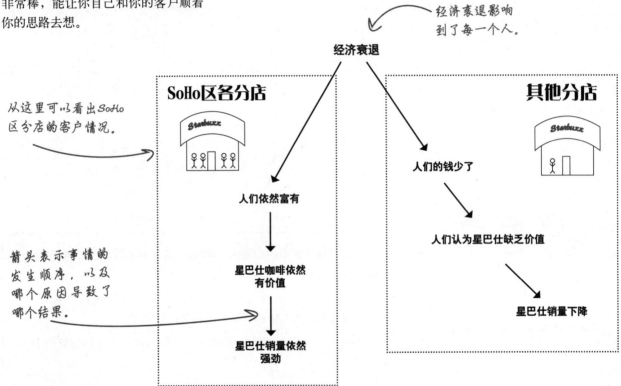

考考你

怎样处理一下数据才能看出是否SoHo区星巴仕分店的价值感仍然良好？更概括地说，怎样处理一下观察研究数据才能让混杂因素得到控制？

世上没有傻问题

问： 在这个案例中，的确是客户的财富而不是咖啡店的店址影响了分析结果吗？

答： 当然，而且这二者很可能有关系。如果你能得到每位顾客有多少钱的数据，或者能知道每位顾客花多少钱会感到舒坦，你就能再次进行分析，看出以财富为基础划分群组会得出什么结果。但由于我们无法得到这些信息，就只好使用店址。此外，由于我们的理论是越富有的人越愿意在SoHo区消费，因此店址能说明问题。

问： 除了店址，有没有别的变量可能混杂这些数据？

答： 肯定有。混杂因素是观察研究法绕不开的问题。作为分析师，你的工作就是不断考虑混杂因素对分析结果的影响。如果你认为混杂因素的影响微不足道，很好；但如果有理由相信这些混杂因素正在引发问题，那么，你就需要相应调整自己的结论。

问： 如果混杂因素难以发现怎么办？

答： 这正是问题所在。混杂因素通常不会故意在你眼前晃悠。为了让自己的数据尽量有说服力，你需要自己动手把这些隐藏的混杂因素挖出来。在本例中，我们很幸运，因为地址这个混杂因素其实就在数据里，因此我们可以处理和管理这个数据。通常我们无法得到混杂因素信息，这会严重动摇整个分析的根基，让你无法得到正确结论。

问： 我要做到什么程度才算查清了混杂因素？

答： 这与其说是科学，莫如说是艺术。你不妨就自己正在研究的问题问自己一些常识性问题，借此想象哪些变量可能会影响你的分析结果。正如数据分析和统计学中的各种手段一样，无论你的量化技术多么出神入化，真正的重点却永远在于：分析结论要**有意义**。只要结论有意义，而且你已经彻头彻尾地查找过混杂因素，那么你就已经做了观察研究法要求你做的一切工作。其他类型的分析，如后文所述，可以让你做出更大胆的结论。

问： 如果我研究的不是价值感而是其他对象，同样对于这些数据，店址是否不会成为混杂因素？

答： 完全正确。记住，只是在这个例子中，店址才是一个混杂因素，但在其他例子中可能并没有作用。例如，在这里我们没有理由相信"咖啡温度让人感觉恰恰好"这个因素在每个地方都不一样。

问： 我仍然觉得观察研究法有很多很严重的问题。

答： 观察分析法是有很大局限性。这种特别的研究方法的作用在于帮助你更好地了解星巴仕的客户，只要你控制好数据中的店址问题，研究就会更有说服力。

混杂因素分组

拆分数据块，管理混杂因素

为了**控制**观察研究混杂因素，有时候，将数据拆分为更小的数据块是个好想法。

这些小数据块更具**同质性**。换句话说，这些小数据块不包含那些有可能扭曲你的分析结果及让你产生错误想法的内部偏差。

现在再来看看星巴仕的调查数据，这一次将其他地区的数据列在相应的表格里。

星巴仕咖啡店：所有分店

到2009年1月为止的市场调查汇总。表中数字是在各家分店参加调查的人对各个调查项给出的平均分。

	08年8月	08年9月	08年10月	08年11月	08年12月	09年1月
选址方便	4.7	4.6	4.7	4.2	4.8	4.2
咖啡温度	4.9	4.9	4.7	4.9	4.7	4.9
员工热情	3.6	4.1	4.2	3.9	3.5	4.6
咖啡价值	4.3	3.9	3.7	3.5	3.0	2.1
偏爱去处	3.9	4.2	3.7	4.3	4.3	3.9

这是原始数据汇总。

仅东岸区分店

	08年8月	08年9月	08年10月	08年11月	08年12月	09年1月
选址方便	4.9	4.5	4.5	4.1	4.9	4.0
咖啡温度	4.9	5.0	4.5	4.9	4.5	4.8
员工热情	3.5	3.9	4.0	4.0	3.3	4.5
咖啡价值	4.0	3.5	2.9	2.6	2.2	0.8
偏爱去处	4.0	4.0	3.8	4.5	4.2	4.1

仅西雅图区分店

	08年8月	08年9月	08年10月	08年11月	08年12月	09年1月
选址方便	4.8	4.5	4.8	4.4	5.0	4.1
咖啡温度	4.7	4.7	4.8	5.1	4.5	4.9
员工热情	3.4	3.9	4.4	4.0	3.5	4.8
咖啡价值	4.3	3.8	3.2	2.6	2.1	0.6
偏爱去处	3.9	4.0	3.8	4.4	4.3	3.8

仅SOHO区分店

	08年8月	08年9月	08年10月	08年11月	08年12月	09年1月
选址方便	4.8	4.8	4.8	4.4	4.8	4.0
咖啡温度	4.8	5.0	4.6	4.9	4.8	5.0
员工热情	3.7	4.1	4.4	3.7	3.3	4.8
咖啡价值	4.9	4.8	4.8	4.9	4.9	4.8
偏爱去处	3.8	4.2	3.8	4.2	4.1	4.0

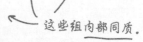

这些组内部同质。

请看对开页的分组数据。

东岸区分店平均得分和星巴仕所有分店平均得分有何差异?

....
....
....
....

将所有数据组的咖啡感知价值相互之间比较,情况如何?

....
....
....
....

SoHo区区域经理"客户对星巴仕咖啡感觉很好"的判断正确吗?

....
....
....
....

决策分组

练习解答

查看已经按店址分组的调查数据,你能看出什么?

东岸区分店平均得分和星巴仕所有分店平均得分有何差异?

除了价值感得分,所有的分数都在同样窄小的范围内波动。与所有地区平均分相比,东岸区的价值感平均分一落千丈!

将所有数据组的咖啡感知价值相互之间比较,情况如何?

西雅图区和东岸区一样直线下滑。相反,SoHo区显得一切正常,SoHo区的价值感平均得分轻而易举地击败了所有区域的平均分,看上去这个区域的顾客非常满意星巴仕的价值。

SoHo区区域经理"客户对星巴仕咖啡感觉很好"的判断正确吗?

数据完全证实了SoHo区区域经理所坚信的顾客对星巴仕价值的想法。听取她的反馈并且因为她有这样的反馈而以其他方式观察数据,还真是个不错的主意。

情况比预料的更糟！

为了解决你们所发现的问题，大人物们都行动起来了。

首席财务官

首席财务：情况比我们预料的还糟糕，糟透了。除了SoHo区，各个区的价值感都已经彻底跌穿地板。

营销副总：没错。第一张表体现了所有区的数据，确实让价值感看上去比实际的要**好**。SoHo区把数据向好的方向扭曲了。

首席财务：只要把人人都是富翁的SoHo区剥离出来，就可以看出SoHo区的顾客都对价格很满意，但其他顾客却都在徘徊中甩手离去。

营销副总：所以我们要搞清楚该怎么办。

首席财务：我来告诉你该怎么办——大减价。

营销副总：什么？！？

首席财务：你没听错，我们得大减价。这样人们就会觉得价值不错了。

营销副总：我不知道你是从哪个星球来的，但我们得考虑品牌。

首席财务：我来自商业星球，我们把这叫做供与求，你大概想回学校重修这些词的意思吧。减价，然后需求上升。

营销副总：要是削减成本，短期内我们可能会看到销量回升，但品牌形象会毁于一旦。我们需要想办法在价格不变的情况下**说服**人们：星巴仕有价值。

首席财务：这是疯话。我现在说的是经济，钞票。有激励人们才有反应。你这种前怕狼后怕虎的想法是不会把我们救出困境的。

营销副总裁

你手头的数据是否能让你明了哪种策略将提高销量？

策略实验

你需要做一个实验，指出哪种策略最有效

请再看一下上一页最后一个问题：

> 你手头的数据是否能让你明了哪种策略将提高销量？

观察数据本身无法预示未来。

你没有任何观察数据能够表明，如果试着照营销副总裁或首席财务官的建议去做，将会发生什么情况。

如果你想对与数据相符合但并未在数据中充分体现的事情做出结论，就需要用理论将它们联系起来。

这些理论可能是对的，也可能彻底错误，但你的数据并没有体现出来。

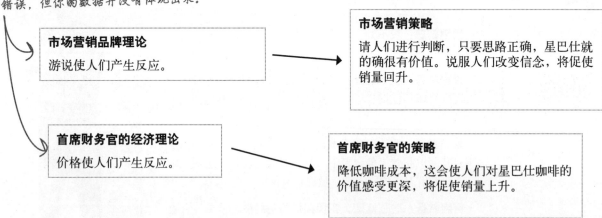

市场营销品牌理论
游说使人们产生反应。

市场营销策略
请人们进行判断，只要思路正确，星巴仕就的确很有价值。说服人们改变信念，将促使销量回升。

首席财务官的经济理论
价格使人们产生反应。

首席财务官的策略
降低咖啡成本，这会使人们对星巴仕咖啡的价值感受更深，将促使销量上升。

尽管这二位都狂热地相信自己的理论及根据这些理论制定的策略，你却没有数据支持任何一种理论。

为了进一步弄清楚哪种策略更好，你将需要做一个实验。

你需要对这些策略进行实验，目的是了解哪种策略将提高销量。

星巴仕首席执行官已经急不可待

不管你是不是已经做好准备,他要动手了!

让我们看看他的战术怎么展开……

星巴仕降价了

在首席财务官的提示下,首席执行官下令所有分店在二月集体降价,所有星巴仕分店的咖啡价格统统降低0.25美元。

$4.00 $3.75

**这种改变会引起销量暴增吗?
何以见得?**

一个月后……

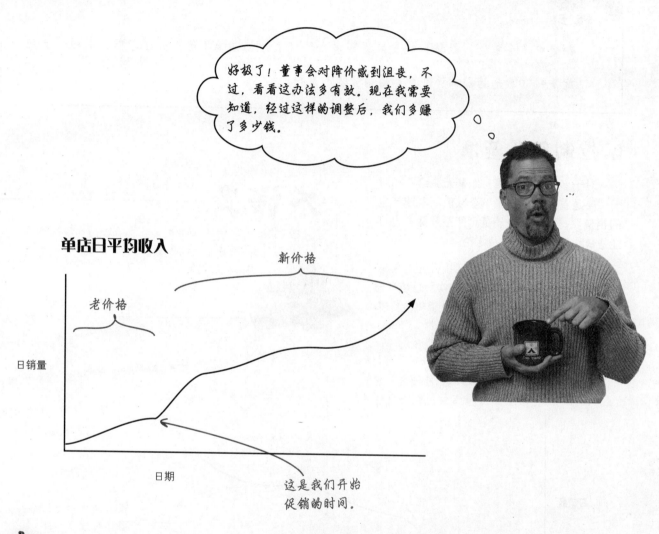

要是能知道星巴什二月份降价比不降价**多赚了多少**就好了。你认为销量中有数据能帮助搞清楚这一点吗？为什么？

....
....

基本控制

练习

销量中有数据能帮助你搞清楚价格调整到3.75美元以后多赚了多少钱吗?

销量中不会有这种数据,销量数据都来自3.75美元的咖啡售价,无法与假定数据——也就是4.00美元的咖啡售价产生的销售收入进行比较。

以控制组为基准

对于多赚了多少钱,你**毫无头绪**。相对于"要是首席执行官未下令减价而本该产生的销量",现在这个销量可能是暴涨,也可能是暴跌,然而终究难成定论。

难成定论的原因是,首席执行官下令集体降价,这违背了**比较法**。好的实验总是有一个**控制组**(对照组),使分析师能够将检验情况与现状进行比较。

术语角

控制组(Control group) 一组体现现状的处理对象,未经过任何新的处理(也称对照组)。

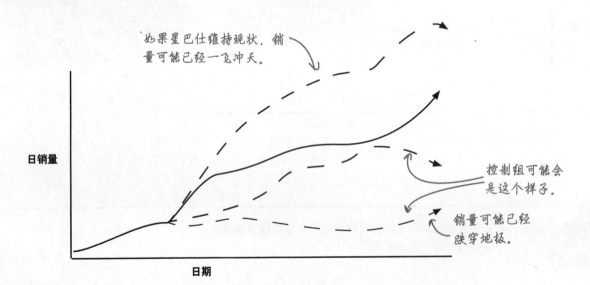

没有控制组就意味着没有比较,没有比较就意味着无法对所发生的情况进行判断。

世上没有傻问题

问：我们不能拿二月份的数据和一月份的数据进行比较吗？

答：当然可以。要是你们感兴趣的只是二月份的销量是否比一月份的高，是能有答案的。但在不加以控制的情况下，这些数据无法体现其与价格下降的内在联系。

问：拿今年二月份的数据和去年二月份的数据进行比较怎么样？

答：你在这个问题和上一个问题中谈到的都是历史控制法，这种方法取用过去的数据，并将这些数据作为控制数据；与此相反的是同期控制法，在这种方法中，控制组与实验组在同样的时期内经历同样的事。历史控制法通常偏向于你力图进行检验的对象的成功方面，因为很难选出和你所测试的组真正相似的控制组。总体上说，你应该对历史控制法表示怀疑。

问：一定要用控制组吗？从来没有一个案例是不用控制组也行得通的吗？

答：世上有很多无法控制的事。例如选举投票，选民不能同时选两个候选人，你不能先看看谁比谁进展更好，然后再回头去选更为成功的一位。虽说选举方式无法改变，却不表示不能一对一地分析各种迹象，但是，如果能够做一个与此类似的实验，就能对自己的选择更为自信！

问：那医学试验怎么说？假设你想试用一种新药，并且相信这种药物非常有效，难道你不给分在控制组里的病人治疗，而任由他们生病或等死？

答：这是一个考虑了法律伦理学的好问题。缺乏控制数据（或使用历史控制数据）的医学研究所青睐的疗法随后往往被同期控制实验表明没有效果或甚至有害。无论你对一种治疗方法的感情如何，除非做控制实验（对照实验），否则无法确定进行治疗是否比不进行任何治疗更有效。最糟糕的情况是，对于实际上于人有损的治疗，要停止推广。

问：就像给病人进行放血治疗一样吗？

答：对极了。历史上最早的控制实验中就有一些将放血疗法与让病人静养相比较。坦白说，使用了几百年的放血疗法让人厌恶极了，现在，因为做了控制实验，我们知道这是一种错误的疗法。

问：观察研究法有控制数据吗？

答：当然有。记住观察研究法的定义：这种研究方法让研究对象自己决定他们属于哪个组，而不是由研究者来决定。例如，如果想做一个关于吸烟的研究，你无法让某些人成为烟民或不成为烟民，决定是否抽烟的是人们自己。在这种情况下，选择不做烟民的人就是你观察研究法中的控制组。

问：我经历过各种各样的情况，销量都在一个月内上涨，据说是由于我们上一个月做的一些工作，而且，因为别人说我们做得不错，大家都感觉良好。但你现在却说我们对自己做得是好是坏完全没有头绪？

答：你们可能是做得不错。商业生活中免不了有凭直觉办事的时候，有时你无法控制实验，必须依赖基于观察数据的判断。但是，只要能做实验就做吧。在下决定的时候，再没有比可靠的数据更能为你的判断和直觉提供补充了。在这个例子中，你还没有得到可靠的数据，却有一位渴望答案的首席执行官。

首席执行官仍然想知道新策略让他多赚了多少钱……你该如何答复呢？

沟通难题

吉姆：首席执行官要求我们弄清楚，二月份赚的钱中有多少是不减价本来赚不到的，我们得给这家伙一个答案。

弗兰克：喔，这可是个棘手问题。我们对于多赚了多少钱毫无头绪，可能赚了不少，但也可能赔了钱。我们算是丢人现眼了，惹麻烦了。

乔：怎么会，我们完全可以把销售收入和历史控制数据相比较，可能不会非常令人满意，但他会开心的，这就是一切意义所在。

弗兰克：客户开心就是一切意义所在？看来你是想明哲保身。要是我们给他错误的答案，问题最终还是会落到我们头上。

乔：随你怎么说。

弗兰克：我们将不得不向他坦白事实，这不会是个美差。

吉姆：看，其实我们已经有眉目了。我们只需为三月份设定一个控制组，然后再做一次实验。

弗兰克：但首席执行官对二月份的进展感觉良好，因为他对这些进展有误会，我们必须打消他这种良好的自我感觉。

吉姆：我想我们能让他清醒地思考，而不是嗤之以鼻。

避免解雇123

免不了要报告坏消息是数据分析师工作的一部分,不过,同样的消息却可以用各种不同的方式来表达。

让我们直说吧:如何才能既说出坏消息,又不被炒鱿鱼?

顶级数据分析师懂得妥当地报告有可能令人沮丧的消息。

说法1:没什么坏消息。

说法2:情况不妙,我们撤吧!

说法3:事情不尽如人意,但只要我们处理得当,坏消息就会变成好消息。

哪一种说法不至于让你被炒鱿鱼?

今天?

明天?

下一次?

更好的实验

~~认真~~ 让我们重新做一次实验

我们正在做三月份的实验,这一次,营销部把所有的星巴仕分店分成了控制组和实验组。

实验组包括太平洋区所有分店,控制组包括SoHo区和东岸区所有分店。

> 发件人:星巴仕首席执行官
> 收件人:Head First
> 主题: 需要重新做实验
>
> 我知道情况了,离董事大会召开还有两个月的时间。该做什么就做什么吧,这次要办好。

时间紧迫!

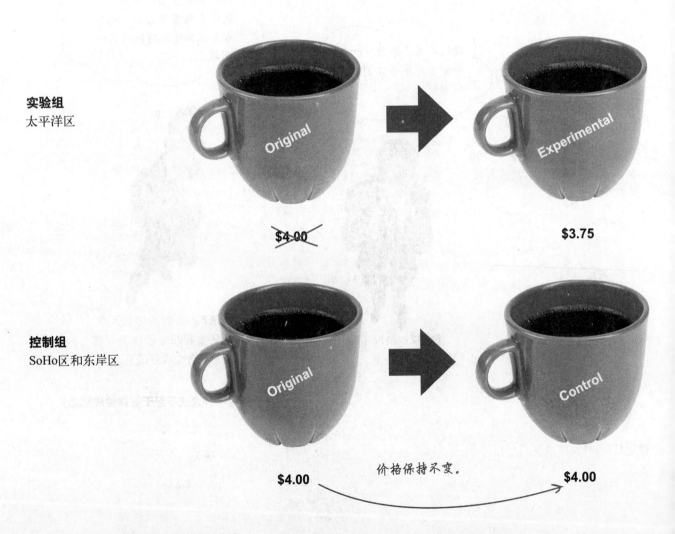

实验组
太平洋区

Original → Experimental
~~$4.00~~ $3.75

控制组
SoHo区和东岸区

Original → Control
$4.00 价格保持不变。 $4.00

一个月后…

事情看起来非常顺！实验可能会让你看到想要的答案——减价的效果。

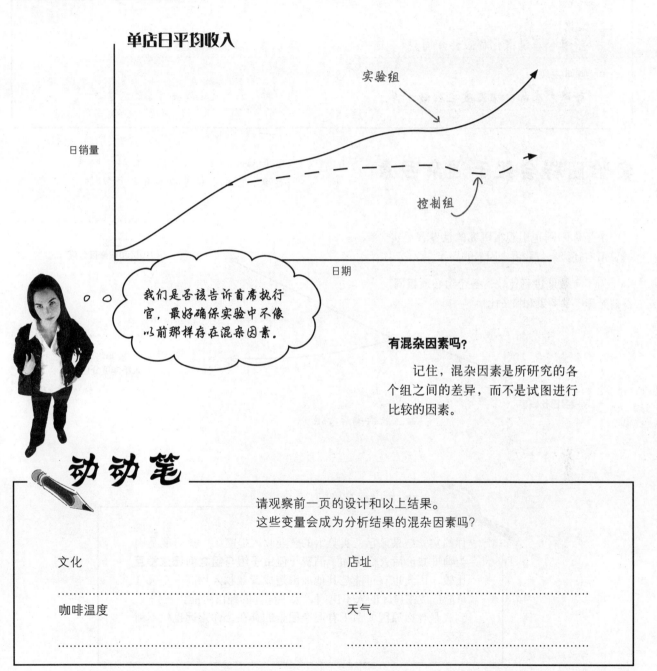

有混杂因素吗？

记住，混杂因素是所研究的各个组之间的差异，而不是试图进行比较的因素。

动动笔

请观察前一页的设计和以上结果。
这些变量会成为分析结果的混杂因素吗？

文化

....

咖啡温度

....

店址

....

天气

....

第2章 实验 检验你的理论

混杂再现

这些变量会成为分析结果的混杂因素吗?

文化
所有分店的文化都应该相同。

咖啡温度
每家分店的咖啡温度也应该一样。

店址
店址肯定是混杂因素。

天气
有可能!天气是选址要考虑的因素之一。

实验照样会毁于混杂因素

由于你刚刚走出观察研究的世界着手实验,所有还没有摆脱混杂因素的羁绊。

为了有效地进行比较,**各个组必须相同**,否则无异于拿苹果和橙子比!

你正在对二者进行比较,但除了比较因素,它们在很多方面都各不相同。

```
控制组
SoHo区和东岸区分店
```

```
实验组
太平洋区分店
```

```
所有星巴仕顾客
```

按区将咖啡店分组

混杂因素

你的实验结果显示,实验组的营业收入提高了,这可能是因为咖啡减价后人们增加了消费;但**由于组与组之间无法相互比较**,因此也有可能是其他原因造成营业收入增高——天气可能造成东岸区的人不出门,太平洋区的经济可能正在腾飞。到底是什么原因?由于有**混杂因素**的存在,你永远也找不到答案。

精心选择分组，避免混杂因素

正如观察分析法一样，避免混杂因素完全要靠正确将咖啡店分组。但怎么分才好呢？

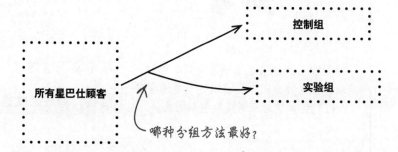

这里有四种分组方法。你怎么看待每种方法在避免形成混杂因素上的作用？你认为哪一种分组方法最好？

轮流按不同的价格给顾客结账。这样一来，一半顾客进入实验组，一半顾客进入控制组，店址不再成为混杂因素。

....
....
....

使用历史控制法，将这个月的所有店作为控制组，下个月的所有店作为实验组。

....
....
....

将不同的店随机分配给控制组和实验组。

....
....
....

将大的地理区域分成小的地理区域，随机将这些微区域分进控制组和实验组。

....
....
....

第2章 实验 检验你的理论

认识随机性

动动笔解答

你认为哪一种分组方法最好?

轮流按不同的价格给顾客结账。这样一来,一半顾客进入实验组,一半顾客进入控制组,店址不再成为混杂因素。	顾客要掀桌子了——谁愿意比排在自己前面的那位多付钱?顾客的愤怒将会混杂你的分析结果。
使用历史控制法,将这个月所有店作为控制组,下个月所有店作为实验组。	我们已经讲过历史控制法为什么会带来问题。谁知道这几个月里会发生什么事使分析结果毁掉?
将不同的店随机分配给控制组和实验组。	这看起来有希望,但并不十分恰当。人们只会去便宜点的星巴什店喝咖啡,而不会去控制组,店址仍是混杂因素。
将大的地理区域分成小的地理区域,随机将这些微区域分进控制组和实验组。	要是分割区域足够大,使人们不至于为喝上便宜点的咖啡而往来奔波;同时又足够小,使各个分割区域彼此相似,就能避开店址混杂因素。这是最好的办法。

看来这和随机法有些关系,让我们仔细看看……

随机选择相似组

从对象池中随机选择对象是避免混杂因素的极好办法。

在将对象随机分配到各个组里以后，最终的结果是：可能成为混杂因素的那些因素最终在控制组和实验组中具有同票同权。

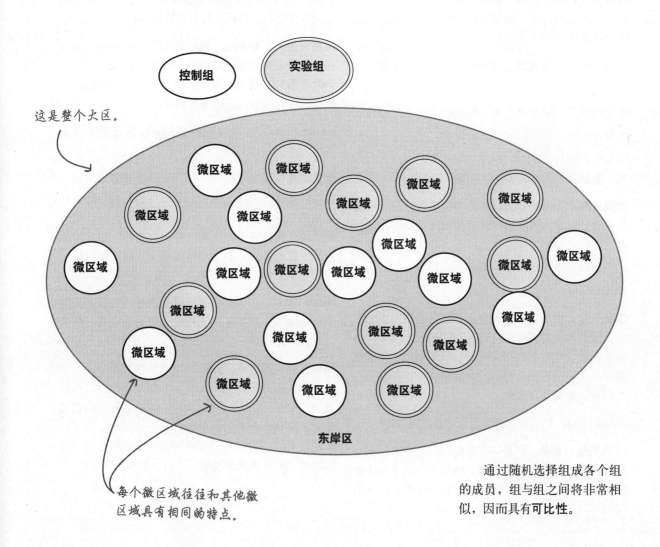

随机访谈

本周访问：
天啊，太随机了吧！

Head First：随机先生，感谢您接受我们的采访。很明显您频繁出现在数据分析中，您能来真是太好了。

随机先生：哦，我每一秒钟的行程都有点说不准，我没有真正的计划。我能来这里嘛，嗯，像是滚骰子滚过来的。

Head First：有意思。这么说您对于自己没有什么计划或设想？

随机先生：正是如此，东一榔头西一棒子就是我的风格。

Head First：那你为什么在实验设计中这么有用呢？数据分析讲究的不就是秩序和方法吗？

随机先生：当分析师通过我的力量来选择属于实验组或设计组的人或商店（或者诸如此类）时，我的魔法会让所得到的分组互为同类。我甚至还能收拾隐形的混杂因素，毫无问题。

Head First：说说看？

随机先生：假设有半数人受某种隐性混杂因素的影响，这种混杂因素叫做X因素，挺吓人的，对吧？X因素会大大扰乱你的分析结果。你不知道这种因素是什么，也没有任何关于它的数据，但这种因素一直存在，随时会冒出来。

Head First：但观察分析法免不了有这种风险。

随机先生：当然，但是，假定你在实验中利用我来将人群分进实验组和控制组，结果是，两个组中的X因素最终分量一样。如果总人数中有半数人含有这种隐性因素，那么，划分后的每个组中也有半数人含有这种隐性因素。这就是随机法的力量。

Head First：这么说X因素可能仍然会影响分析结果，但对两个组的影响是完全一样的，这意味着可以对自己的检验目标进行有效的比较？

随机先生：的确如此，**随机控制**是各种实验的黄金标准。没有它你也能做实验，但要是有了它，你就能做得最好。随机控制实验能让你最大限度地接近数据分析的核心：证明因果关系。

Head First：您是说随机控制实验能**证明**因果关系吗？

随机先生：喔，"证明"是一个非常非常重的词，我得回避这种说法，但请想想随机控制实验能让你得到的结果：你在检验两个组，除了要检验的变量，两个组在各个方面都一样，如果两个组的检验结果有任何不同，除了归结于这个变量还能归结于什么呢？

Head First：那我怎么进行随机分配呢？假定我有一份数据表，想要随机选择表中数据，将表一分为二，该怎么做？

随机先生：很简单。在你的电子数据表程序中，创建一列，称为随机（Random），将下面这个公式输入第一个单元格：=RAND()，对表中的每个数据复制和粘贴这个公式，再对随机列进行排序。行了！然后就可以将数据表分成控制组和多个实验组，实验组的个数根据需要决定。这就万事俱备了！

动动笔

现在该设计你的实验了。既然你已经了解了观察研究法和实验研究法、控制组和实验组、混杂因素和随机性,你就应当能够设计合适的实验,找到想要的答案。

你试图证明什么?为什么?

....

....

....

你的控制组和实验组将是什么样子?

....

....

....

如何避免混杂因素?

....

....

....

> 喂!你应该增加一个实验组,让人们觉得星巴仕很有价值,这样我们才知道谁是对的——是我还是首席财务官!

你的分析结果会是什么样子?

....

....

....

第2章 实验 **检验你的理论**

设计完善

你刚设计好自己的第一个随机控制实验。
它会如你所愿好好发挥作用吗?

你试图证明什么?为什么?

实验的目的是为了弄清楚下面哪种做法能提高销量:

维持现状、减价或尝试说服顾客星巴仕咖啡很有价值。我们准备用一个月的时间进行这个

实验:就定在三月。

你的控制组和实验组将是什么样子?

控制组内的分店将照常工作——没有什么特别之处。一个实验组将由三月份降价的分店组

成,另一个实验组将由派雇员游说客户"星巴仕咖啡很有价值"的分店组成。

如何避免混杂因素?

通过精心选择各个组来避免混杂因素。我们将把每个星巴仕地区分为多个微区域,然后随

机将微区域池中的成员分配给控制组和实验组。于是,三个组的情况将大致相同。

你的分析结果会是什么样子?

这要等我们做完实验才有可能知道,不过,结果可能是:一个实验组或两个实验组都表现

出比控制组更高的销量。

准备就绪，开始实验

在进行实验前，让我们最后再看一眼我们的整个程序，总结一下哪个策略最好。

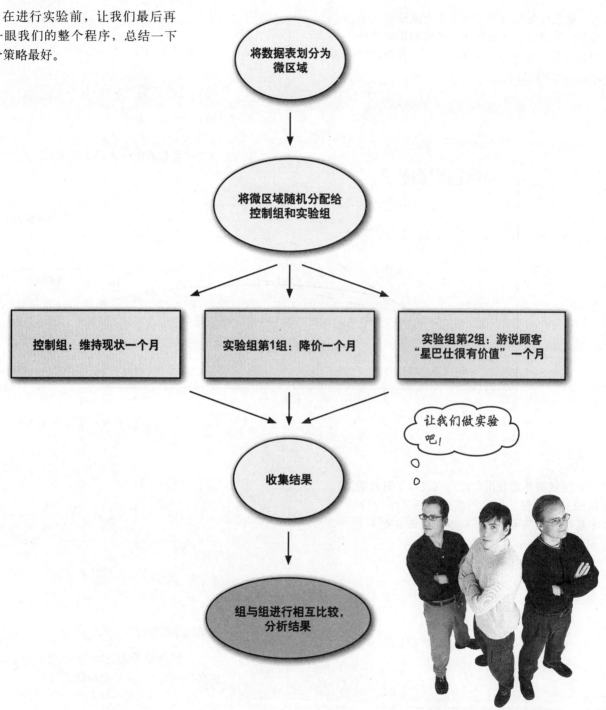

审视结果

结果在此

星巴仕依计行事,用了几个星期做这个实验。与其他两个组相比,价值游说组的日营业收入立即上升,而降价组的营业收入其实是与控制组持平。

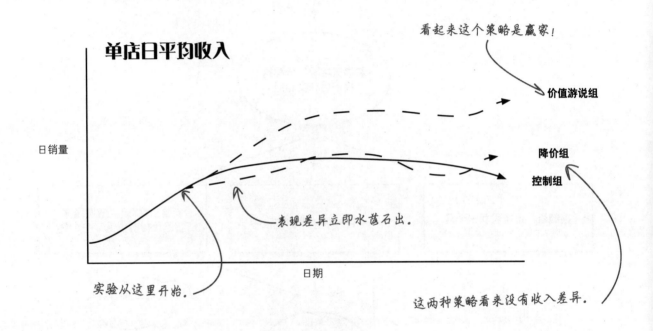

这张图非常有用,因为它进行了有效的**比较**。你选择了同样的组,然后区别对待,于是现在的确可以将不同咖啡店营业收入上的差异归因于正在检验的因素。

这些结果非常棒!

价值游说看来比降价和维持现状带来了更高的销量,看来你已经找到答案。

星巴仕找到了与经验吻合的销售策略

在你开始这段实验历程的时候,星巴仕局面混乱。你小心地评估观察调查数据,从星巴仕几个大人物那里了解到更多的业务信息,从而创建了**随机控制实验**。

实验进行了有效的比较,表明游说人们星巴仕咖啡有价值是比降价和维持现状更有效的提高销量的办法。

我真为这个结果感到高兴!我正在下令在所有的分店执行这个策略,SoHo区各分店除外——既然SoHo的顾客花钱花得挺开心,那就不用管他们了!

3 最优化

寻找最大值

有些东西人人都想多多益善。

为此我们上下求索。要是能用数字表示我们不断追求的东西——利润、钱、效率、速度等,实现更高目标的机会就在眼前。有一种数据分析工具能够帮助我们调整决策变量,找出**解决方案**和优化点,使我们最大限度地达到目标。本章将使用这样一种工具,并通过强大的电子表格软件包Solver来实现这个工具。

玩具故事

现在是浴盆玩具游戏时间

你受雇于浴盆宝公司,这家公司执全国橡皮鸭和橡皮鱼浴盆玩具生产之牛耳,信不信由你,浴盆玩具是一项正正经经的业务,利润丰厚。

厂家想多赚点,听说时下盛行通过数据分析打理业务,于是给你来了电话。

橡皮鱼不是常规产品,但卖得很好。

有人说它是经典产品,有人说它太没有新意了,但有一点很清楚:橡皮鸭得留住。

我今年采购玩具的时候会首先考虑贵公司。

橡皮鸭逗得我哈哈笑。

你的客户很有眼光,很挑剔。

这是你的客户浴盆宝公司给你发来的电子邮件,说明了他们雇佣你的原因。

> 发件人: 浴盆宝
> 收件人: Head First
> 主题: 请提供产品组合分析
>
> 亲爱的分析师:
>
> 能联系上您真是太好了!
>
> 我们想尽量提高利润,为此必须确保橡皮鸭和橡皮鱼的产量都正合适。我们需要您帮忙找出理想的产品组合:这两种产品我们各应该生产多少?
>
> 期待您开始工作,我们对您仰慕已久。
>
> 致礼
>
> 浴盆宝

你的客户这样描述她的需求。

你需要哪些**数据**才能解决这个问题?

....

....

....

....

....

控制范围

发件人：浴盆宝
收件人：Head First
主题：　请提供产品组合分析

亲爱的分析师：

能联系上您真是太好了！

我们想尽量提高利润，为此必须确保橡皮鸭和橡皮鱼的产量都正合适。我们需要您帮忙找出理想的产品组合：这两种产品我们各应该生产多少？

期待您开始工作，我们对您仰慕已久。

致礼

浴盆宝

你需要哪些**数据**才能解决这个问题？

首先，最好能够知道橡皮鸭和橡皮鱼的赢利能力，是否一种产品比另一种产品利润更高？除此之外，最好能知道约束这个问题的其他因素。生产这些产品需要多少橡胶？生产这些产品需要多少时间？

 数据放大

细看一下你需要了解的信息。

可以将所需要的数据分成两类：**无法控制的因素，可以控制的因素。**

这些是你无法
控制的因素。

- 橡皮鱼的利润如何
- 厂家有多少橡胶可以用来生产橡皮鱼
- 厂家有多少橡胶可以用来生产橡皮鸭

- 橡皮鸭的利润如何
- 生产橡皮鱼要用多少时间
- 生产橡皮鸭要用多少时间

接着是客户为了尽量提高利润而要你弄清楚的基本问题。最后，就是你能控制的：这两个问题的答案。

这些是你能
控制的因素。

- 生产多少橡皮鱼
- 生产多少橡皮鸭

你需要得到有关能控制的因素和不能控制的因素的可靠数字。

你能控制的变量受到约束条件的限制

这些考虑事项被称为**约束条件**，因为它们将决定问题的有关参数。你最终追求的无非是**利润**，而找到正确的产品组合就是确定下个月利润水平的办法。

但选择哪种产品组合将会受到约束条件的**限制**。

这些就是这个问题的实际约束条件。

决策变量是你能控制的因素

约束条件不会告诉你如何实现最大利润；它们只告诉你在实现利润最大化的过程中**无法**做到的事。

相反，决策变量却是你**能**控制的因素。你可以选择生产多少只橡皮鸭，多少条橡皮鱼；在不超出约束条件的情况下，你的工作就是选择一个组合，实现最大利润。

> 发件人：浴盆宝
>
> 收件人：Head First
>
> 主题：可能有用的信息
>
> 亲爱的分析师：
>
> 问得好。关于橡胶供应量：我们的橡胶够生产500只橡皮鸭或400条橡皮鱼。如果我们真的生产400条橡皮鱼，就没有橡胶可以生产橡皮鸭了，反过来也是一样。
>
> 我们的时间够用来生产400只橡皮鸭或300条橡皮鱼，这还得看要花多少时间来备妥橡胶。无论如何组合，如果想让产品在下个月上架销售，我们的产量都不会高于400只橡皮鸭和300条橡皮鱼。
>
> 最后，每只橡皮鸭的利润是5美元，每条橡皮鱼的利润是4美元。这些信息有用吗？
>
> 致礼
>
> 浴盆宝

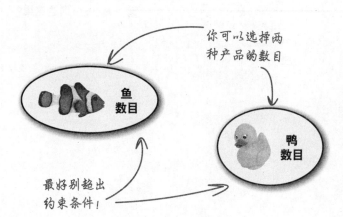

你可以选择两种产品的数目

鱼数目

鸭数目

最好别超出约束条件！

动动脑

既然如此，你觉得应该怎么处理约束条件和决策变量才能找出实现最大利润的办法？

欢迎使用最优化

你碰到了一个最优化问题

当你希望尽量多获得（或少获得）某种东西，而为了实现这个目的需要改变其他一些量的数值，你就碰到了一个**最优化问题**。

在本例中，你想通过改变决策变量，即所生产的橡皮鸭和橡皮鱼的数量，实现利润最大化。

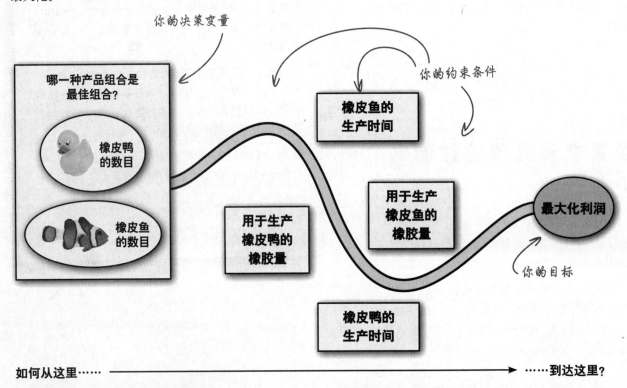

然而，为了实现利润最大化，你必须遵守约束条件：两种玩具的生产时间和橡胶供应量。

为了解决一个最优化问题，你需要将决策变量、约束条件及希望最大化的目标合并成一个目标函数。

借助目标函数发现目标

你希望最大化或最小化的对象就是**目标**，**目标函数**则可以帮助你找出最优化结果。

你的目标函数用数学方法来表达是这个样子：

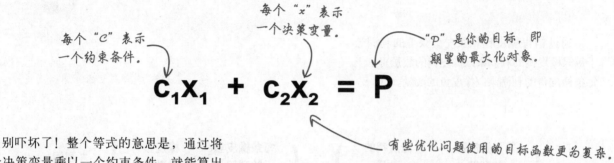

每个"c"表示一个约束条件。

每个"x"表示一个决策变量。

"P"是你的目标，即期望的最大化对象。

$$c_1x_1 + c_2x_2 = P$$

有些优化问题使用的目标函数更为复杂。

别吓坏了！整个等式的意思是，通过将每个决策变量乘以一个约束条件，就能算出可能实现的最大值"P"（利润）。

约束条件和决策变量在这个等式中共同作用，形成橡皮鸭和橡皮鱼的利润，最终形成你的目标：总利润。

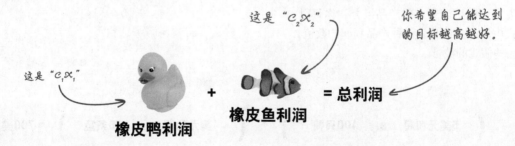

这是"c_1x_1"

橡皮鸭利润

这是"c_2x_2"

橡皮鱼利润

= 总利润

你希望自己能达到的目标越高越好。

任何最优化问题都有一些约束条件和一个目标函数。

考考你

你认为应将哪些特定值作为约束条件，"c_1"和"c_2"？

你的目标函数

需要放入目标函数的约束条件是**每种玩具的利润**。

下面是另一种认识该数学函数的方法。

通过销售橡皮鸭和橡皮鱼获得的利润等于每只橡皮鸭的利润乘以橡皮鸭的数量再加上每条橡皮鱼的利润乘以橡皮鱼的数量。

这是来自浴盆宝的客户。

橡皮鸭总利润。

橡皮鱼总利润。

现在可以试着做一些产品组合。你可以在等式中填入一些代表每种产品利润的数值，以及一些假定的数量。

如果你决定生产100只橡皮鸭和50条橡皮鱼，这就是你赚得的利润。

(5美元利润 × 100只鸭) + (4美元利润 × 50条鱼) = 700美元

这个目标函数说明**下个月将赚得700美元**的利润。我们还要用这个目标函数试算许多其他产品组合。

嗨！其他约束条件如何呢？比如橡胶供应量和生产时间？

列出有其他约束条件的产品组合

橡胶量和时间量限制了能够生产的橡皮鱼的数量，着手考虑这些约束条件的最好途径是想象一些假定的**产品组合**。让我们从时间约束条件开始。

> 这就是他们所说的时间约束条件。

> 我们的时间够用来生产400只橡皮鸭或300条橡皮鱼，这还得看要花多少时间来备妥橡胶。无论如何组合，如果想让产品在下个月上架销售，我们的产量都不会高于400只橡皮鸭和300条橡皮鱼。

假设的产品组合1可能是：生产100只橡皮鸭和200条橡皮鱼。你可以在条形图中绘制出这一产品组合（以及其他两种产品组合）的时间约束条件。

> 这条线代表能生产的橡皮鸭的最大数量。

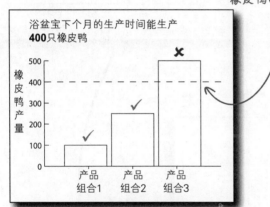

> 这条线代表在允许时间内能生产的橡皮鱼的产量。

产品组合1并未超出任何约束条件，但其他两种组合超出了约束条件：产品组合2橡皮鱼的产量太高，产品组合3橡皮鸭的产量太高。

通过这种方法观察约束条件已经是一个进步，但我们需要更好的观察方法。我们还有更多的约束条件需要管理，如果能在一张图形里观察**两种**约束条件，那就更好了。

考考你

你打算如何在一张图形里把橡皮鸭和橡皮鱼假设产品组合的约束条件都形象地表示出来？

图形多元化

在同一张图形里绘制多种约束条件

我们可以把两种时间约束条件画在同一张图形里,图中不再用条形图代表每种产品组合,而是用虚线代表。这样的图形能够方便地**同时表示两种时间约束条件**。

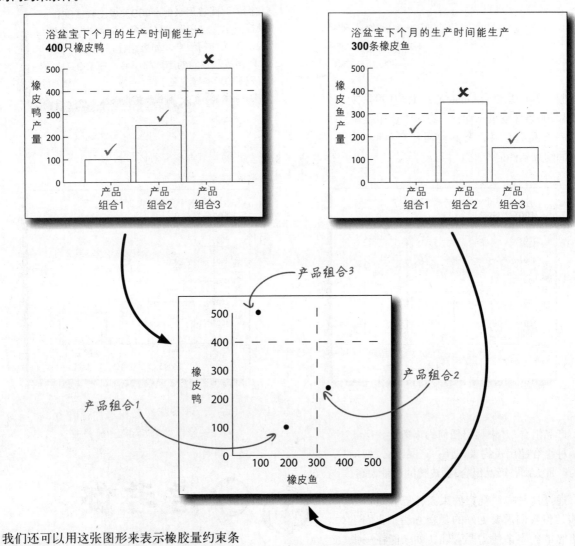

我们还可以用这张图形来表示橡胶量约束条件。实际上,可以将**任何数量的**约束条件画在这张图形上,然后考虑有可能采用的产品组合。

合理的选择都出现在可行区域里

以Y轴表示橡皮鸭,以X轴表示橡皮鱼,这样就能很方便地看出哪种产品组合是**可行的**。实际上,产品组合所在的由约束线围成的空间被称为**可行区域**。

每当在图形中增加约束条件,可行区域就会发生变化,你则可以通过可行区域来找出**最优点**。

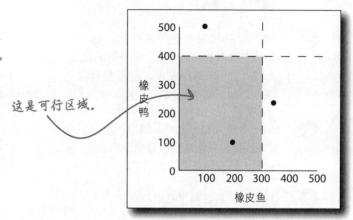

这是可行区域。

动动笔

让我们增加一些其他的约束条件,这些条件表明,按照给定的橡胶量能够生产的橡皮鱼和橡皮鸭的数量。
这是浴盆宝的说法:

一条橡皮鱼的橡胶用量比一只橡皮鸭的橡胶用量要略多一点儿。

问得好。关于橡胶供应量:我们的橡胶够生产500只橡皮鸭或400条橡皮鱼。如果我们真的生产400条橡皮鱼,就没有橡胶可以生产橡皮鸭了,反过来也是一样。

橡胶是合在一起供应的,因此,所生产的橡皮鸭的数量将限制所能生产的橡皮鱼的数量。

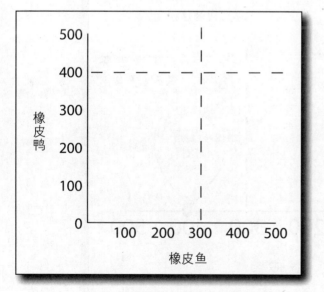

❶ 画一个点代表一个产品组合:这个组合将包含400条橡皮鱼。按照她的说法,如果生产400条橡皮鱼,就没有可以用来生产橡皮鸭的橡胶了。

❷ 画一个点代表一个产品组合:这个组合将包含500只橡皮鸭。如果生产500只橡皮鸭,橡皮鱼的产量将为零。

❸ 画一条线将这两个点连起来。

混杂因素图形

新的约束条件在图上看起来怎么样?

1. 画一个点代表一个产品组合：这个组合将包含400条橡皮鱼。按照她的说法，如果生产400条橡皮鱼，就没有可以用来生产橡皮鸭的橡胶了。

2. 画一个点代表一个产品组合：这个组合将包含500只橡皮鸭。如果生产500只橡皮鸭，橡皮鱼的产量将为零。

3. 画一条线将这两个点连起来。

> 问得好。关于橡胶供应量：我们的橡胶够生产500只橡皮鸭或400条橡皮鱼。如果我们真的生产400条橡皮鱼，就没有橡胶可以生产橡皮鸭了，反过来也是一样。

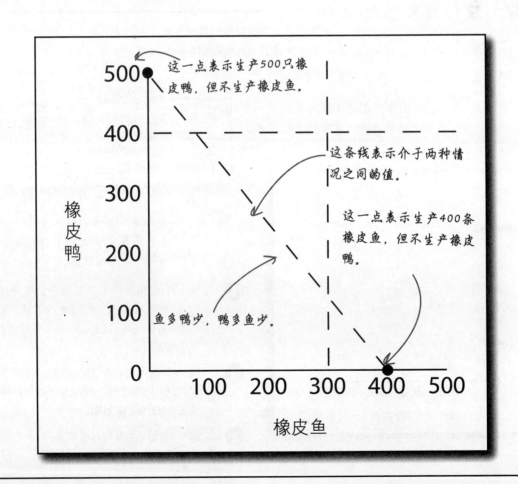

86 深入浅出数据分析

新约束条件改变了可行区域

增加橡胶量约束条件后,可行区域的**形状变了**。

在增加约束条件之前,比如,你本来能生产400只橡皮鸭和300条橡皮鱼。但现在,由于橡胶短缺,这种产品组合不再可能实现。

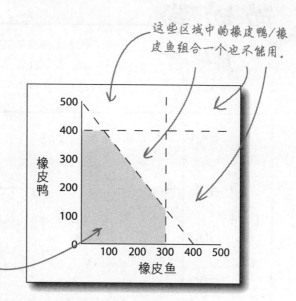

这些区域中的橡皮鸭/橡皮鱼组合一个也不能用。

所有可能采用的产品组合都得出现在这里面。

动动笔

在图上画出每种产品组合的位置。

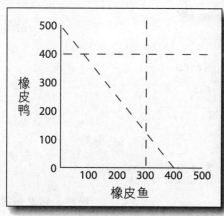

下面是几种可能采用的产品组合。

这些组合在可行区域里吗?
在图上为每种产品组合画一个点。

各种产品组合将带来多少利润?
用下面的等式来确定每种产品组合的利润。

300只橡皮鸭和250条橡皮鱼利润:

....

100只橡皮鸭和200条橡皮鱼利润:

....

50只橡皮鸭和300条橡皮鱼利润:

....

用目标函数确定利润。

(5美元利润 × 鸭数目) + (4美元利润 × 鱼数目) = 利润

新的可行办法

你刚才画出了三种橡皮鸭和橡皮鱼的产品组合,并计算了利润。发现什么了?

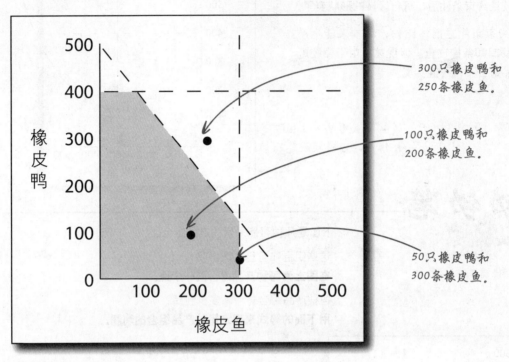

- 300只橡皮鸭和250条橡皮鱼。
- 100只橡皮鸭和200条橡皮鱼。
- 50只橡皮鸭和300条橡皮鱼。

300只橡皮鸭和250条橡皮鱼。

利润:(5美元利润*300只鸭)+(4美元利润*250条鱼) = $2500

太糟了,这个产品组合不在可行区域里。

100只橡皮鸭和200条橡皮鱼。

利润:(5美元利润*100只鸭)+(4美元利润*200条鱼) = $1300

这种产品组合肯定行得通。

50只橡皮鸭和300条橡皮鱼。

利润:(5美元利润*50只鸭)+(4美元利润*300条鱼) = $1450

这种产品组合能行得通,而且能赚更多的钱。

现在,你唯一需**要做**的就是尝试每一种可能采用的产品组合,然后看看哪一种利润最高,对吗?

> 即使是可行区域里的一小块,也包含了不计其数可以采用的产品组合,你别想让我一个一个试过去。

你不必一一尝试。

因为Microsoft Excel和OpenOffice都有称手的小函数,可以麻利地解决最优化问题。具体用法请看下一页……

用电子表格实现最优化

Microsoft Excel和OpenOffice都有称手而小巧的函数插件，英文叫做Solver，中文叫做求解器，可以麻利地解决最优化问题。

只要插入约束条件，写下目标函数，其他的算术工作就交给Solver吧。请看这张电子表格，其中有你从浴盆宝公司收集到的所有数据。

快来下载！

www.headfirstlabs.com/books/hfda/bathing_friends_unlimited.xls

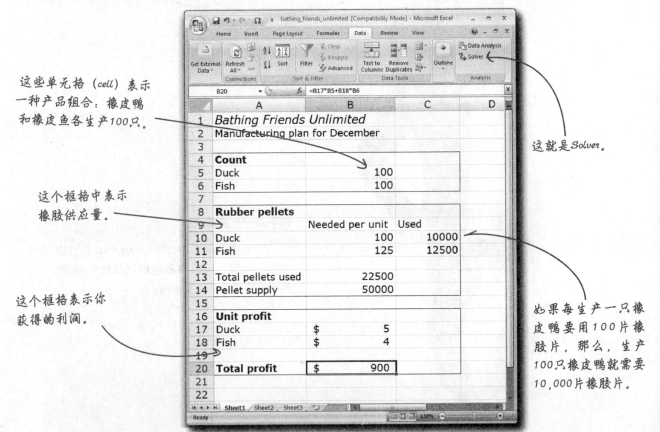

这些单元格（cell）表示一种产品组合：橡皮鸭和橡皮鱼各生产100只。

这个框格中表示橡胶供应量。

这个框格表示你获得的利润。

这就是Solver。

如果每生产一只橡皮鸭要用100片橡胶片，那么，生产100只橡皮鸭就需要10,000片橡胶片。

这个电子表格里有几个简单的公式。首先，这里有一些数字可以算出橡胶需求量。浴盆玩具的构成单位是橡胶片，单元格"B10:B11"的公式用于计算所需要的橡胶片的数量。

第二，单元格"B20"的公式用于将橡皮鱼的数量和橡皮鸭的数量分别与相应的单件利润相乘，得出总利润。

如果用的是OpenOffice，或如果Excel菜单中没有Solver，则请看附录三。

试试看，点击Data（数据）菜单下的Solver按钮，结果如何？

动动笔

让我们看一下Solver对话框,搞清楚它是如何按照你刚学会的原理进行工作的。

用箭头画出每个元素在Solver对话框中的位置。

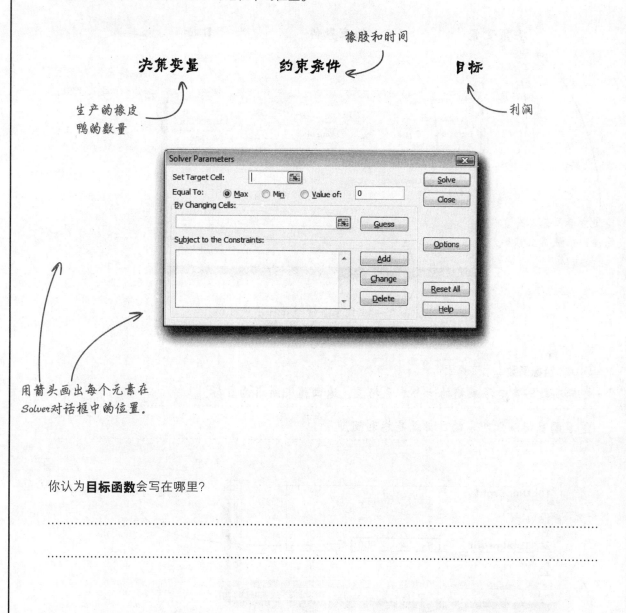

决策变量 ← 生产的橡皮鸭的数量

约束条件 ← 橡胶和时间

目标 ← 利润

用箭头画出每个元素在Solver对话框中的位置。

你认为**目标函数**会写在哪里?

....

....

Solver配置

Solver对话框中的空白位置该如何与你刚刚学会的最优化概念对应起来呢?

用箭头画出每个元素在Solver对话框中的位置。

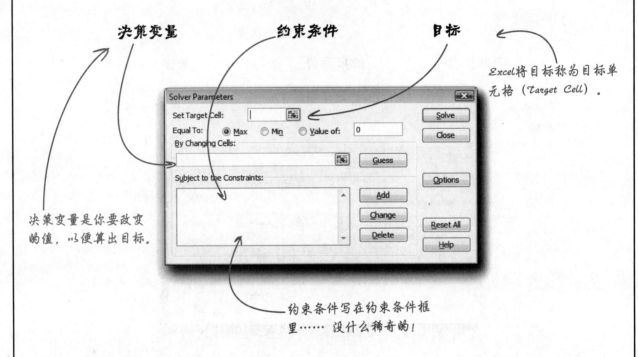

决策变量 约束条件 目标

Excel将目标称为目标单元格(Target Cell)。

决策变量是你要改变的值,以便算出目标。

约束条件写在约束条件框里……没什么稀奇的!

你认为**目标函数**会写在哪里?

目标函数写在电子表格的一个单元格里,返回值即所求的目标。

这里的目标函数所求的目标就是总利润。

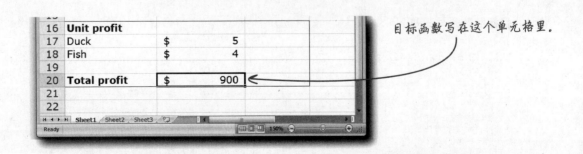

目标函数写在这个单元格里。

一试身手

既然已经定义好最优模型，现在就该将组成模型的元素插入Excel，让Solver来为你完成这个数字游戏。

1 设定你的目标单元格，使其指向你的目标函数。

2 找出你的决策变量，将决策变量添加到"Changing Cells"（更改单元格）空白处。

3 添加约束条件。

4 单击Solve（求解）！

这里是橡胶约束条件。

别忘了时间限制条件！

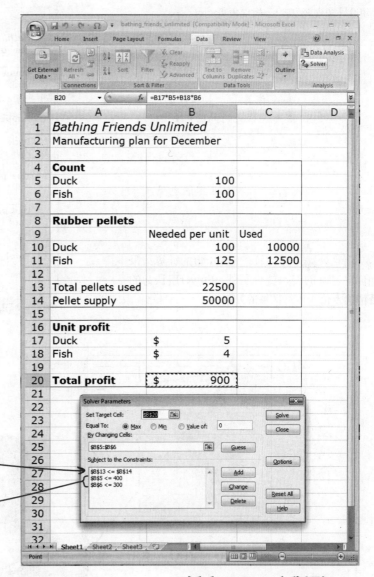

单击Solve（求解），结果如何？

Sover的工作

Solver一气呵成解决最优化问题

干得好。Solver一眨眼就能为你找到最优化解决方案。要是浴盆宝想实现最大利润,只要生产400只橡皮鸭和80条橡皮鱼就行了。

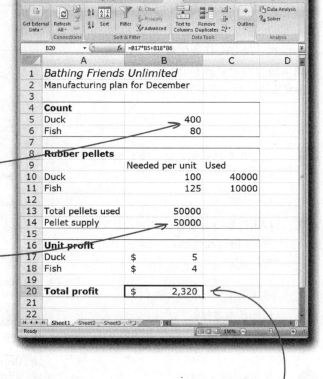

Solver试算了一大堆数值,找出实现最大利润的组合。

看起来橡胶也用尽了。

而且,如果你比较一下Solver的计算结果和你自己画的图,就会发现,Solver所认为的最精确点位于可行区域的外限上。

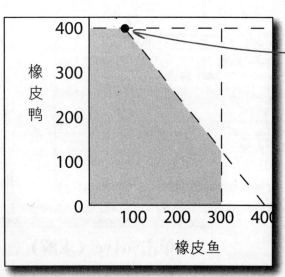

这是你的解决方案。

这是可以期待的利润。

看起来不错。现在再说说你是怎么得出这个结果的?

最好向客户解释一下你都忙了些什么……

动动笔

你该如何向客户解释自己忙了些什么呢？描述一下这些图形，它们有什么意义，它们能得出什么结果？

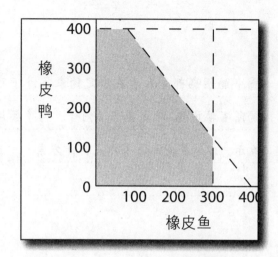

....

....

....

....

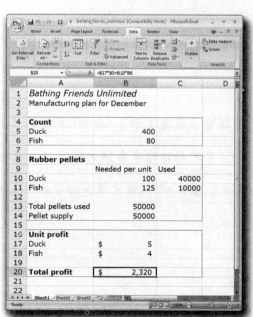

....

....

....

....

解释最优化结果

该怎么给客户解释你所发现的结果呢？

图中的阴影部分表示在给定约束条件下可能采用的所有橡皮鸭/橡皮鱼产品组合，约束条件用虚线表示。但这张图并没有指出具体方案。

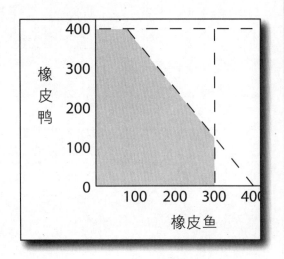

这张电子表格显示了Excel计算出的最优化产品组合。在不超过约束条件的情况下，在所有产品组合中，生产400只橡皮鸭和80条橡皮鱼能实现最大利润。

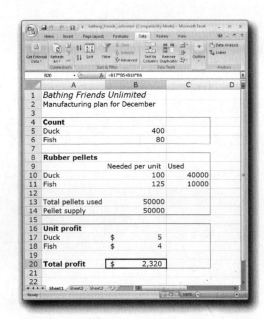

利润跌穿地板

你刚从浴盆宝得知关于你的分析结果的消息……

还剩下好多鸭子!

> 发件人：浴盆宝
> 收件人：Head First
> 主题：   你的"分析"带来的结果
>
> 亲爱的分析师：
>
> 坦白地说，我们惊呆了。我们所生产的80条橡皮鱼全部卖光了，却只卖出了20只橡皮鸭，就是说我们只得到了420美元的利润，你应该看得出来，这比你为我们估计的2 320美元的利润要低得多。显然，我们想要比这更好的结果。
>
> 我们以前从来没有经历过这样的橡皮鸭销量，所以我们暂且不责怪你，除非我们自己能够对所发生的情况进行评估。你也许也想自行分析一下。
>
> 致礼
>
> 浴盆宝

这可真是个**坏消息**。橡皮鱼卖光了，却没有人买橡皮鸭。看起来你出差错了。

我想听听你的解释。

你的模型怎么解释这种情况?

模型的限制

你的模型只是描述了你规定的情况

你的模型告诉你如何实现最大利润，但仅仅是在你所规定的约束条件下。

你的模型接近事实，但永远无法完美，有时候，这种不完美会导致问题。

我们最好记住一位著名统计学家说的这段赖皮话：

"**一切模型都是错误的，但其中一些是有用的。**"

——George Box

你的分析工具不可避免地会简化实际情况，但如果你的**假设**和数据都是正确的，那么这些工具就相当可靠。

你的目标应该是尽量创建**最有用的**模型，让模型的不完美相对于分析目标变得无足轻重。

按照分析目标校正假设

你无法规定全部假设条件,但只要缺失一个重要的假设条件,分析结果就可能毁掉。

你要不停地追问自己:规定的假设条件应该详尽到什么程度?这由分析的重要性来决定。

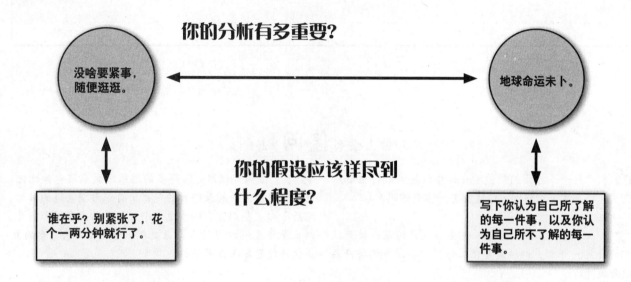

动动笔

为了让你的最优化模型重新产生效果,需要加入哪些假设条件?

....

....

....

....

需要进行需求预测

有没有一种假设可以帮助你优化模型?

模型中没有任何因素表明人们**真正会购买此产品**。这个模型描述了时间、橡胶量、利润,但得有人购买产品,模型才会生效。然而正如我们所见,实际情况并不是这样,所以我们需要增加一个体现人们会买什么产品的假设。

世上没有傻问题

问: 万一不靠谱的假设成真,也就是人们什么都乐意买,结果会怎么样呢?最优化方法会有效吗?

答: 可能会。如果你可以**假设**所生产的每一件产品都将卖掉,那么,利润最大化工作将主要围绕调整产品组合展开。

问: 可要是我设定一个目标函数指出如何让橡皮鸭和橡皮鱼的产量最大,结果会怎么样呢?会不会是这样:要是样样东西都能卖出去,我们该算计的就是如何生产更多产品。

答: 这是一个很好的想法,但要记住你有约束条件。浴盆宝的联系人告诉过你,能够生产的橡皮鸭和橡皮鱼的数量既受时间的限制,也受橡皮供应量的限制,这些都是你的约束条件。

问: 最优化听起来很狭义。只有在你有一个想实现最大化的数值,而且有一些称手的等式可以用来找出相应的正确数值的时候,才能使用最优化这个工具。

答: 但你可以用开阔得多的思维方式来思考最优化。最优化思维方法的最终目的是得出自己希望实现的目标,然后小心地鉴别会影响实现这个目标的约束条件。通常,约束条件能够以定量方式来表现,于是Solver之类的算法软件就能发挥作用了。

问: 这么说,只要我的问题能够以定量方式来表示,Solver就能为我完成优化工作。

答: Solver可以解决许多定量问题,但Solver主要是一个解决线性编程问题的工具,优化问题还有许多其他类型,可以用各种算法来求解。要是你想多学几招,可在网上搜索运算研究。

问: 要是我用最优化方法来处理这个新模型,人们就能买到想买的东西吗?

答: 是的,前提是我们得知道如何把人们的喜好添加到最优化模型中。

练习

这里有一些橡皮鸭和橡皮鱼的历史销售数据。

这些信息可能会告诉你为什么人们看起来没有兴趣购买橡皮鸭。

快来下载!

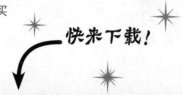

www.headfirstlabs.com/books/hfda/
historical_sales_data.xls

这些时间内的销量变化规律是否能告诉你为什么上个月橡皮鸭卖得不好?

....

....

....

....

这些销量数据是整个橡皮玩具行业的数据,并非浴盆宝一家。所以这是一个很好的信号,告诉你人们愿意买什么,以及什么时候愿意买。

看出逐月变化的规律了吗?

	A	B	C	D	E
1	Month	Year	Fish	Ducks	Total
2	J	2006	71	25	96
3	F	2006	76	29	105
4	M	2006	73	29	102
5	A	2006	81	29	110
6	M	2006	83	32	115
7	J	2006	25	81	106
8	J	2006	35	89	124
9	A	2006	32	91	123
10	S	2006	25	87	112
11	O	2006	21	96	117
12	N	2006	113	51	164
13	D	2006	125	49	174
14	J	2007	90	34	124
15	F	2007	91	30	121
16	M	2007	90	30	120
17	A	2007	35	97	132
18	M	2007	34	96	130
19	J	2007	34	97	131
20	J	2007	43	105	148
21	A	2007	38	105	143
22	S	2007	119	43	162
23	O	2007	134	45	179
24	N	2007	139	58	197
25	D	2007	148	60	208
26	J	2008	103	37	140
27	F	2008	37	106	143
28	M	2008	34	103	137
29	A	2008	45	114	159
30	M	2008	40	117	157
31	J	2008	37	113	150
32	J	2008	129	48	177
33	A	2008	127	45	172
34	S	2008	137	45	182
35	O	2008	160	56	216
36	N	2008	125	175	300
37	D	2008	137	201	338

更多橡皮鸭，更少橡皮鱼

练习解答

你从这些新数据中看出什么了？

这些时间内的销量变化规律是否能告诉你为什么上个月橡皮鸭卖得不好？

橡皮鸭和橡皮鱼的销量似乎背道而驰，一个上升，另一个则下降，上个月的情况是人人都想要橡皮鱼。

每年一月销量都巨幅下降。

这里是一个转折点，橡皮鸭在此之前卖得不错，此后改为橡皮鱼领先。

这里是另一个转折点！

	A	B	C	D	E
1	Month	Year	Fish	Ducks	Total
2	J	2006	71	25	96
3	F	2006	76	29	105
4	M	2006	73	29	102
5	A	2006	81	29	110
6	M	2006	83	32	115
7	J	2006	25	81	106
8	J	2006	35	89	124
9	A	2006	32	91	123
10	S	2006	25	87	112
11	O	2006	21	96	117
12	N	2006	113	51	164
13	D	2006	125	49	174
14	J	2007	90	34	124
15	F	2007	91	30	121
16	M	2007	90	30	120
17	A	2007	35	97	132
18	M	2007	34	96	130
19	J	2007	34	97	131
20	J	2007	43	105	148
21	A	2007	38	105	143
22	S	2007	119	43	162
23	O	2007	134	45	179
24	N	2007	139	58	197
25	D	2007	148	60	208
26	J	2008	103	37	140
27	F	2008	37	106	143
28	M	2008	34	103	137
29	A	2008	45	114	159
30	M	2008	40	117	157
31	J	2008	37	113	150
32	J	2008	129	48	177
33	A	2008	127	45	172
34	S	2008	137	45	182
35	O	2008	160	56	216
36	N	2008	125	175	300
37	D	2008	137	201	338

提防负相关变量

我们不知道**为什么**橡皮鸭和橡皮鱼的销量看上去南辕北辙，但可以肯定它们是**负相关关系**。一种产品越多，就意味着另一种产品越少。

在节假日销售高峰期间，两种产品会同时出现上升趋势，但永远有一种产品比另一种产品更领先。

有时候，橡皮鱼的销量下降，橡皮鸭的销量上升。

有时候，橡皮鸭的销量下降，橡皮鱼的销量上升。

但数据从未显示这两种销量同时上升。

橡皮鱼　橡皮鸭　　橡皮鱼　橡皮鸭　　橡皮鱼　橡皮鸭

不要假定两种变量是**不相关**的。创建模型时，务必要规定假设中的各种变量的相互关系。

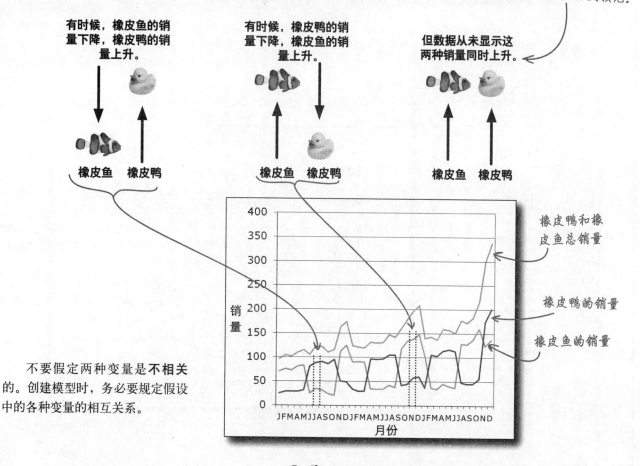

橡皮鸭和橡皮鱼总销量

橡皮鸭的销量

橡皮鱼的销量

动动脑

你打算在你的优化模型中加入哪种约束条件来体现橡皮鸭销量和橡皮鱼销量之间的负相关关系？

第3章 最优化 寻找最大值　　103

强化练习

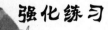

你需要增加一个新约束条件，用于**估计**某个月的橡皮鸭和橡皮鱼的**需求量**。

① 看看这些历史销售数据，估计一下下个月的橡皮鸭和橡皮鱼的最高销量，同时**假设**下个月的销量仍然保持前几个月的销售趋势。

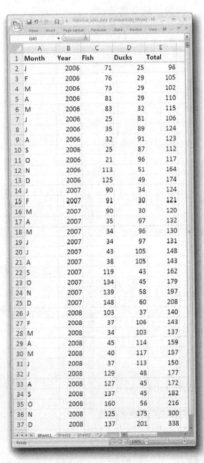

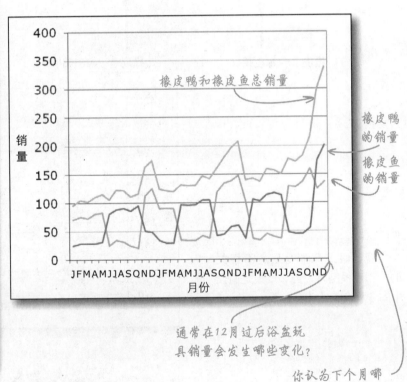

通常在12月过后浴盆玩具销量会发生哪些变化？

你认为下个月哪种玩具会领先？

② 再用一次Solver，这次加上新的约束条件。无论是橡皮鸭还是橡皮鱼，你认为有希望达到的**最大销量**是多少？

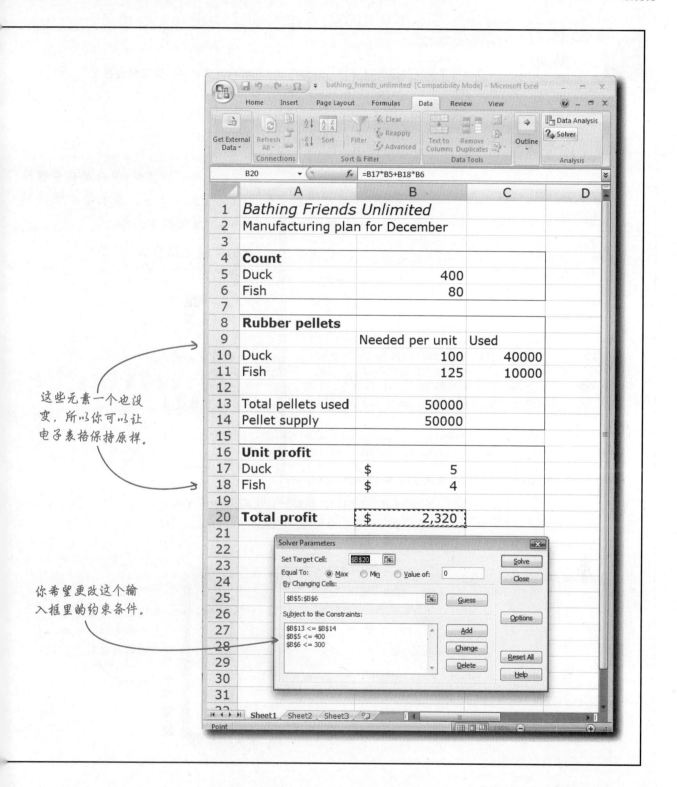

重新估算利润

强化练习解答

你又一次运行了自己的最优化模式,这次将橡皮鸭和橡皮鱼的估计销量整合进来了。你发现什么了?

❶ 看看这些历史销售数据,估计一下下个月的橡皮鸭和橡皮鱼的最高销量,**假设**下个月的销量与前几个月的销量相似。

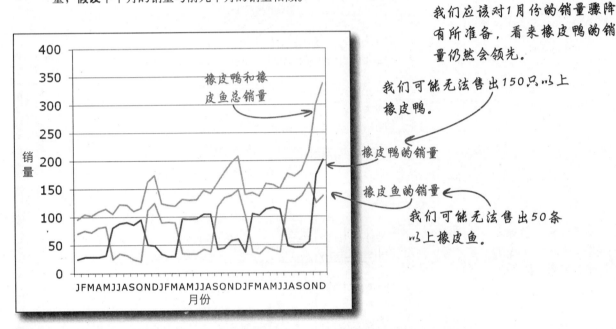

橡皮鸭和橡皮鱼总销量

橡皮鸭的销量

橡皮鱼的销量

我们应该对1月份的销量骤降有所准备,看来橡皮鸭的销量仍然会领先。

我们可能无法售出150只以上橡皮鸭。

我们可能无法售出50条以上橡皮鱼。

❷ 再用一次Solver,这次加上新的约束条件。例如,如果你认为下个月售出的橡皮鱼的数量不会超过50条,就一定要加上一个约束条件,告诉Solver,所建议的橡皮鱼的产量不得超过50条。

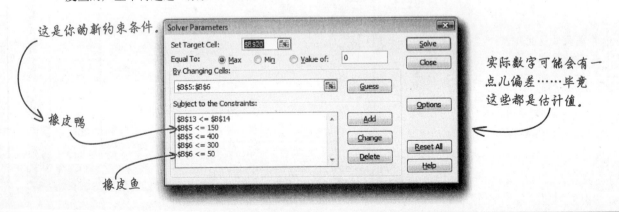

这是你的新约束条件。

橡皮鸭

橡皮鱼

实际数字可能会有一点儿偏差……毕竟这些都是估计值。

下面是Solver给出的结果:

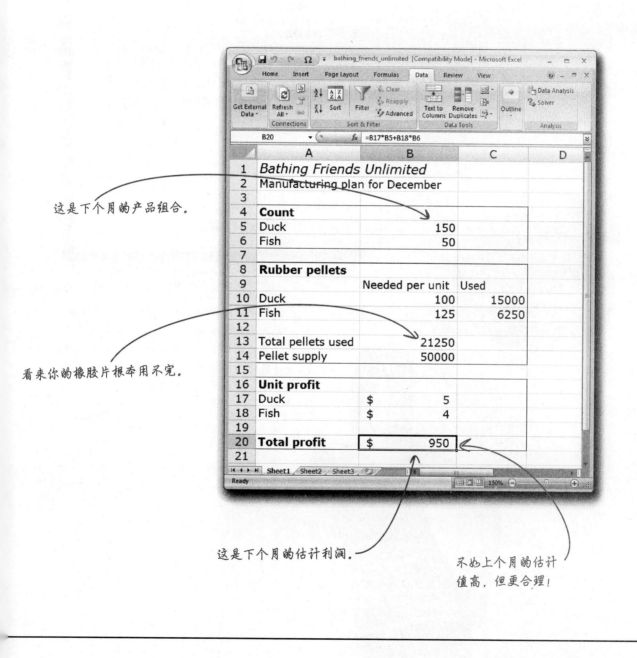

这是下个月的产品组合。

看来你的橡胶片根本用不完。

这是下个月的估计利润。

不如上个月的估计值高，但更合理！

按计划实施

新方案立竿见影

新方案表现出色。每一只橡皮鸭和橡皮鱼都几乎是一离开生产线就立即卖掉了，这样一来，再没有积压的库存，客户完全有理由相信，利润最大化模型让他们心想事成。

> 发件人：浴盆宝
> 收件人：Head First
> 主题：　谢谢！！！
>
> 亲爱的分析师：
>
> 你给我们的正是我们想要的，我们对此非常感激。你不仅优化了我们的利润，而且让我们的运营更明智、更数据化。你的模型我们肯定会一直用下去。谢谢！
>
> 致礼
>
> 　　　　　　　　　　　　　　　　　　　浴盆宝
>
> 另：请接受这份小小的谢礼，这是我们永恒的橡皮鸭，而且是Head First特别款。

还算有良心

好好玩吧！

干得好！再问一句：模型之所以生效，是因为你发现了橡皮鸭和橡皮鱼需求量之间的关系，可要是这种关系发生变化怎么办？要是人们两样都买，或是一样都不买该怎么办？

你的假设立足于不断变化的实际情况

你所使用的所有数据都是观察数据,你无法预知未来。

你的模型现在是在起作用,但可能会突然失灵。你需要做好准备,以便在必要的时候重新构建分析方法,反复不断地进行构建正是分析师的工作。

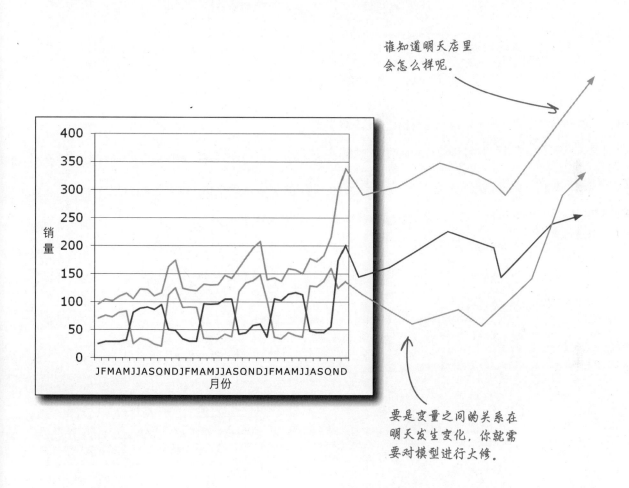

谁知道明天店里会怎么样呢。

要是变量之间的关系在明天发生变化,你就需要对模型进行大修。

做好修改模型的准备!

4 数据图形化

图形让你更精明

好，别动……让我拍下所有特征。

数据表远非你所需。

你的数据庞杂晦涩，各种变量让你目不暇接，应付堆积如山的电子表格不只令人厌倦不堪，而且确实浪费时间。相反，与仅仅使用电子表格不同，一幅用纸不多、栩栩如生的清晰图像，却能让你摆脱"一叶障目，不见泰山"的烦恼。

新军队需要优化网站

来到新军队

新军队是一家在线服装零售商,刚刚进行过一次测试网页外观的实验:在一个月的时间里,每一位浏览网站的人都随机浏览到下列三种**主页设计**之一。

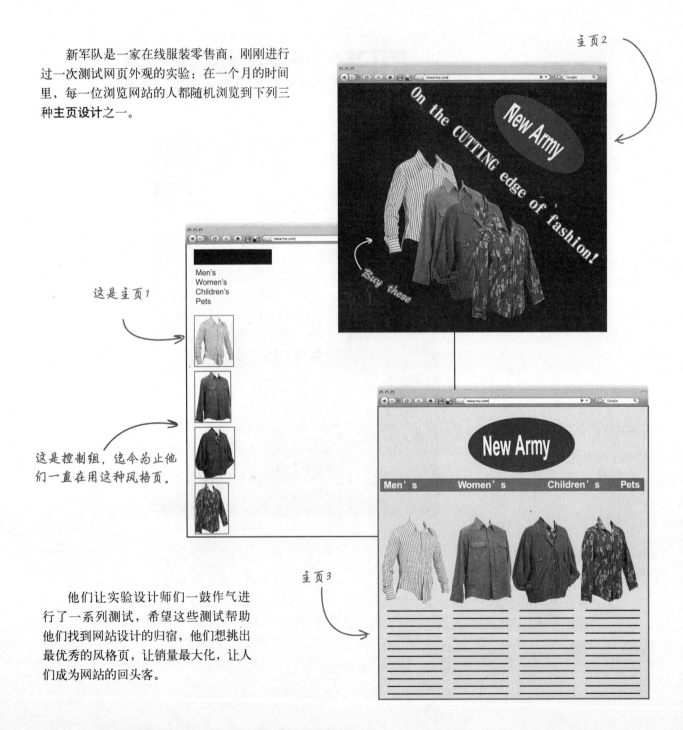

他们让实验设计师们一鼓作气进行了一系列测试,希望这些测试帮助他们找到网站设计的归宿,他们想挑出最优秀的风格页,让销量最大化,让人们成为网站的回头客。

结果面世，信息设计师出局

既然已经通过受控的随机实验搞到了大堆炫目的数据，就要想个办法将这些数据的价值统统体现出来。

于是他们雇用了一位**信息设计牛人**，让他汇总这些资料，以便从调研信息中刺探情报。岂料事情并不尽如人意。

我们雇用的信息设计师给了我们一堆垃圾，根本无助于理解数据，所以我们炒了他。你能给我们创建一些数据图形，帮助我们建设一个更好的网站吗？

我们想知道哪一种或哪一些风格页能够给网站带来最高营业额、最多浏览时间以及最高回访率。

新军队网站掌门

你需要重新设计分析图表，这可能是一个艰难的任务，因为新军队的实验设计师是一帮要求苛刻的精英，他们拿出了**大量实在的数据**。

在开始工作前，让我们先看看打入冷宫的设计，知道哪种图形不管用也许能让我们对某些东西先知先觉。

让我们看看这些打入冷宫的设计……

不清不楚的设计

前一位信息设计师提交的三份信息图

信息设计师将这三份设计图交给了新军队。看看这些设计，你有什么印象？能看出为什么客户难免无法释怀吗？

关键词点击……这是什么意思？

新军队受欢迎的关键词点击

字的大小可能与点击数有某种关系。

你可以在http://www.wordle.net 免费生成这样的标签云。

这张图似乎是在量度每种主页的访问率。

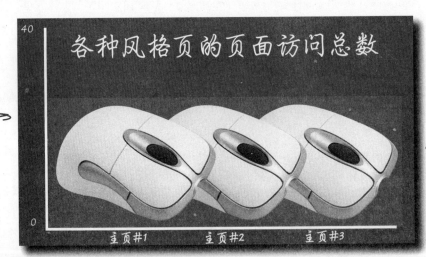

各种风格页的页面访问总数

主页#1　主页#2　主页#3

看起来都差不多。

114　深入浅出数据分析

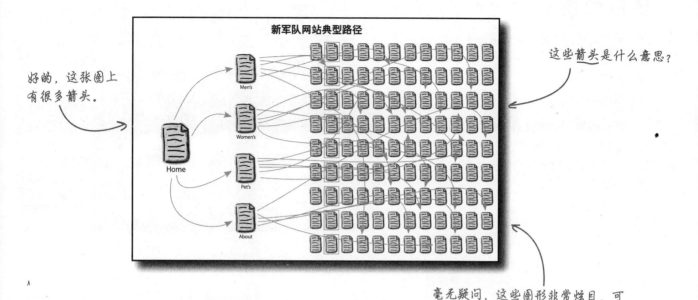

这些图形隐含哪些数据？

每当你观察一张新图片，一上来就该问"图片中隐含了哪些数据？"你所关心的是数据的质量及其含义，你讨厌炫目的设计，它们会妨碍你作出分析判断。

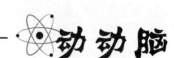

你认为这些图片隐含着哪类数据？

看看数据

体现数据!

你无法从这些图片上看出隐含了哪些数据。要是你是客户,面对连包含了哪些数据都说不上来的图片,怎么能指望作出有用的判断呢?

体现数据。创建优秀数据图形的第一要务就是促使客户谨慎思考并制定正确决策,优秀的数据分析由始至终都离不开"用数据思考"。

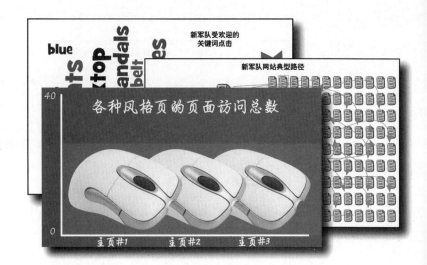

这些图形可以与各种不同的数据搭配。

除非设计师亲口告诉你,否则你无法知道图形中隐含的信息。

这些图形不会为新军队的各种问题带来答案。

这儿有一些新军队的数据表。

新军队的数据其实不可谓不丰富,数据中包含了各种各样有价值的资料供你绘制图形。

这就是图形中隐含的东西。

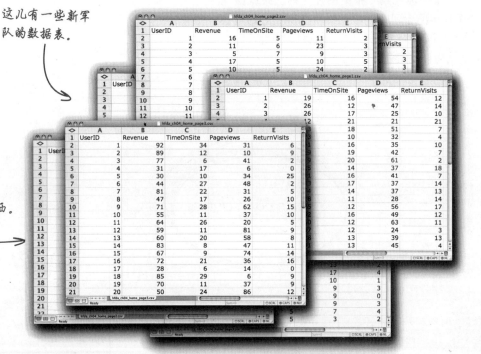

116　深入浅出数据分析

这是前一位设计师主动提供的意见

你没有要求提供这些信息，可看来已经到手了：出局的信息设计师想对这个项目说上两句。也许他在不知不觉地帮你……

> 收件人： Head First
> 发件人： 小唐眼花缭乱数据设计公司
> 回复： 网站设计优化项目
>
> 亲爱的Head First:
>
> 我衷心希望你能成为新军队项目的幸运儿，其实我并不是很想搞这个项目，因此让别人有机会试试倒还真不错。
>
> 警告一句：他们数据超多，实际上是太多了，等你一个猛子扎进去就明白我的意思了。我说，给我一份精巧的表格，我就能为你们画一张靓图。可这些家伙呢？他们弄出来的数据多得让他们自己都不知道该怎么办。
>
> 他们会盼着你用所有这些数据为他们画图。我只画了几张好看点的图，我知道并非人人都欣赏，可我要告诉你，他们给的活比登天还难——他们想看到一切，可这一切也未免太多了。
>
> 小唐

这么说他还挺"客气"。

看看对开页的表格就知道，小唐所言非虚。

数据太多，难以全面体现，嗯？

动动笔

看来，小唐认为，对于力图设计出优秀数据图形的人来说，数据过多倒是个问题。你觉得他是不是在花言巧语？为什么？

....

....

....

....

数据越多越好

小唐说数据太多会给绘制优秀图形带来极大困难，有道理吗？

并非全无道理。数据分析的根本在于总结数据，而一些总结工具，例如求平均值，不管数据寥寥可数还是不计其数，都同样有效。要是你手头有林林总总的数据可供相互比较，这的确很妙。像所有其他工具一样，图形会有利于这种数据分析。

数据太多绝不会成为你的问题

庞杂的数据很容易让人抓狂。

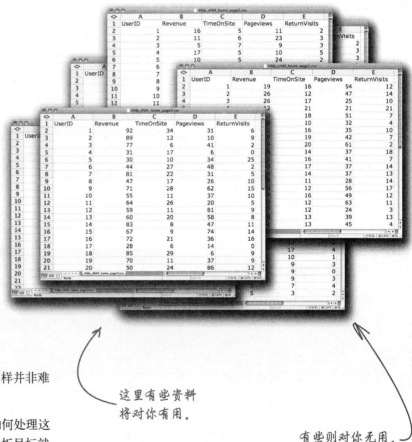

这里有些资料将对你有用。

有些则对你无用。

不过要学会处理貌似庞杂的数据同样并非难事。

要是你手头数据庞杂，而且对于如何处理这些数据没有把握，这时只要记住你的分析目标就行了：记住目标，目光停留在和目标有关的数据上，无视其他。

118　深入浅出数据分析

数据图形化

> 呃，问题并不在于数据太多；问题是要搞清楚如何让图形靓丽出色。

哦，真的吗？你认为作为**数据分析师**，你的工作就是给客户带来美感吗？

让数据变美观也不是你要解决的问题

只要数据图形能解决客户的问题，不管是精美扎眼还是平平无奇，都会对客户有吸引力。

正如进行任何优秀的数据分析一样，制作优秀的数据图形也需要明确起步点。

魅力　潇洒　洞察力　兴奋
美丽　噢！要素　活泼
养眼　流行

你认为客户在寻求什么？

 动动脑

如何通过一大堆充满变数的数据来评估你的目标？究竟从哪里开始呢？

第4章　数据图形化　**图形让你更精明**　119

妥善比较

数据图形化的根本在于正确比较

为了形成优秀的图形，首先要明确能够实现客户目标的基本比较对象。现在看一看客户最重要的电子表格：

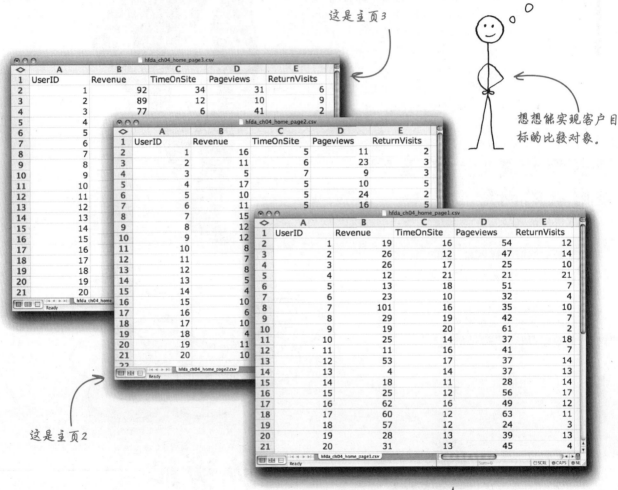

这是主页3

想想能实现客户目标的比较对象。

这是主页2

这是主页1

尽管新军队的数据不止这三张表格，但通过对这三张表进行比较，却能够直接回答他们想知道的答案。让我们马上尝试比较……

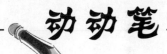

观察下面这张描述主页1访问结果的统计图，X轴上的点代表访问用户。

用电子表格的求平均值公式（AVG）算出主页1的平均营业额和浏览时间数值，在图上用水平和垂直线条表示这些数值。

www.headfirstlabs.com/books/hfda/
hfda_ch04_home_page1.csv

这个数值代表新军队希望看到的每位用户浏览的网站时间

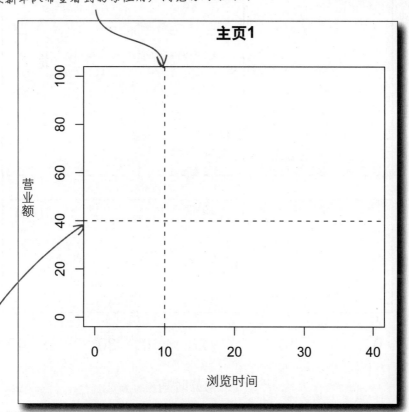

这个数值代表新军队网站访问用户的人平均消费金额目标。

你所看到的结果与目标营业收入和浏览时间相比怎样？

....

....

....

> 散点图

如何用图形表示主页1的营业收入和浏览时间?

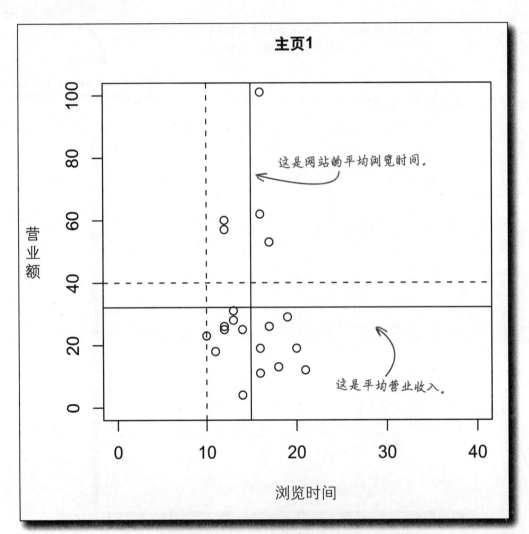

你所看到的结果与目标营业收入和浏览时间相比怎样?

从平均值看来,人们在主页1上的浏览时间高于新军队为该统计值设定的目标;另一方面,每位网站访问用户带来的平均营业额则低于新军队设定的目标。

你的图形已经比打入冷宫的图形更有用

现在看到的是一张不错的图形，这肯定对你的客户有用。这是一个优秀的数据图形实例，因为它……

- 展示了数据
- 作了高明的比较
- 展示了多个变量

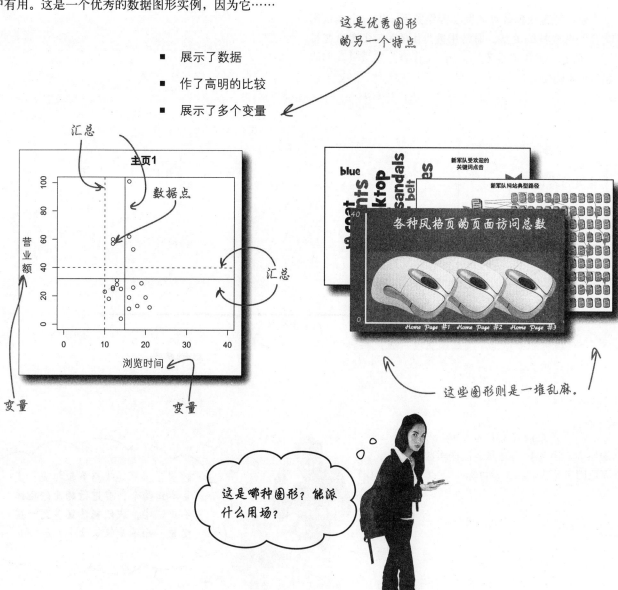

这是优秀图形的另一个特点

这些图形则是一堆乱麻。

这是哪种图形？能派什么用场？

第4章 数据图形化 图形让你更精明

使用散点图探索原因

散点图是**探索性数据分析**的奇妙工具，统计学家用这个术语描述在一组数据中寻找一些假设条件进行测试的活动。

分析师喜欢用散点图发现**因果关系**，即一个变量影响另一个变量的关系。通常用散点图的X轴代表自变量（我们假想为原因的变量），用Y轴代表应变量（我们假想为结果的变量）。

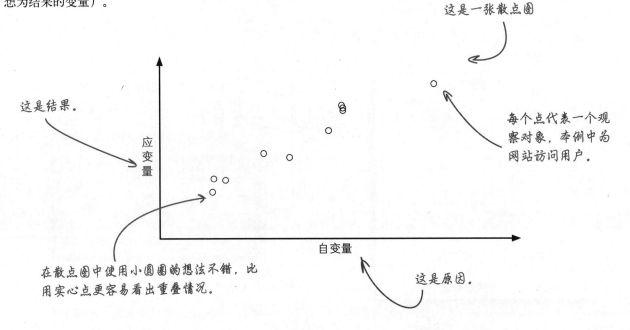

你不必**论证**自变量是影响应变量的原因，因为我们终归是在探索数据，而原因正是我们的探索目标。

妙极了，可还有好多数据呢，变量不止两个，要进行的比较也远不止这些。我们能不能多列一些变量，而不是仅仅两个？

最优秀的图形都是多元图形

如果一个图形能对三个以上变量进行比较,这张图形就是多元图形,再加上有效的比较是数据分析的基础,于是**尽量让图形多元化**最有可能促成最有效的比较,在本例中,你拥有丰富的变量。

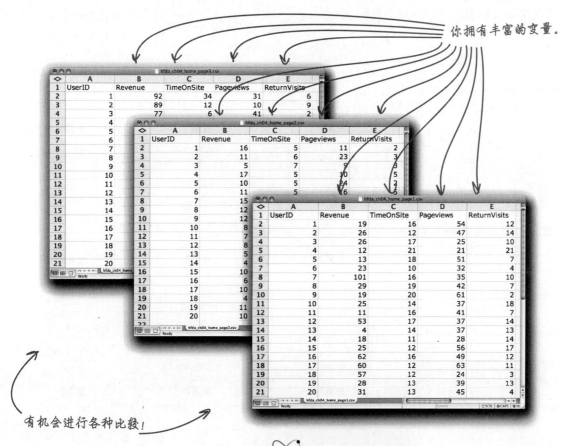

你拥有丰富的变量。

有机会进行各种比较!

动动脑

你如何令自己创建的散点图多元化?

图形多元化

同时展示多张图形，体现更多变量

有一个办法能让图形多元化，即将多张相似的散点图相邻排放，下面是一个实例。

所有变量都绘制在这些图形中，这样就可以一举进行大量比较。由于新军队真正关心的是营业额的比较情况，所以，我们只要继续观察浏览时间、页面浏览次数以及回访率与营业额的关系。

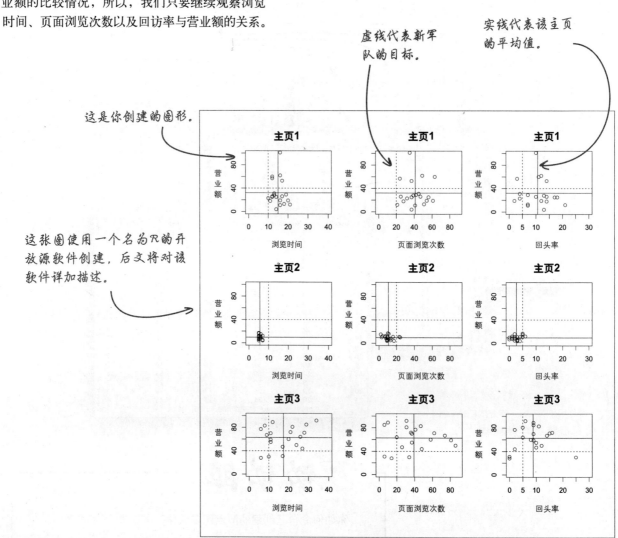

这是你创建的图形。

虚线代表新军队的目标。

实线代表该主页的平均值。

这张图使用一个名为R的开放源软件创建，后文将对该软件详加描述。

126   深入浅出数据分析

你刚才已经创建了一张相当复杂的图形,观察一下这张图,想一想,对于新军队决定进行测试的各种风格页,这张图说明了什么?

你认为这张图能有效地体现数据吗?为什么?

....
....
....
....

注意看这些点,你可以看出主页2上的点的分布情况与其他两种主页的情况大不一样。
你认为主页2有什么蹊跷?

....
....
....
....

你认为这三种风格页中哪一种最能有效地让新军队关心的变量实现最大值?为什么?

....
....
....
....

分析图形

新图形有助于你了解风格页的比较性能吗?

你认为这张图能有效地体现数据吗?为什么?

当然能,9张图上的每一个点代表一位网站用户的感受,所以,即使数据点已经汇总并求平均,还是能完全看到所有的点。看到所有的点后,就能方便地对点的分布情况进行评估,平均线则便于我们看出每种风格页相对于其他风格页的表现,以及相对于新军队的目标值的表现。

注意看这些点,你可以看出主页2上的点的分布情况与其他两种主页的情况迥然不同。
你认为主页2有什么蹊跷?

看起来主页2表现很差,与其他风格页相比,主页2带来的营业额不多,浏览时间和浏览页数也同样糟糕。每一位网站用户的统计值都低于新军队的目标。主页2太差劲了,应该立即从网站上撤下。

你认为这三种风格页中哪一种最能有效地让新军队关心的变量实现最大值?为什么?

主页3表现最棒,从营业收入上看,尽管主页1的营业收入高于平均值,主页3却可以说是遥遥领先;至于回访率,主页1领先;访问页数则是两者并驾齐驱,但人们在主页3上的逗留时间更长。主页1能够带来较高回访率,这很了不起,但无法与主页3的高营业额相抗衡。

世上没有傻问题

问： 我该用哪种软件工具来创建这类图形？

答： 这些专业图形是用一个叫做R的统计数据分析程序创建的，本书后续章节将对此详加叙述。不过不必拘泥于此，统计行业还有许多可供使用的图表制作工具，例如可以使用Adobe Illustrator绘图程序，甚至可以自己画图实现软件工具实现不了的图形设想。

问： Excel和OpenOffice可以用吗？它们也有绘图工具。

答： 可以，说得不错。它们有一些绘图工具，但数量有限，你也许能够设法在电子表格中创建一张这样的图表，但恐怕得打一场硬仗。

问： 听起来你对电子表格数据制图不是很热心？

答： 许多严谨的数据分析师习惯于使用电子表格程序进行基本计算和列表，却不会幻想将电子表格程序作为制图工具，这样做会让人伤透脑筋：使用电子表格程序只能创建屈指可数的几种图表，不仅如此，程序往往还会勉强你设定决策格式，而你本不打算如此。并不是你**不能**用电子表格程序绘制优秀的数据图形，而是这样做会惹麻烦上身，要是学会使用R程序之类，就不会有那么多的麻烦。

问： 要是我正在寻找制图灵感，电子表格菜单会不会让我如愿以偿？

答： 办不到，办不到！如果你要寻找设计灵感，可能需要看几本Edward Tufte写的书，他是数据图形化方面的最高权威，他的著作宛如一座奇妙的数据图形化博物馆，数据图形化有时被他称为认知艺术。

问： 杂志、报纸、期刊文章怎么样？

答： 培养对出版物数据图形质量的敏感度是个不错的办法，有些人比别人更擅长设计启发性图形，如果长期关注出版物，凭感觉就能发现技高一筹的作品。良好的起步方法是数一数出版物图形中的变量，只要一幅图中的变量达到三个以上，出版物就更有可能提供知性的比较，效果比只有一个变量的图好。

问： 我该怎么看待那些被复杂化、艺术化但无助于分析的数据图形？

答： 说到利用计算机绘制新颖的图形，这个时代并不乏激情与灵气，有些图形能够成为深度数据分析的推动力，有些只是让人过过眼瘾。**数据艺术**这一说本身无可厚非，只是，除非有助于更好地理解隐含的数据，否则请别将数据艺术与数据分析混为一谈。

问： 这么说有些东西能让人过眼瘾但对分析并无启发，反过来呢？

答： 这就看你自己了。不过，要是你在分析中遇到了举棋不定的事情，而图形却对此有所启发，那么很难想象这幅图形会让你看着不顺眼！

让我们看看客户的想法……

与客户沟通

图形很棒,但网站掌门人仍不满意

你的客户,也就是新军队网站掌门人,刚刚给你发了一封邮件,对你的工作评点了一番。让我们看看他说了些什么……

> 收件人:Head First
> 发件人:新军队网站掌门人
> 回复: 我对数据的解释
>
> 你的设计很优秀,我们很高兴离开那位老兄转而与你合作。但请谈谈:为什么主页3的表现会远胜另外两种主页?
>
> 一切都看上去合情合理,可我仍然想知道**为什么**会有这些结果。我个人认为有两点:第一,我认为主页3的加载速度更快,这让网站给人的感觉更爽;第二,我认为它偏冷的色调确实让人感觉放松,购物的印象更好。你觉得呢?

好!

这是一个合理的提问。

看来你的客户对数据的表现有自己的想法。

他的话简单扼要,你该怎么应对他的要求?

他想知道的是因果关系。

对于他来说,搞清楚哪种设计风格有成效只是暂告一个段落;为了让网站尽可能红火,还需要你点拨一下,人们为什么对不同的网页有不同的反应?

另外,由于他是客户,我们肯定需要论述他所提出的理论。

优秀的图形设计有助于思考的原因

你和客户青睐的模型通常都会与数据吻合。

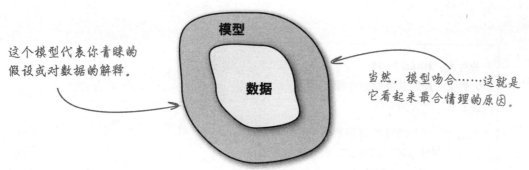

但免不了会有其他可能性,尤其是在大家愿意插上想像的翅膀寻求解释的时候。其他模型情况如何呢?

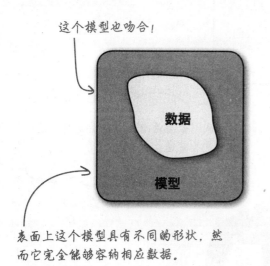

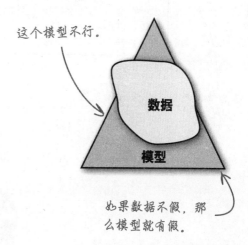

当你描述你的数据图形时,需要论述可相互换用的两种因果模型或图解。 能完成这个任务说明你非常公正:让客户知道你不仅会展示自己最喜欢的一面,还会彻头彻尾地考虑自己提出的原理中可能存在的问题点。

老大的假设

实验设计师出声了

实验设计师知道了网站掌门人的理论，他们发来了自己的想法，也许他们的意见让你能够评估一下网站掌门人对"为什么有的主页表现比别的主页好"的假设解释。

> 收件人：Head First
> 发件人：新军队实验设计师
> 回复： 老大的想法
>
> 他认为页面加载速度有关系吗？可能会。我们还没有查看数据进行确认，但是我们做的测试表明，主页2是速度最快的，其次主页3，最后主页1。因此，他完全可能是对的。
>
> 至于色调，我们颇有怀疑，主页3的色调是最冷的，其次主页2，最后主页1。调查表明人们的反应千差万别，但没有任何一种结果让我们真正信服。

这是实验设计师们对第一个假设的看法。

这是他们对第二个假设的反应。

我们最好看看数据，看是确定还是否定这些假设。

让我们看看数据，看老大的假设是否成立。
这些数据与某个假设条件吻合吗？

假设1：网页漂亮是主页3表现最佳的原因。

....

....

....

....

网站掌门人的假设与这些数据吻合吗？

假设2：轻松的冷色调是主页3表现最佳的原因。

....

....

....

....

确定假设

你发现网站掌门人的假设与数据的吻合程度怎样?

假设1:网页漂亮是主页3表现最佳的原因。

这个假设无法成立,根据实验设计师们提供的消息,主页3不是访问速度最快的页面。按照一般规律,人们可能会偏爱速度较快的主页,但页面加载速度无法解释主页3在实验中的成功表现。

假设2:轻松的冷色调是主页3表现最佳的原因。

这个假设与数据相符。主页3是表现最好的页面,而且主页3的色调最冷。数据并没有证实色调是主页3表现出众的原因,但数据与假设吻合。

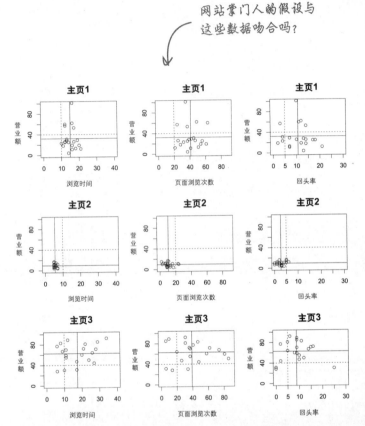

网站掌门人的假设与这些数据吻合吗?

实验设计师们有自己的假设

他们已经有机会看过你的散点图,给你发来了他们对事情的看法。这些人都是数据精英,他们的假设必定恰当。

> **收件人:** Head First
> **发件人:** 新军队实验设计师
> **回复:** 我们不知道为什么主页3表现更抢眼
>
> 听说主页3是最好的主页,我们对此甚为雀跃,但我们的确不知道原因,谁知道人们是怎么想的?不过事情能这样就行了,只要能看到业务基础不断改进,我们不需要彻底了解人们的心理;话说回来,能尽量多知道些东西还是很有意思的。
>
> 几种风格页确实在各个方面都迥然不同,逐个分辨每种特性引起的表现差异是件棘手的事,以后我们会用主页3对一系列细节进行测试,这应该能让我们搞清楚按钮外形、字体等等因素对用户行为造成的影响。
>
> 不过,我们猜想有两个因素,其一,主页3确实一目了然,我们采用的布局和字体很养眼;其二,页面层次少,不出3次点击就能看到琳琅满目的商品,而主页1则需要点击7次以上才能找到合适的东西。这两个因素都可能影响营业收入,但需要进一步进行测试才能确证无疑。

这是实验设计师的下一步行动计划。

原因可能是字体和页面布局。

也可能是页面层次。

动动笔

根据所了解到的信息,你想向客户提供哪些网站战略建议?

....

....

....

开心的客户

根据你所绘制的数据图形和你评估下来解释得通的理论,你想建议客户如何处理网站?

继续使用主页3,对用户体验进行细化测试,细化内容包括各种导航方式、风格、内容等。对主页3与众不同的表现可以有各种各样的解释,应对此进行调查并形成图表,但很明显,主页3已然胜出。

客户欣赏你的工作

你创建了一个优秀的图形,新军队可以在此图形中迅速同步评估所有的测试变量。

你根据不同的假设条件对图形进行了评估,为客户提出了出色的后期测试建议。

非常酷!我同意你对假设条件的评估,也同意你的建议,我正在整个网站上应用主页3。任务成功完成了。

订单从四面八方滚滚而来！

由于网站面目一新，访问量今非昔比，一派繁荣。你的实验结果图让客户了解到需要了解的东西，网站因而粉饰一新。

新军队给你送来这些衬衫聊表谢意。

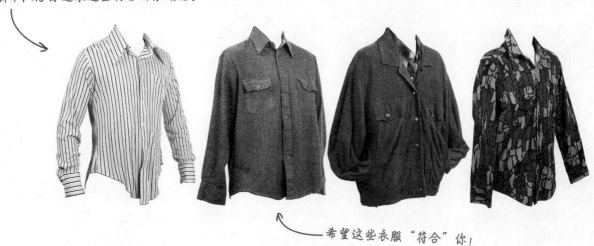

希望这些衣服"符合"你！

更妙的是，新军队着手展开持久的实验程序对新设计进行提升，他们用你的图形考察实验结果。好样的!

新军队的网站优化奏效了。

5 假设检验

假设并非如此

世事纷纭,真假难辨。

人们需要用庞杂多变的数据预测未来,然而免不了剪不断,理还乱。正因如此,分析师不会简单听信浮于表面的解释,也不会想当然地认可这些解释的真实性:通过数据分析的仔细推理,分析师能够异常细致地评估大量备选答案,然后将手头的一切信息整合到各种模型中。接下来要学的**证伪法**即是一种切实有效的非直觉方法。

新客户"电肤"

给我来块"皮肤"……

你来到"电肤"公司，这是一家手机"皮肤"制造商；你的任务是弄清楚手机巨头PodPhone下个月是否要出一款新手机，诸多商机悬而未决。

电肤公司"包打听"。

我的生活充满活力，我的PodPhone需要了不起的皮肤，一切都靠电肤啦！

PodPhone公司即将发布一款手机，时间待定，电肤必须在手机发布**之前**的一个月开始生产手机皮肤，才能赶上手机销售第一波。

要是电肤不备妥手机皮肤迎接产品发布，竞争对手将**抢先下手**占领市场；要是电肤生产了手机皮肤而PodPhone却不发布产品，投在手机皮肤上的钱就会**打水漂**，天知道这些手机皮肤哪年哪月才能开卖啊！

我们何时开始生产新手机皮肤？

首当其冲的问题是何时开始生产手机皮肤新系列。

电肤是否生产手机皮肤?
├─ 是
│ ├─ 新PodPhone面世
│ └─ 新PodPhone推迟
└─ 否
   ├─ 新PodPhone面世
   └─ 新PodPhone推迟

这位就是你的客户，电肤首席执行官。

希望在PodPhone发布新产品时，我们已经生产出手机皮肤。

我们想避免这些情况。

如果发布延迟而电肤没有开始生产，那么万事大吉。

PodPhone总是出人意料地发布产品，因此电肤必须搞清楚发布时间。如果电肤能在PodPhone发布之前的一个月开始生产，那么就万事大吉了。你能帮助电肤吗？

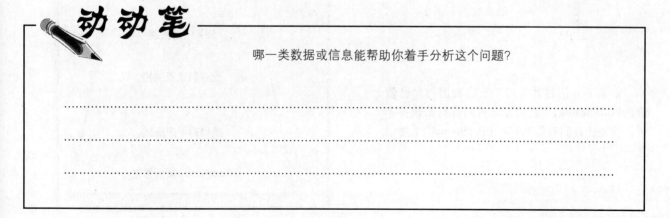

动动笔

哪一类数据或信息能帮助你着手分析这个问题？

....

....

....

数据不多

着手工作前需要了解哪些信息?

PodPhone盼望新产品一鸣惊人,所以可能会采取措施避免他人摸清新产品发布时间。我们必须具有某种洞察力,才能摸清他们的新产品发布时间,同时要摸清他们的决策信息。

PodPhone不希望别人看透他们的下一步行动

PodPhone非常在意产品是否一鸣惊人,他们完全不希望别人得知他们的意图。所以,绝不能只看公开数据就等着"他们何时发布PodPhone"的答案从天而降。

这些数据点的确不会带来太大帮助……

……除非你找到善加利用的大好途径。

你需要弄清楚如何将手头的数据与自己假设的PodPhone新手机的发布时间进行**比较**。不过,首先让我们看看手头关于PodPhone的主要信息……

PodPhone知道你会看到这一切信息,因此不会让手机发布时间出现在这些资料中。

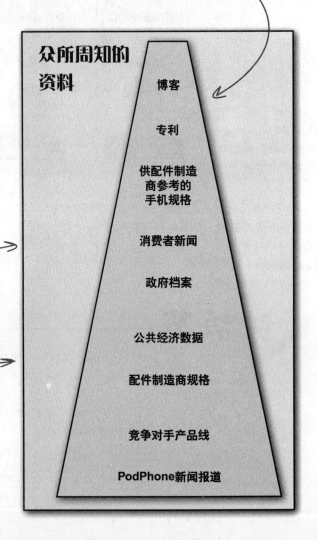

众所周知的资料

- 博客
- 专利
- 供配件制造商参考的手机规格
- 消费者新闻
- 政府档案
- 公共经济数据
- 配件制造商规格
- 竞争对手产品线
- PodPhone新闻报道

我们得知的全部信息

这里有一些关于产品发布的零星信息，电肤把这些信息拼凑在一起。有些是公开信息，有些是机密信息，有些只是传言而已。

PodPhone在新产品上的投资超过所有其他公司。	和竞争对手的手机相比，他们的手机性能将大幅改进。	PodPhone首席执行官说"我们绝不可能在明天推出新手机"。
一家竞争对手刚刚发布了一款性能优越的新手机。	经济回暖，消费者支出增多，正是卖手机的好时候。	据传，PodPhone首席执行官表示一年以内不会发布新产品。

> 说心里话，我们并不认为他们会发布新产品，因为他们的产品线非常强势，他们会考虑乘胜追击，把这条产品线的成功发挥到淋漓尽致。我在想，从现在开始，我们应该在几个月内着手……

← 电肤首席执行官

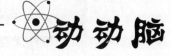

根据上面这些要考虑的证据，你认为她的假设有道理吗？

有用的假设

电肤的分析与数据相符吗？

首席执行官站在PodPhone的角度简单扼要地介绍了一步步思路，我们用图解方式记述她的说法：

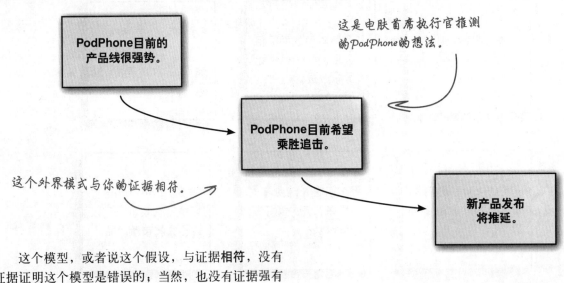

这个模型，或者说这个假设，与证据**相符**，没有证据证明这个模型是错误的；当然，也没有证据强有力地证明这个模型是正确的。

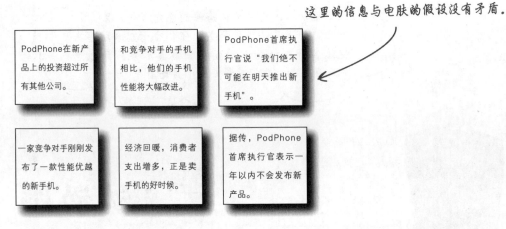

推理看来很严谨……

电肤得到了机密《战略备忘录》

电肤滴水不漏地注意着PodPhone的动静,于是有时就有这样的资料送上门来。

· 这份《战略备忘录》概括了PodPhone计算产品发布日期时所考虑的大量因素,比电肤首席执行官想象的要细致得多。

PodPhone手机发布战略备忘录

我们希望确定产品发布时间,以图实现最大销量,打败竞争对手,为此需要考虑种种因素。

首先关注的是经济,整体经济上行会促使消费者增加支出,经济下行则会抑制消费者支出,消费者支出是手机销量的唯一来源。但是,我们与竞争对手争夺的是同一块肥肉,我们多卖一部,他们就少卖一部;我们少卖一部,他们就多卖一部。

一般我们不愿意在对手有新手机上市的时候发布新产品,在对手产品失去新意时发布新产品会让我们夺得更多销量。

我们的供应商和内部开发团队也限制了新手机生产能力。

CONFIDENTIAL

> 这份备忘录能告诉你PodPhone的发布时间吗?

动动笔

仔细想一想,PodPhone《备忘录》中提到的各种变量相互间有何关系。下面这些关系对是同升同降还是背道而驰?按照自己的答案,在圆圈中添上"+"或"-"。

如果两个变量同升同降,在圆圈里填一个"+"。

如果两个变量背道而驰,在圆圈里填个"-"。

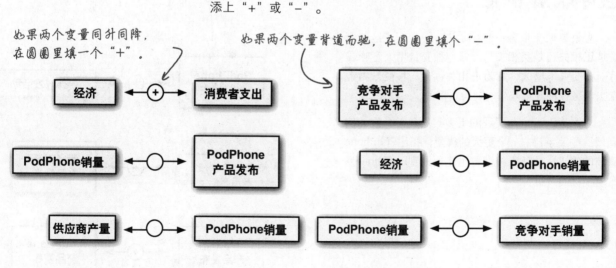

经济 ←+→ 消费者支出

竞争对手产品发布 ←○→ PodPhone产品发布

PodPhone销量 ←○→ PodPhone产品发布

经济 ←○→ PodPhone销量

供应商产量 ←○→ PodPhone销量

PodPhone销量 ←○→ 竞争对手销量

相关变量

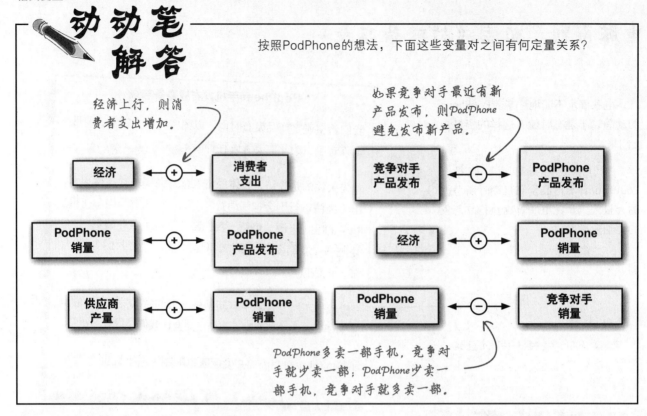

变量之间可以正相关，也可以负相关

观察数据变量有一个好办法，问一问"这些变量是**正相关**还是**负相关**"，若一种变量增大意味着另一种变量也增大，则为正相关；若一种变量增大意味着另一种变量减小，则为负相关。

右边是PodPhone发现的更多其他关系，你如何利用这些关系建立一个**更大的模型**，指出PodPhone确信的观点，使这个模型有可能预见到PodPhone发布新手机的时机？

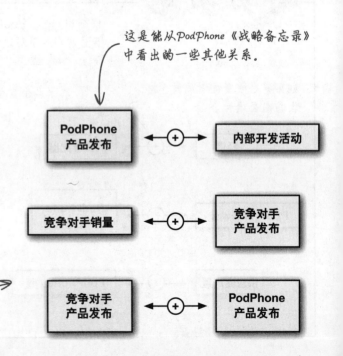

动动笔

让我们将这些正相关和负相关变量关系编织成一个模型。

请用对开页上指定的关系绘制一个网络。

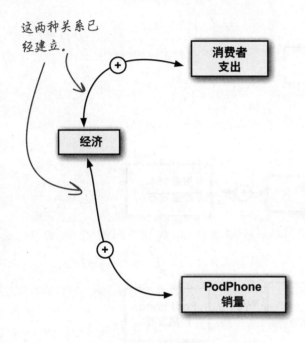

这两种关系已经建立。

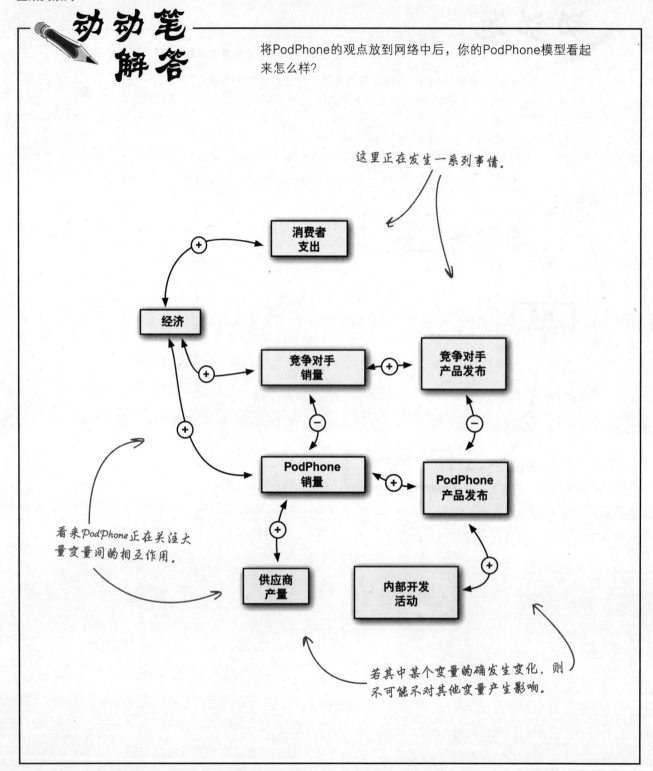

现实世界中的各种原因呈网络关系，而非线性关系

线性等于直觉，关于"为什么PodPhone有可能推迟产品发布"的线性解释可谓简单明了。

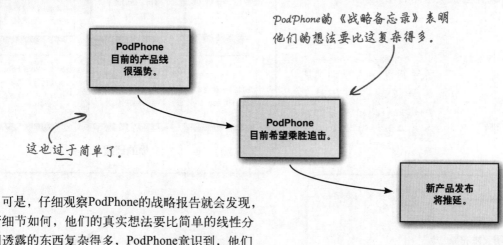

可是，仔细观察PodPhone的战略报告就会发现，不管细节如何，他们的真实想法要比简单的线性分布图透露的东西复杂得多，PodPhone意识到，他们要在一个活跃、多变、互有联系的**系统**中制定决策。

作为一位分析师，你的视野要比这个简单的模型开阔才行，要渴望看出**因果关系网络**。在**现实世界**里，各种原因在相关变量构成的网络中传导……你的模型怎么可能独善其身呢？

第5章 假设检验 **假设并非如此** **149**

形成假设

假设几个PodPhone备选方案

PodPhone迟早会发布手机新产品，问题是——何时？

回答这个问题有各种依据，这些依据都能成为分析**假设**，下面是几个依据选项，指出了产品的可能发布时间，电肤交给你的任务就是选出其中的正确假设。

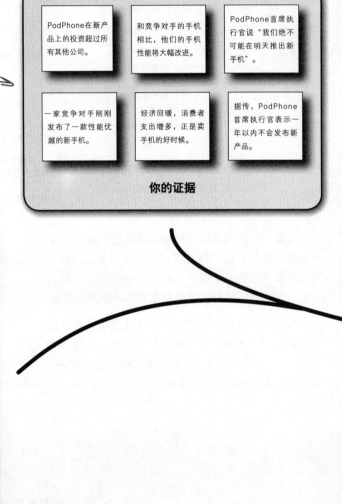

你的证据

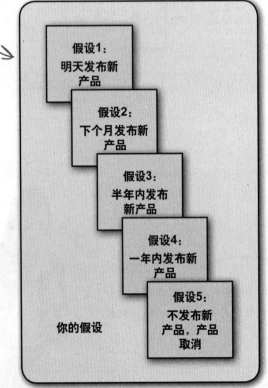

你的假设

这里估计了几个PodPhone新产品发布时间。

你将用某种方法将自己的假设与这些证据及PodPhone的心智模型综合在一起，从而找出答案。

最强的假设将决定电肤的生产计划。

用手头的资料进行假设检验

通过理解PodPhone的心智模型和自己手头的证据,你搜集到大量信息,摸清了电肤的心头大事:PodPhone何时发布新产品。

你需要用某种**方法**整理这些思路,形成可靠的预测。

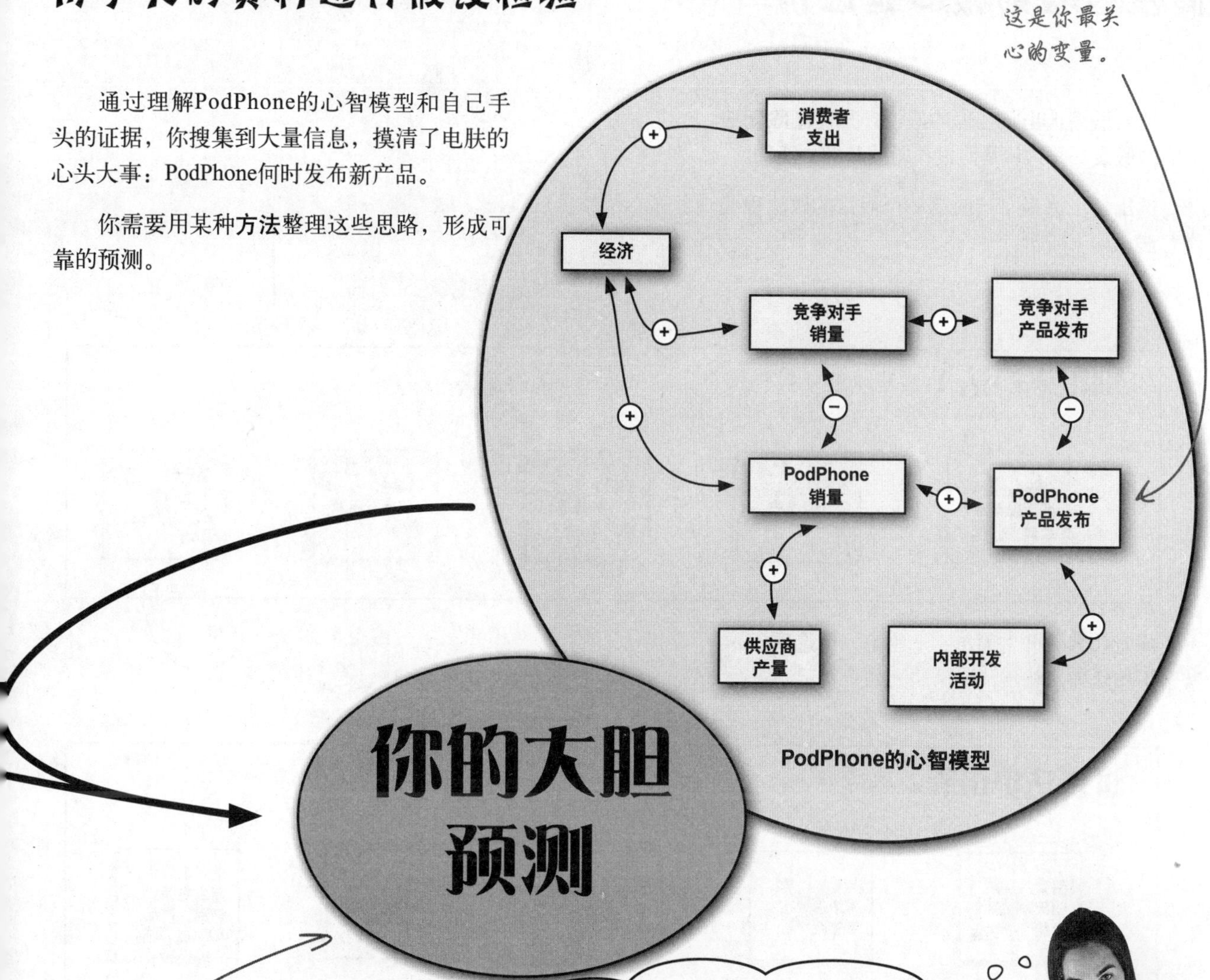

这是你最关心的变量。

PodPhone的心智模型

消费者支出
经济
竞争对手销量
竞争对手产品发布
PodPhone销量
PodPhone产品发布
供应商产量
内部开发活动

你的大胆预测

这是电肤正在寻找的答案!

可我们该怎么办?我们已经看到问题有多复杂……既然这么复杂,怎么可能抛出最合理的假设?

第5章 假设检验 假设并非如此 151

证伪求真

假设检验的核心是证伪

请勿试图选出最合理的假设，只需**剔除无法证实的假设**——这就是假设检验的基础：**证伪**。

选出看上去最可信的第一个假设的做法称为**满意法**，如下所示：

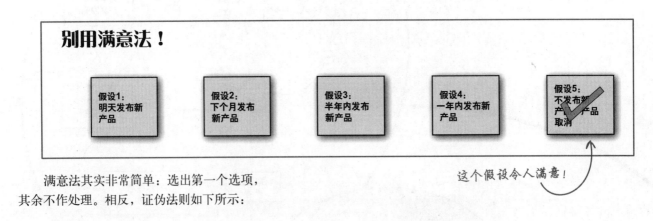

满意法其实非常简单：选出第一个选项，其余不作处理。相反，证伪法则如下所示：

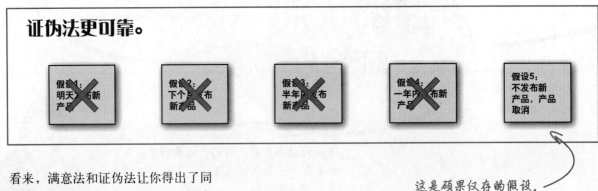

看来，满意法和证伪法让你得出了同样的答案，对吗？可并非一贯如此。满意法的**严重问题**是，当人们在未对其他假设进行透彻分析的情况下选取某种假设时，往往会坚持这个假设，即使反面证据堆积如山，也往往视而不见。证伪法则让人们对各种假设**感觉更敏锐**，从而防止掉入认知陷阱。

进行假设检验时，要使用证伪法，回避满意法。

假设检验

试试证伪法，划掉有证据证明其错误的假设。

| 假设1：明天发布新产品 | 假设2：下个月发布新产品 | 假设3：半年内发布新产品 | 假设4：一年内发布新产品 | 假设5：不发布新产品，产品取消 |

这是你的假设。

你的证据表明哪个假设是错误的？

这是你的证据。

| PodPhone在新产品上的投资超过所有其他公司。 | 和竞争对手的手机相比，他们的手机性能将大幅改进。 | PodPhone首席执行官说"我们绝不可能在明天推出新手机"。 |

| 一家竞争对手刚刚发布了一款性能优越的新手机。 | 经济回暖，消费者支出增多，正是卖手机的好时候。 | 据传，PodPhone首席执行官表示一年以内不会发布新产品。 |

你为什么相信证据证明你所选取的假设是错误的？

....
....
....
....

第5章 假设检验 **假设并非如此**

剔除假设

哪种假设被证明是错误的?

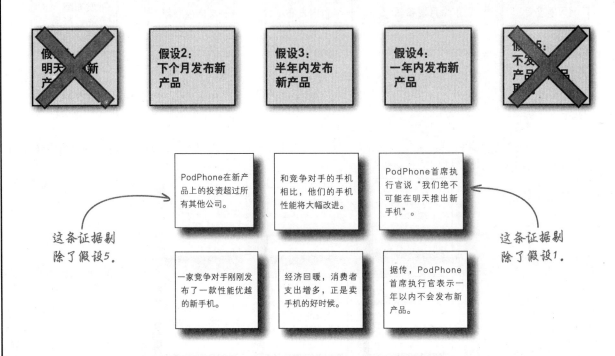

你为什么相信证据证明你所选取的假设是错误的?

证据无疑证实了假设1是错误的,因为首席执行官公开表明明天绝不会发布新产品。首席执行官可能在撒谎,但这未免太离谱了,我们仍然能够剔除假设1。假设5也被证明是错误的,因为PodPhone已经在手机上投入了那么多的钱,手机可能推迟发布或进行调整,但是,除非公司消失,否则很难想象他们会取消新手机。

世上没有傻问题

问： 看来证伪法是一种分析形式很复杂的方法,真的有必要用这种方法吗?

答： 这是一种了不起的办法,可以克服人们专注于错误答案而无视于其他答案的天然倾向。通过强迫自己以完全正规的方式思考问题,会减少因忽视重要的特征情况而犯错误的可能性。

问： 这类证伪法与统计学上的假设检验有何关系?

答： 你在统计课上（或在《深入浅出统计学》中）可能已经学过一种对候选假设（备择假设）和基准假设（原假设）进行比较的方法,其目的是识别出一种情况:如果这种情况为真,则原假设几乎不可能成立。

问： 那我们为什么不用那种方法呢?

答： 这种方法有一个优点,能让你把品质各异的异质数据综合起来,这是非常普通的证伪法,对于复杂的问题非常有用。但是,定下心来使用上述频率论者假设检验方法肯定没错,因为对于数据与参数相吻合的检验,你是不会想用别的方法的。

问： 我想,要是同事们看到我用这个推理办法,肯定觉得我疯了。

答： 要是你能挖出一些真正重要的东西,他们肯定不会笑你。优秀分析师的理想是找到复杂问题的非直觉答案,你会愿意聘用一个思想保守的数据分析师吗?如果客户真正有兴趣从数据中挖掘一些新信息,就会寻觅能想人所不能想的人才。

问： 看来并非所有假设都一定能被证伪,比如,某些证据可能会对假设不利,却无法推翻假设。

答： 完全正确。

问： 数据在哪里呢?我希望能看到更大量的数据。

答： 并非只有数字表格才叫做数据。假设检验中所使用的证伪法让你对"数据"有更广博的观察,能综合大量异质数据,你几乎可以将任何数据放入证伪结构中。

问： 使用证伪法解决问题和使用优化法解决问题有何差别?

答： 两者是适用于不同情况的不同工具。在某些情况下,你希望冲进"Solver"调整变量,直到得到优化数据;在另一些情况下,你希望使用证伪法来剔除对数据的其他可能解释。

问： 好。要是我无法用证伪法剔除所有假设,该怎么办呢?

答： 这问题可以入选"智力大转盘"!让我们看看该怎么办。

干得好!我现在知道的东西比刚找到你时多多了。能搞得再好点吗?再剔除两种假设行不?

证伪法及其他

还剩下三个假设,看来证伪法没有完全解决问题。现在有何打算?

如何在剩余三个假设中做出选择?

你知道,选出看上去证据最充足的假设并不是一个好办法,而证伪法只帮助你剔除了两个假设,现在该怎么办呢?

| 假设2:
下个月发布新产品 | 假设3:
半年内发布新产品 | 假设4:
一年内发布新产品 |

最终哪种假设会被认定为最强假设呢?

每种假设剔除技术各有何优缺点？

将各种假设与证据进行比较，挑出最可信任的一种。

....
....
....
....

简单地罗列所有假设，让客户决定是否开始生产手机皮肤。

....
....
....
....

对假设进行评级，不利证据越少的排在越前面。

....
....
....
....

权衡各种假设

选出自己最喜欢的假设剔除技术了吗?

将各种假设与证据进行比较,挑出最可信任的一种。

这种做法很危险。问题在于我所拥有的数据并不齐全,可能有一些确实非常重要的信息,而我尚未得知,若果真如此,那么根据所知道的情况选择假设就很有可能得出错误的答案。

简单地罗列所有假设,让客户决定是否开始生产手机皮肤。

这当然是一种选择,问题在于我实际上对结论不承担任何责任,换句话说,作为数据分析师,我却只做了数据传递工作,没出息。

对假设进行评级,不利证据越少的排在越前面。

这是最好的办法。我已经用证伪法把肯定不成立的假设剔除掉了。现在,即使无法剔除剩下的假设,也能借助证据找出最强的假设。

假设检验

稍等，把看上去最强的假设排在最前面会有风险吧，这不是变成用满意法选出我们喜欢的假设，而不是选出具有最强证据支持的假设？

只要是通过观察诊断性对证据和假设进行比较，就不会如此。

只要证据能够帮助你按照强弱程度对假设进行排列，它就具有**诊断性**，因此，我们的做法就是：将假设与证据逐条进行比较，看看哪种假设具有最强的证据支持。

让我们好好看看这个方法……

术语角

诊断性是证据所具有的一种功能，能够帮助你评估所考虑的假设的相对似然。如果证据具有诊断性，就能帮助你对假设排序。

第5章 假设检验 假设并非如此　159

认识诊断性

借助诊断性找出否定性最小的假设

只要能够帮助你评估各种假设的相对强度，证据和数据就具有**诊断性**。下表对各种证据和假设逐条进行了比较，"+"表示证据**支持**假设，—表示证据**不利**假设。

在第一张表中，证据具有诊断性。

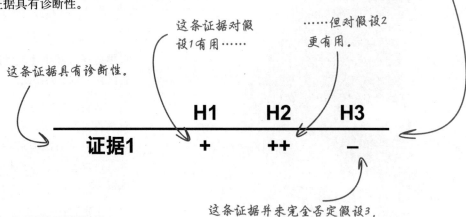

这条证据具有诊断性。

这条证据对假设1有用……

……但对假设2更有用。

	H1	H2	H3
证据1	+	++	−

这条证据并未完全否定假设3，却令我们怀疑假设3。

分配给各个数值的权重分析严谨，却有失主观，因此请尽力进行判断。

另一张表格则相反，证据并无诊断性。

这条证据没有诊断性。

它支持所有假设。

	H1	H2	H3
证据2	+	+	+

这条证据可能看起来挺有意思，但除非能帮助我们评定假设，否则用处不大。

进行假设检验时，重点是要识别和找出诊断证据，非诊断证据不会给你带来任何进展。

让我们看看这些证据的诊断性……

仔细查看手头的证据,与每一个假设进行比较,用加号和减号及诊断性来评定这些假设。

练习

① 说出每一条证据是支持还是反对每种假设。

② 划掉不具有**诊断性**的证据。

	假设2: 下个月发布新产品	假设3: 半年内发布新产品	假设4: 一年内发布新产品
PodPhone在新手机上的投资之大史无前例			
相比竞争对手的手机,性能将会大有改进			
PodPhone首席执行官说"我们绝不可能在明天推出新手机。"			
一家竞争对手刚刚发布了一款性能优越的新手机			
经济回暖,消费者支出增多			
据传:PodPhone首席执行官表示今年不会发布新产品			

第5章 假设检验 **假设并非如此** 161

剔除非诊断证据

练习解答

你的假设评定下来如何?

❶ 说出每一条证据是支持还是反对每种假设。

❷ **划掉不具有诊断性**的证据。

前三条证据不具诊断性，此后可以忽略。

你自己的答案可能会略有不同。

	假设2：下个月发布新产品	假设3：半年内发布新产品	假设4：一年内发布新产品
~~PodPhone在新手机上的投资之大史无前例~~	+	+	+
~~相比竞争对手的手机，性能将会大有改进~~	+	+	+
~~PodPhone首席执行官说:"我们绝不可能在明天推出新手机。"~~	+	+	+
一家竞争对手刚刚发布了一款性能优越的新手机	−	++	+
经济回暖，消费者支出增多	+	+	−
据传：PodPhone首席执行官表示今年不会发布新产品	−	−	+

正如你所见，PodPhone试图避免与竞争对手的新手机展开肉搏。

我们未使用这两条证据对假设2和假设3进行证伪，因为这是传言。

六个月以内，竞争对手的新手机可能会在市场上退烧，这时就该PodPhone行动了。

从现在开始的一年内，经济可能会进一步恶化，因此，强劲的经济势头决定手机应尽快发布。

无法一一剔除所有假设，但可以判定哪个假设最强

尽管手头的证据无法让你仅留下一个假设而剔除其余所有假设，却可以在剩下的三个假设中找出否定证据最少的一个假设。

要是没有更多信息，这个假设就是你最好的选择。

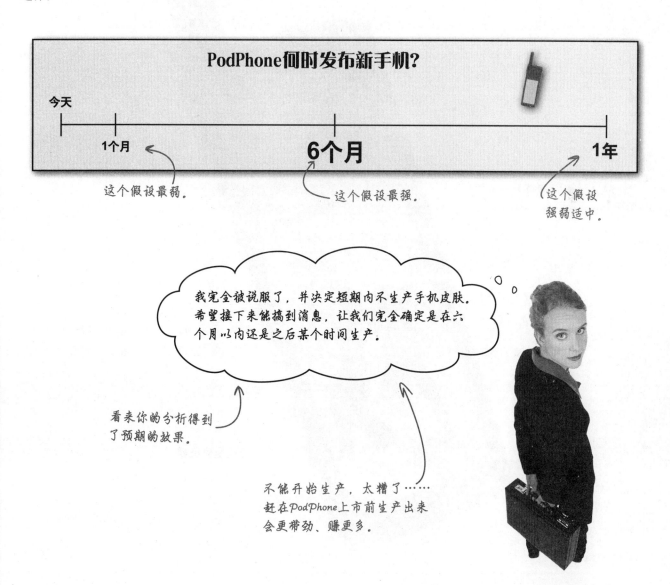

证据加强

你刚刚收到一条图片短信……

你的同事刚才在一家餐厅看到了这一队PodPhone员工。

大家正在**分发新手机**,尽管你的线人没法凑得很近,但他认为这就是那款手机。

这些PodPhone员工为什么来餐厅聚餐?

发手机?手机打样大家都见过了,为什么要为打样搞个庆祝会?

这是新证据。

最好再看看假设表,可以把这个新信息放到假设检验中,然后再做一次,也许会帮助你更进一步分析各种假设。

再做一次假设检验，这次加入新证据。

	假设2：下个月发布新产品	假设3：半年内发布新产品	假设4：一年内发布新产品
一家竞争对手刚刚发布了一款性能优越的新手机	–	++	+
经济回暖，消费者支出增多	+	+	–
据传：PodPhone首席执行官表示今年不会发布新产品	–	–	+

在这里写下新证据。

1. 在证据表中加入新证据；确定新证据的诊断强度。

2. 这条新证据是否改变了你对"PodPhone是否将发布新手机（电肤是否该开始生产）"的估计？

....

....

....

采用新数据

动动笔解答

新证据改变你对于各种假设的相对强度的看法了吗？如何改变？

	假设2：下个月发布新产品	假设3：半年内发布新产品	假设4：一年内发布新产品
一家竞争对手刚刚发布了一款强大的新手机	—	++	+
经济回暖，消费者支出增多	+	+	—
据传：PodPhone首席执行官表示今年不会发布新产品	—	—	+
有人看见开发团队在开大型庆祝会，参加的人手里都拿着新手机。	+++	—	—

↑ 这是个有力证据！

❶ 在证据表中加入新证据，确定新证据的诊断强度。

❷ 这条新证据是否改变了你对"PodPhone是否将发布新手机（电肤是否该开始生产）"的估计？

确定无疑。难以想象开发团队会在不打算很快发布新产品时开庆祝会和派发手机。

我们已经剔除了手机明天上市的假设，因此假设2看来的确可能是最好的假设。

即将上市!

你的分析准确无误,电肤设计了一系列非常酷的手机皮肤,就等PodPhone新机型上市。

干得好!

6 贝叶斯统计

穿越第一关

他说他和别人不一样,可究竟有多大不一样?

数据收集工作永不停息。

必须确保每一个分析过程都充分利用所搜集到的与问题有关的数据。虽说你已学会了**证伪法**,处理异质数据源不在话下,可要是碰到**直接概率**问题该怎么办?这就要讲到一个极其方便的分析工具,叫做**贝叶斯规则**,这个规则能帮助你利用**基础概率**和波动数据做到明察秋毫。

身体好吗？

医生带来恼人的消息

你没有眼花——医生给了你一份**蜥蜴流感**诊断书。

好消息是蜥蜴流感并不致命，在家治疗几个星期即可痊愈；**坏消息**是蜥蜴流感极其麻烦，你不得不歇业，不得不与心爱的人离别好几个星期。

蜥蜴流感试验报告

日期：　　**今天**

姓名：　　**Head First数据分析员**

诊断结果：**阳性**

蜥蜴流感资料：蜥蜴流感是一种热带疾病，最早出现在南非蜥蜴研究人员当中。

这种病传染性极强，被感染者需要在家隔离六周以上。

经确诊患上蜥蜴流感的患者会"吐舌纳气"，极严重情况下会长出"温度色素体"和"蜥蜴足"。

医生确信你已染病在身。不过，由于你对数据分析已经得心应手，所以可能想看看试验结果，了解了解试验结果的**准确性**。

火速上网搜索蜥蜴流感诊断试验,收获如下:试验正确性分析报告。

90%……看起来相当厉害。

蜥蜴流感诊断试验
正确性分析报告

若某人已患蜥蜴流感:试验结果为**阳性**的概率为90%。

若某人未患蜥蜴流感:试验结果为**阳性**的概率为9%。

这个统计值挺有意思。

根据这个信息,你觉得自己患蜥蜴流感的概率有多大?是如何得出这个判定的?

....
....
....
....

小心使用概率

你刚刚看过一些关于蜥蜴流感诊断试验有效性的数据，经你判断，你的患病几率如何？

蜥蜴流感诊断试验
正确性分析报告

若某人已患蜥蜴流感：试验结果为**阳性**的概率为90%。

若某人未患蜥蜴流感：试验结果为**阳性**的概率为9%。

根据这个信息，你觉得自己患蜥蜴流感的概率有多大？是如何得出这个判定的？

要是我患有这个病的话，概率看起来是90%，但正如第二个统计值所指出的，并不是人人都患有这个病，因此我该把估计值略微调低一点，结果似乎不会正好等于90%－9%=81%，那也太简单了，所以呢，不知会不会是75%？

答案比75%少得多！

对于这类问题，大多数人的答案都是75%——这大错特错了。

75%不止是个错误答案——它连正确答案的边儿都没摸着。要是想着"我得蜥蜴流感的概率为75%"，据此开始推断，结果会错得更离谱！

在得出正确答案之前，有太多问题需要解决。

我们要彻底从头开始……

让我们逐条细读正确性分析

分析报告针对试验给出了两类平分秋色的断言，表明："阳性"试验结果的概率随试验对象是否患蜥蜴流感而发生变化。

因此，让我们**想象**有两个不同的空间：一个空间里有大量的人患蜥蜴流感，另一个空间里几乎**没有**人患蜥蜴流感；然后再来观察未患蜥蜴流感的人的"阳性"概率断言。

蜥蜴流感诊断试验
正确性分析报告

若某人已患蜥蜴流感：试验结果为**阳性**的概率为90%。

从这儿开始。

若某人未患蜥蜴流感：试验结果为**阳性**的概率为9%。

让我们看看这句话的真实含义……

仔细观察第二条断言，回答下列问题：

蜥蜴流感诊断试验
正确性分析报告

若某人未患蜥蜴流感：试验结果为**阳性**的概率为9%。

好好想想这个问题。

情形1

如果**100人中有90人**患病，那么未患病但试验结果为阳性的有多少人？

....

....

....

情形2

如果**100人中有10人**患病，那么未患病但试验结果为阳性的有多少人？

....

....

....

广泛使用的数据

患病的人数是否会影响被误诊为阳性的人数?

蜥蜴流感诊断试验
正确性分析报告

若某人未患蜥蜴流感:试验结果为**阳性**的概率为9%。

情形1

如果**100人中有90人**患病,那么未患病但试验结果为阳性的有多少人?

这表示有10人不患病,10人的9%等于1人,这1人的试验结果为阳性但未患病。

情形2

如果**100人中有10人**患病,那么未患病但试验结果为阳性的有多少人?

这表示有90人不患病,90人的9%等于10人,这10人的试验结果为阳性但未患病。

蜥蜴流感到底有多普遍?

看起来,起码对于未患病但试验结果为阳性这种情况,蜥蜴流感在总人数中占的分量有显著差别。

其实,除非我们不仅知道试验正确性分析结果,而且知道**有多少人已患蜥蜴流感**,否则,我们根本无法判断某人得蜥蜴流感的可能性有多大。

> 我们需要多找些数据来弄明白这个诊断试验……

你计算的是假阳性

在前面的练习中，你算出了被**误诊**为阳性的人数，这种情况称为**假阳性**。

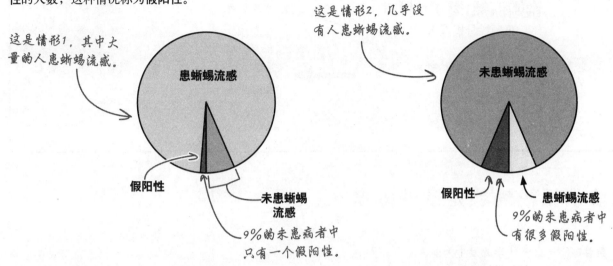

与假阳性相对的是真阴性。

除了小心假阳性，还应考虑**真阴性**。真阴性指的是未患疾病且检验结果为阴性。

若某人未患蜥蜴流感：试验结果为**阳性**的概率为9%。 → 若某人未患蜥蜴流感：试验结果为**阴性**的概率为91%。

假阳性率 → *真阴性率*

如果你未患蜥蜴流感，试验结果要么是假阳性，要么是真阴性。

动动笔

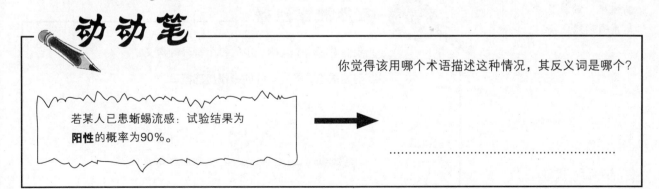

你觉得该用哪个术语描述这种情况，其反义词是哪个？

若某人已患蜥蜴流感：试验结果为**阳性**的概率为90%。 → ......

认识条件概率

你想用哪个术语描述蜥蜴流感诊断试验的反面?

蜥蜴流感诊断试验
正确性分析报告

若某人已患蜥蜴流感:试验结果为**阳性**的概率为90%。 ← 这是真阳性率。

→ 若某人已患蜥蜴流感:试验结果为**阴性**的概率为10%。 ← 这是假阴性率。

这些术语说的都是条件概率

条件概率即以一件事的发生为前提的另一件事的发生概率。假如某人的试验结果为阳性,他患蜥蜴流感的几率有多大?

这是你一直在用的两条断言的条件概率记法:

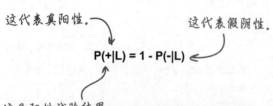

这代表真阳性。 这代表假阴性。

$$P(+|L) = 1 - P(-|L)$$

这是阳性试验结果的概率,前提条件是患有蜥蜴流感。

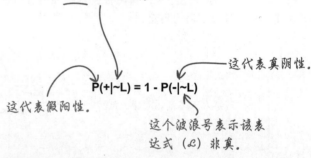

这是阳性试验结果的概率,前提条件是未患蜥蜴流感。

这代表假阳性。

$$P(+|\sim L) = 1 - P(-|\sim L)$$

这代表真阴性。

这个波浪号表示该表达式(L)非真。

条件概率记法

让我们看看这个表达式中的每个符号的含义:

以阳性试验结果为条件的蜥蜴流感概率。

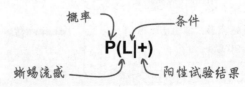

概率 条件
$$P(L|+)$$
蜥蜴流感 阳性试验结果

贝叶斯统计

你需要算算
- 假**阳性**
- 真**阳性**
- 假**阴性**
- 真**阴性**

要弄清楚某人患蜥蜴流感的概率，其根本在于了解这些数字代表的**实际人数**。

符合这几组概率的实际人数是多少？

> **P(+|~L)**：在人们**未患**蜥蜴流感的条件下，某人试验结果为**阳性**的概率
> **P(+|L)**：在人们**患**蜥蜴流感的条件下，某人试验结果为**阳性**的概率
> **P(-|L)**：在人们**患**蜥蜴流感的条件下，某人试验结果为**阴性**的概率
> **P(-|~L)**：在人们**未患**蜥蜴流感的条件下，某人试验结果为**阴性**的概率

但首先要知道有多少人患了蜥蜴流感，然后可以用这些百分比来计算符合每个组的实际人数。

啊，我明白了。那么有多少人患蜥蜴流感？

这是你想要的数字！

P(L|+)

在试验结果为阳性的前提条件下，患蜥蜴流感的概率是多大？

1%的人患蜥蜴流感

研究表明总人口中有1%的人患有蜥蜴流感——这个数据可以用来分析试验结果,从人类的角度上看,这个人数非常多,但从总体人口的百分比上看,这个数字非常小。

1%是**基础概率**,在根据试验结果单独分析每个人的情况之前,你就已经知道患有蜥蜴流感的人口只有1%,因此基础概率又称作**事前概率**。

> ### 疾病追踪中心正在关注蜥蜴流感
>
> **研究表明全国有1%的人患有蜥蜴流感**
>
> 上周的最新数据表明,全国有1%的人口感染蜥蜴流感,尽管蜥蜴流感很少夺人性命,但患者需要隔离,以防感染他人。

小心基础概率谬误

我倒觉得,90%的真阳性率表示你的确有可能患病了!

这是谬误!

务必警惕基础概率,基础概率数据不一定在每种情况下都存在,但是,假如确实有这个数据而你却不用,那么,你将毁于**基础概率谬误**,即忽略事前数据并因此作出错误决策。

在本例中,你对自己患蜥蜴流感概率的判断**完全**取决于基础概率,由于数据表明基础概率为1%的人口患蜥蜴流感,那么,90%的试验真阳性率看起来就不那么能说明问题了。

计算一下你患蜥蜴流感的概率，假定以1000人为基础进行计算，将人数填写在以下空白中，按照基础概率和试验指标分组。

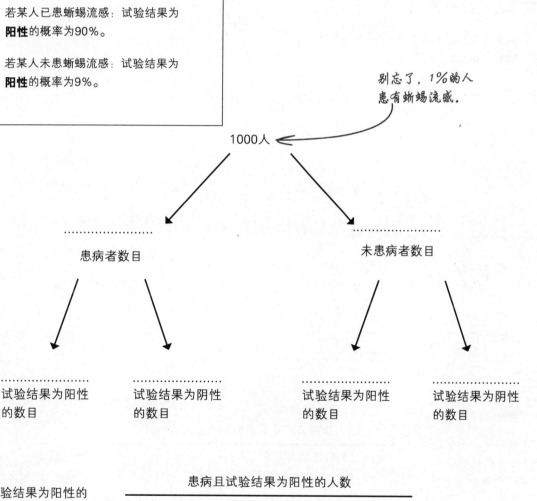

动动笔解答

你重新算出来的自己患蜥蜴流感的概率为多少?

蜥蜴流感诊断试验
正确性分析报告

若某人已患蜥蜴流感：试验结果为**阳性**的概率为90%。

若某人未患蜥蜴流感：试验结果为**阳性**的概率为9%。

1000人

试验结果为阳性的人中有9%患蜥蜴流感。

10
患病者数目

试验结果为阳性的人中有91%<u>未患蜥蜴流感</u>。

990
非患病者数目

9
试验结果为阳性的数目

1
试验结果为阴性的数目

89
试验结果为阳性的数目

901
试验结果为阴性的数目

$$\text{在试验结果为阳性的条件下患病的概率} = \frac{\text{患病且试验结果为阳性的人数}}{(\text{患病且试验结果为阳性的人数}) + (\text{未患病而试验结果为阳性的人数})} = \frac{9}{9+89} = 0.09$$

我患蜥蜴流感的几率为9%!

你患蜥蜴流感的几率仍然非常低

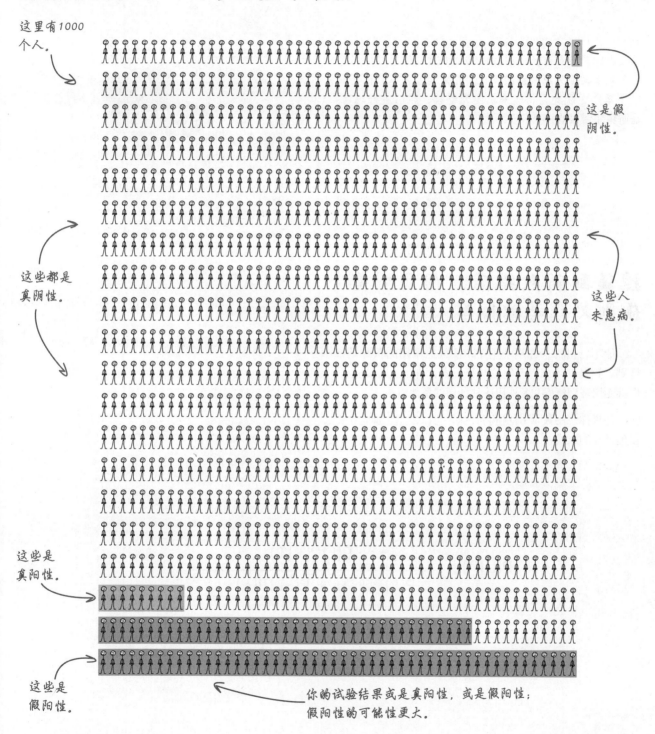

简化

用简单的整数思考复杂的概率

当你想像着自己在观察1000个人时，就已经从思考小数概率转换为思考**整数**。我们的大脑生来不擅长处理概率数字，因此，将概率转变为整数，然后进行思考，是避免犯错误的一个有效办法。

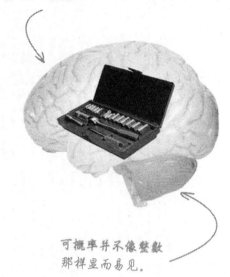

这里有一些处理整数的工具。

可概率并不像整数那样显而易见。

搜集到新数据后，用贝叶斯规则处理基础概率

信不信由你，你刚刚用了一次人们常用的贝叶斯规则，这是一个强悍无比的统计公式，有了这个公式，你就能用基础概率和条件概率估计新的条件概率。

如果你想用数学方法进行计算，可以使用下面这个怪模怪样的公式：

$$P(L|+) = \frac{P(L)P(+|L)}{P(L)P(+|L) + P(\sim L)P(+|\sim L)}$$

以阳性试验结果为条件的蜥蜴流感概率。

基础概率（患病的人）

基础概率（未患病的人）

这个公式会得出和前面一样的答案。

真阳性率

假阳性率

贝叶斯规则可以反复使用

贝叶斯规则是一个重要的数据分析工具,它提供了一种把新信息整合到分析中的精确方法。

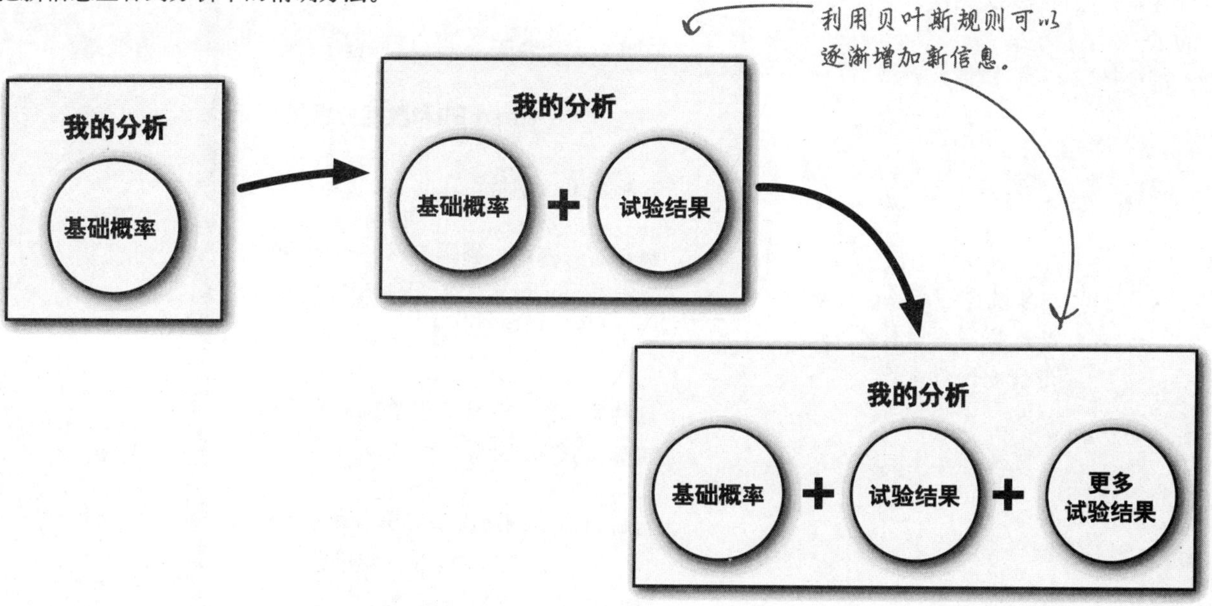

利用贝叶斯规则可以逐渐增加新信息。

我的分析：基础概率

→

我的分析：基础概率 + 试验结果

我的分析：基础概率 + 试验结果 + 更多试验结果

这么说试验结果并不是那么正确,你患蜥蜴流感的几率仍然比其他人高9倍。你是不是该另外做个试验?

基础概率：1%

没错,你患蜥蜴流感的几率比正常人高9倍。

你患蜥蜴流感的概率：9%

医生采纳了这个建议,又做了一项试验。让我们看看结果……

新的测试结果

第二次试验结果：阴性

医生上次没给你选更可靠、更先进的蜥蜴流感试验，因为收费贵那么一点儿。可既然第一项试验（便宜点、但准确性差一点）结果为阳性，就得来真格的了……

> 高级蜥蜴流感试验报告
>
> 日期：　　**今天**
>
> 姓名：　　**Head First数据分析员**
>
> 诊断结果：**阴性**
>
> 蜥蜴流感资料：蜥蜴流感是一种热带疾病，最早出现在南非蜥蜴研究人员当中。
>
> 这种病传染性极强，被感染者需要在家隔离六周以上。
>
> 经确诊患上蜥蜴流感的患者会吐舌纳气，极严重情况下会长出温度色素体和蜥蜴足。

医生选了一项略有差别的试验——"高级"蜥蜴流感诊断试验。

这下放心了！

小心！

你之前把这些概率理解错了。

最好再分析一遍数据。现在你知道了，不考虑基础概率就紧张试验结果（甚至紧张试验正确性统计），不过是在添乱罢了。

新试验的正确性统计值有变化

用基础概率和新的试验统计值可以算出你患蜥蜴流感的新概率。

这是你第一次试验结果。

蜥蜴流感诊断试验
正确性分析报告

若某人已患蜥蜴流感：试验结果为**阳性**的概率为90%。

若某人未患蜥蜴流感：试验结果为**阳性**的概率为9%。

新试验更费钱，但更可靠。

高级蜥蜴流感诊断试验
正确性分析报告

若某人已患蜥蜴流感：试验结果为**阳性**的概率为99%。

若某人未患蜥蜴流感：试验结果为**阳性**的概率为1%。

这些正确性数据更可靠。

我们是否会使用原来的基础概率？你的检验结果为阳性，这似乎能说明些什么。

动动笔

你认为基础概率会是多少？

....

....

基础概率修正

动动笔解答

你认为基础概率会是多少?

基础概率不会是1%,新基础概率是9%,我们刚算过,这正是我自己的患病概率。

新信息会改变你的基础概率

拿到第一项试验结果时,你把**大家**的蜥蜴流感发病率当做自己的基础概率。

大家的蜥蜴流感发病率是1%
旧基础概率

过去你属于这个群体……

但你从试验结果中了解到,你患蜥蜴流感的概率高于基础概率;这个高概率是你的新基础概率,因为现在你属于试验结果为阳性的人群。

大家

只是个普通人……没什么特别的

……现在你属于这个群体。

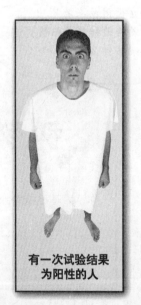

试验结果为阳性的人中有9%患有蜥蜴流感

你的新基础概率

有一次试验结果为阳性的人

让我们赶快再用贝叶斯规则算一算……

让我们以试验结果为条件，用新试验结果和经过修正的基础概率算一算你患蜥蜴流感的概率。

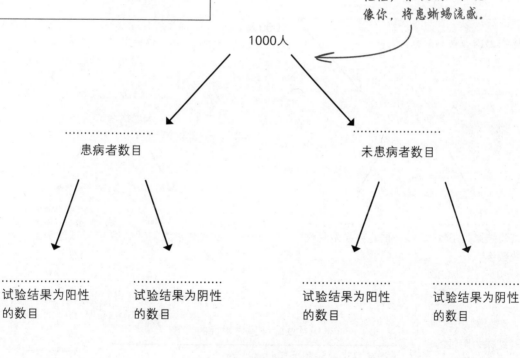

贝叶斯魔法

动动笔解答

算出你患蜥蜴流感的新概率了吗?

高级蜥蜴流感诊断试验
正确性分析报告

若某人已患蜥蜴流感:试验结果为**阳性**的概率为99%。

若某人未患蜥蜴流感:试验结果为**阳性**的概率为1%。

1000人

试验结果为阳性的人中有9%的人患蜥蜴流感。

90
患病者数目

试验结果为阳性的人中有91%的人**不**患蜥蜴流感。

910
未患病者数目

89
试验结果为阳性的数目

1
试验结果为阴性的数目

9
试验结果为阳性的数目

901
试验结果为阴性的数目

$$\text{在试验结果为阴性的条件下患病的概率} = \frac{\text{患病且试验结果为阴性的人数}}{(\text{患病且试验结果为阴性的人数}) + (\text{未患病而试验结果为阴性的人数})} = \frac{1}{1+901} = 0.001$$

我患蜥蜴流感的机会是0.1%!

放心多了!

你用贝叶斯规则控制概率,并且现在知道如何管理基础概率了。

避免基本概率谬误的唯一办法就是对基础概率提高警惕,而且务必要将基础概率整合到分析中。

你得蜥蜴流感的概率太低了,完全不必放在心上。

咳,咳

蜥蜴流感与你无关!

现在不用怕感冒了……

7 主观概率

信念数字化

她值10分……

在吃到冰激凌之前,我给他3分,可现在给4分。

虚拟数据未尝不可。

真的。不过,这些数字必须描述你的心智状态,表明你的信念。**主观概率**就是这样一种将严谨融入直觉的简便办法,具体做法马上介绍。随着讲解的进行,你将学会如何利用**标准偏差**评估数据分布,前面学过的一个更强大的分析工具也会再次登台亮相。

不为人知的机会

背水投资公司需要你效力

背水投资公司是一家商号,依靠在发展中市场谋求**模糊投资**赚钱。他们选择的投资别人很难理解,甚至很难发现。

背水公司在这儿有很多公司……

这儿也有……

甚至这儿也有!

公司的战略意味着他们对**分析师的才干**十分倚重,需要分析师具备无懈可击的判断能力和良好的关系,以便帮助背水公司得到所需要的信息,制定妥善的投资决策。

生意倒是绝妙的生意,可分析师们的纷争已经快把公司**吵垮**了——激烈的分歧使得人心涣散,这将成为投资的一场灾难。

背水公司的内部危机有可能迫使公司关闭。

分析师们相互叫阵

背水公司的分析师在许多地缘政治趋势方面分歧严重,这给打算根据他们的分析进行投资的投资人带来了极大的问题;导致分歧的问题五花八门。

分歧到底出在哪里?要是你能帮忙搞清楚分歧所在并让分析师们达成共识,那就太好了。要不然,最起码,要是你能以某种方法确定分歧,让背水公司的老板们认清自己的方向,也算不错。

让我们看看争吵内容……

哪里出了乱子？

动动笔

看看分析师们发给你的电子邮件，这能帮你了解分歧内容吗？

发件人： 背水投资公司高级研究分析师
收件人： Head First
主题： 越南之争

在过去六个月里，我一直坚持向同事们论证我的观点：越南政府今年可能准备降低税收，我们的当地员工以及各种新闻报导都证实了这一点。

然而，背水投资"分析"团队中的其他一些人却似乎认为这个论点很疯狂，上面认为我是个梦想家，他们告诉我，政府的这种姿态，或者说角色，是"极不可能的"。行啊，他们作这种评价有依据吗？显然，该政府正在鼓励外国投资，我可以这么告诉你：只要税收一降，私有投资就会像洪水一样涌过去，我们需要在越南扩大地盘，要赶在……

> 这些分析师怒气冲冲。

发件人： 背水投资公司政治分析师
收件人： Head First
主题： 投资模糊地域：宣言

俄罗斯，印尼，越南。背水投资团队被这三个地方迷住了。可难道我们的答案还不够清楚吗？俄罗斯下一季将继续补贴石油业，他们一向如此；俄罗斯下一季收购欧航航空公司的可能性比不收购的可能性更大；越南今年有可能会减税，同时他们可能不打算鼓励外国投资；印尼今年投资生态旅游的可能性比不投资的可能性更大，但这不会起太大作用——旅游业肯定会彻底垮台。

要是背水公司不开掉一些刁难这些真理的反对者和滋事者，公司恐怕就得关……

> 分歧只针对这三个国家吗？

发件人： 背水投资公司经济研究部副总裁
收件人： Head First
主题： 这些人到底去过俄罗斯吗？

在经济部的分析师同仁不断拿出高品质工作成果论述俄罗斯商务和政府工作的同时，背水投资的其他人所表现出来的对俄罗斯内部动态的忽视令人震惊。俄罗斯极不可能收购欧航，他们下一季度是否支持石油业也可能会是有史以来最难以决定的……

连最高管理层也失去了冷静！

发件人： 背水投资公司初级研究员
收件人： Head First
主题： 印尼

别再听总部那些书呆子的。

来自现场的判断是今年旅游业肯定大有机会翻身，印尼全靠生态旅游。书呆子们什么也不懂，我开始考虑是不是该去竞争对手的公司更好地发挥我的聪明才智……

这小子从现场写来了这封邮件，他正在那儿做第一手调查。

导致分歧的主要问题有哪些？

....

....

....

....

每封邮件的撰写人都用了一大堆话来描述他们对各种事件的可能性的看法。列出他们提到的概率用词。

....

....

争议范围

看过分析师们的电子邮件后,你对他们的争议有何印象?

这些邮件中出现了很多表示概率的字眼

发件人: 背水投资公司高级研究分析师
收件人: Head First
主题: 越南之争

在过去六个月里,我一直坚持向同事们论证我的观点:越南政府今年可能准备降低税收,我们的当地员工以及各种新闻报导都证实了这一点。

然而,背水投资"分析"团队中的其他一些人却似乎认为这个论点很疯狂,上面认为我是个梦想家,他们告诉我,政府的这种姿态,或者说角色,是"极不可能的"。行啊,他们作这种评价有依据吗?显然,该政府正在鼓励外国投资,我可以这么告诉你:只要税收一降,私有投资就会像洪水一样涌过去,我们需要在越南扩大地盘,要赶在……

发件人: 背水投资公司政治分析师
收件人: Head First
主题: 投资模糊地域:宣言

俄罗斯,印尼,越南。背水投资团队被这三个地方迷住了。可难道我们的答案还不够清楚吗?俄罗斯下一季将继续补贴石油业,他们一向如此;俄罗斯下一季收购欧航航空公司的可能性比不收购的可能性更大;越南今年有可能会减税,同时他们可能不打算鼓励外国投资;印尼今年投资生态旅游的可能性比不投资的可能性更大,但这不会起太大作用——旅游业肯定会彻底垮台。要是背水公司不开掉一些刁难这些真理的反对者和滋事者,公司恐怕就得关。

发件人: 背水投资公司经济研究部副总裁
收件人: Head First
主题: 这些人到底去过俄罗斯吗?

在经济部的分析师同仁不断拿出高品质工作成果论述商务和政府工作的同时,背水投资的其他人所表现出对俄罗斯内部动态的忽视令人震惊。俄罗斯极不可能……航,他们下一季度是否支持石油业也可能会是有史以……以决定的……

发件人: 背水投资公司初级研究员
收件人: Head First
主题: 印尼

别再听总部那些书呆子的。

来自现场的判断是今年旅游业肯定大有机会翻身,印尼全靠生态旅游。书呆子们什么也不懂,我开始考虑是不是该去竞争对手的公司更好地发挥我的聪明才智……

导致分歧的主要问题有哪些?

看来,分歧包括6个方面:1) 俄罗斯下一季是否会补贴石油业?2) 俄罗斯是否会收购欧航航空公司?3) 越南今年是否会减税?4) 越南今年是否会鼓励外国投资?5) 印尼旅游业今年是否会翻身?6) 印尼政府是否会投资生态旅游?

每封邮件的撰写人都用了一大堆话来描述他们对各种事情的可能性的看法。列出他们提到的概率用词。

他们的用词有:可能,极不可能,可能性更大,有可能,可能不,不可能,可能会,肯定,大有机会。

吉姆：这么说，是让我们来评评谁对谁错？没问题，看看数据就行了。

弗兰克：别急，这些分析师非同一般，他们训练有素，经验丰富，是正经研究那些国家的专家。

乔：对的，首席执行官说他们想要什么数据就有什么数据，他们能得到世界上最棒的消息。他们花钱买专有数据，他们派人刺探政府消息，他们还派人在现场做第一手调查。

弗兰克：地缘政治学是一门很难琢磨的学问，它预测的是**单个事件**，这类事件没有大量频率数据可供进行更详细的预测。他们从各种渠道搜集数据，据此进行有根据的猜想。

吉姆：你是说这些家伙比我们精，我们其实没办法帮他们解决分歧。

乔：我们的数据分析掺进去只会让争论更激烈。

弗兰克：其实，争来争去都是各个国家即将发生的事情的一些假设，分析师们一听到那些表示可能性的字眼就心烦意乱，可能？大有机会？这些话到底是什么意思？

吉姆：所以你想帮他们找出更妥当的字眼来表达他们的感受？嘿，这似乎是在浪费时间。

弗兰克：要找的可能不是字眼，而是让他们的判断显得更**精确**的东西，虽说这些判断不过是某些人的主观信念……

如何让概率用词更精确？

认识主观概率

主观概率体现专家信念

如果用一个数字形式的概率来表示自己对某事的确认程度，所用的就是**主观概率**。

主观概率是根据规律进行分析的巧妙方法，尤其是在预测孤立事件却缺乏从前在相同条件下发生过的事件的可靠数据的情况下。

大家都以这种方式说话……

俄罗斯极有可能继续支持石油业……

但他们到底是什么意思呢？

我相信俄罗斯支持石油业的几率是60%。

……支持石油业的几率是70%……

……支持石油业的几率是80%……

……支持石油业的几率是90%……

这些都是<u>主观概率</u>。

这些数字比分析师用于描述自己信念的用词要精确得多。

主观概率可能表明：根本不存在真正的分歧

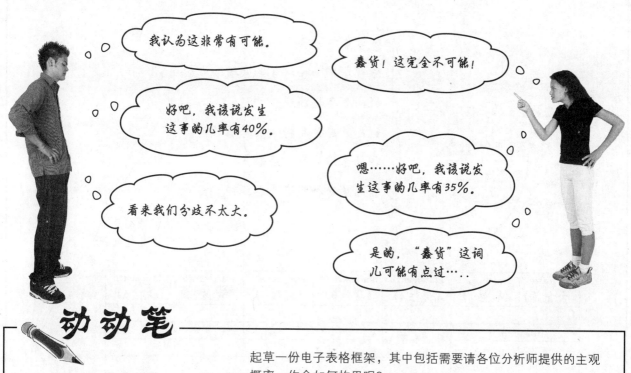

> 我认为这非常有可能。
>
> 好吧，我该说发生这事的几率有40%。
>
> 看来我们分歧不太大。
>
> 蠢货！这完全不可能！
>
> 嗯……好吧，我该说发生这事的几率有35%。
>
> 是的，"蠢货"这词儿可能有点过……

动动笔

起草一份电子表格框架，其中包括需要请各位分析师提供的主观概率。你会如何构思呢？

在这儿画一张你要用的电子表格。

你需要得到各位分析师针对每个主要分歧区域的主观概率。

制表

你想用来描述分析师主观概率的电子表格外观如何?

俄罗斯下一季会补贴石油业。

俄罗斯下一季将收购欧航航空公司。

越南今年将减税。

越南政府今年将鼓励外国投资。

印尼旅游业今年将翻身。

印尼政府将投资生态旅游。

表格中包括这六种说法,它们列在表格最上面一行。

我们将在空格中填写每位分析师对每种说法的判断。

anylasis (分析师)	statement1 (说法1)	statement2 (说法2)	statement3 (说法3)	statement4 (说法4)	statement5 (说法5)	statement6 (说法6)
1						
2						
3						
4						
5						
6						
7						
8						
9						
10						
11						
12						
13						
14						
15						
16						
17						
18						
19						
20						

分析师们答复的主观概率

现在我们已经有所进展。

尽管你还没有找到办法消除这些人的分歧，但进展是肯定的，真正的分歧已经浮出水面。

从一些数据看来，分歧可能根本没那么大，至少对有些事情是这样。

让我们看看首席执行官对这些数据的看法……

首席执行官的困惑

首席执行官不明白你在忙些什么

他似乎并不觉得这些结果对解决分析师之间的分歧会有所助益。

> 发件人： 背水投资公司首席执行官
> 收件人： Head First
> 主题： 你的"主观概率"
>
> 对这个分析我颇感疑惑。我们请你做的是解决分析师之间的分歧，而这看来不过是用特殊一点的方法列举这些分歧。
>
> 我们知道有分歧，这不是我们找你来的原因，我们要你做的是，解决这些分歧，或至少处理一下，让我们找到好一些的点子，知道怎么抛开这些分歧去设计我们的投资方案。
>
> 你会分辩说你选择了主观概率做分析工具，可它能给我们带来什么呢？
>
> 首席执行官

他不觉得这些数字有任何帮助。

唉！他对吗？

压力来了！

你可能该向首席执行官解释、申述自己搜集这些数据的理由……

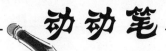

你的主观概率表……

Analyst	Statement1	Statement2	Statement3	Statement4	Statement5	Statement6
1	87%	68%	37%	39%	5%	77%
2	88%	40%	11%	56%	28%	81%
3	89%	47%	67%	33%	0%	85%
4	91%	88%	7%	38%	24%	78%
5	91%	37%	8%	19%	0%	72%
6	92%	60%	30%	19%	18%	84%
7	87%	47%	66%	27%	5%	88%
8	92%	46%	41%	33%	3%	69%
9	88%	59%	83%	14%	12%	74%
10	92%	23%	9%	30%	9%	91%
11	88%	34%	0%	58%	2%	92%
12	89%	78%	46%	28%	5%	70%
13	92%	70%	45%	33%	1%	3%
14	88%	80%	35%	35%	13%	81%
15	89%	54%	15%	16%	5%	87%
16	90%	67%	63%	19%	3%	70%
17	92%	74%	14%	33%	0%	79%
18	91%	21%	22%	40%	7%	89%
19	89%	21%	42%	28%	6%	81%
20	91%	36%	87%	27%	5%	84%

……比这些愤怒的邮件更有助于分析吗?

发件人: 背水投资公司政治分析师
收件人: Head First
主题: 投资模糊地域:宣言

俄罗斯,印尼,越南。背水投资团队方迷住了。可难道我们的答案还不够斯下一季将继续补贴石油业,他们斯下一季收购欧航航空公司的可能性可能性更大;越南今年有可能会减税能不打算鼓励外国投资;印尼今年投的可能性比不投资的可能性更大,但作用——旅游业肯定会彻底垮台。要开掉一些刁难这些真理的反对者和滋事恐怕就得关……

发件人: 背水投资公司高级研究分析师
收件人: Head First
主题: 越南之争

在过去六个月里,我一直坚持向同事们点:越南政府今年可能准备降低税收,员工以及各种新闻报导都证实了这一

然而,背水投资"分析"团队中的其乎认为这个论点很疯狂,上面认为我他们告诉我,政府的这种姿态,或者极不可能的"。行啊,他们作这种评你;只要税收一降,私有投资就会像洪水去,我们需要在越南扩大地盘,要赶在

发件人: 背水投资公司经济研究部副
收件人: Head First
主题: 这些人到底去过俄罗斯吗?

在经济部的分析师同仁不断拿出高品质述俄罗斯商务和政府工作的同时,背水惊。俄罗斯极不可能收购欧航,他们下支持石油业也可能会是有史以来最难以

发件人: 背水投资公司初级研究员
收件人: Head First
主题: 印尼

别再听总部那些书呆子的。

来自现场的判断是今年旅游业肯定大有机会翻身,印尼全靠生态旅游。书呆子们什么也不懂,我开始考虑是不是该去竞争对手的公司更好地发挥我的聪明才智……

为什么?

....

....

....

....

说服客户

你的主观概率表……

……比这些愤怒的邮件更有助于分析吗?

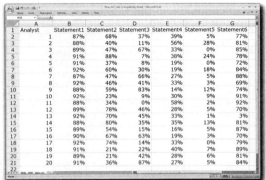

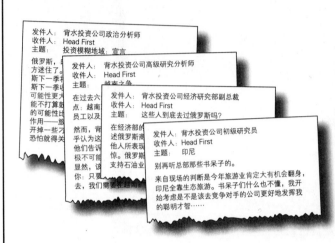

这些主观概率表明,有些方面分歧并不像原先想象的那么严重。主观概率是对分歧内容和分歧大小的一种精确规范,分析师用主观概率帮助自己抓住问题焦点,以图解决问题。

发件人: 背水投资首席执行官
收件人: Head First
主题: 要求提供图形

好,你说服我了,但我不想看一大张数字表,给我发张图过来,图里放上这些数据,让我容易明白点儿。

首席执行官

你花了一些时间,可以继续工作了。

让我们把这些数据变成图形!

主观概率

每个数值用一个点表示，代表相应的主观概率。

Analyst	Statement1	Statement2	Statement3	Statement4	Statement5	Statement6
1	87%	68%	37%	39%	5%	77%
2	88%	40%	11%	56%	28%	81%
3	89%	47%	67%	33%	0%	85%
4	91%	88%	7%	38%	24%	78%
5	91%	37%	8%	19%	0%	72%
6	92%	60%	30%	19%	18%	84%
7	87%	47%	66%	27%	5%	88%
8	92%	46%	41%	33%	3%	69%
9	88%	59%	83%	14%	12%	74%
10	92%	23%	9%	30%	9%	91%
11	88%	34%	0%	58%	2%	92%
12	89%	78%	46%	28%	5%	70%
13	92%	70%	45%	33%	1%	3%
14	88%	80%	35%	35%	13%	81%
15	89%	54%	15%	16%	5%	87%
16	90%	67%	63%	19%	3%	70%
17	92%	74%	14%	33%	0%	79%
18	91%	21%	22%	40%	7%	89%
19	89%	21%	42%	28%	6%	81%
20	91%	36%	87%	27%	5%	84%

纵轴实际上不重要，画点即可，以便看见所有数据点。

说法1
俄罗斯下一季会补贴石油业。

0.0　0.2　0.4　0.6　0.8　1.0

说法2
俄罗斯下一季将收购欧航航空公司。

0.0　0.2　0.4　0.6　0.8　1.0

这是一个实例。

说法3
越南今年将减税。

0.0　0.2　0.4　0.6　0.8　1.0

说法4
越南政府今年将鼓励外国投资。

0.0　0.2　0.4　0.6　0.8　1.0

说法5
印尼旅游业今年将翻身。

0.0　0.2　0.4　0.6　0.8　1.0

说法6
印尼政府将投资生态旅游。

0.0　0.2　0.4　0.6　0.8　1.0

第7章 主观概率 信念数字化

绘制分布图

分析师主观概率表在散点图上看起来如何?

对这个说法实际上似乎已达成某种共识。

说法1
俄罗斯下一季会补贴石油业。

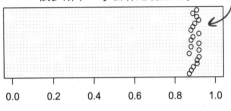

说法2
俄罗斯下一季将收购欧航航空公司。

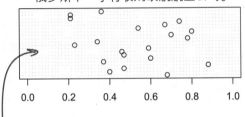

对这些说法分析师们各执一词。

说法3
越南今年将减税。

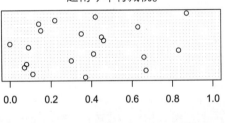

说法4
越南政府今年将鼓励外国投资。

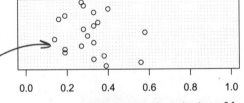

意见分歧概率不超出20%,只有一个例外。

这里达成部分共识。

说法5
印尼旅游业今年将翻身。

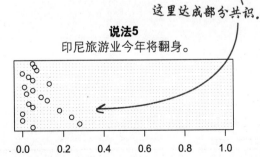

说法6
印尼政府将投资生态旅游。

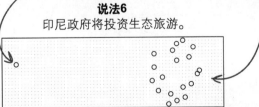

首席执行官欣赏你的工作

> 发件人：背水投资公司首席执行官
> 收件人：Head First
> 主题： 谢谢！
>
> 现在这东西的确大有帮助。我能看出，我们确实还有好些方面需要集中力量搞些更好的消息。
>
> 员工们看来并没有真正的分歧，这真是太好了。
>
> 从现在开始，除非分析师们用主观概率给我提供分析，否则我什么也不想听（客观概率也可，要是他们能办到的话）。
>
> 你能帮我把这些分歧按照分歧严重程度排个队吗？我想知道哪个说法是最有争议的。
>
> 首席执行官

每个人都能理解主观概率，但它远没有得到充分的运用。

优秀的数据分析师同时也是优秀的沟通者，主观概率则是一种向别人精确地传达你的想法和信念的富有启示性的表达方法。

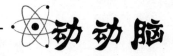

用哪种方法量度分歧和评定问题能让首席执行官一眼就看出最严重的分歧和问题？

认识标准偏差

标准偏差量度分析点与平均值的偏差

你想使用**标准偏差**；标准偏差量度的是典型的分析点与数据集平均值的差距。

数据集中的大部分点都会落在平均值的一个标准偏差范围内。

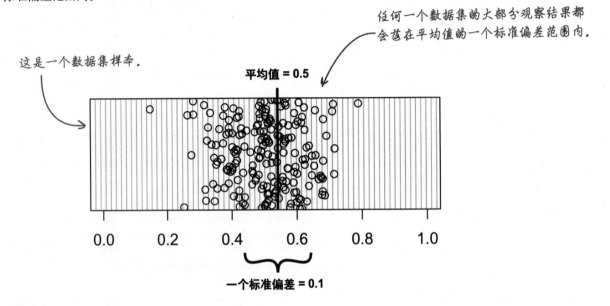

标准偏差的单位取决于测量单位，在上面的例子中，偏离平均值一个标准偏差等于0.1，或者说10%，尽管不少点都偏离两个或三个标准偏差，但大部分点都比平均值高或低10%。

在此可以用标准偏差量度分歧。主观概率偏离平均值的标准偏差越大，分析师们在假设成立的可能性方面的分歧就越大。

用Excel中的STDEV公式计算标准偏差。

=STDEV(数据范围)

练习

计算每种说法的标准偏差；然后，按照分歧程度从高到低给问题排序。

你会用哪个公式计算说法1的标准偏差？

....

快来下载！

www.headfirstlabs.com/books/hfda/
hfda_ch07_data_transposed.xls

数据已经掉转位置，只要有标准偏差就可以排序了。

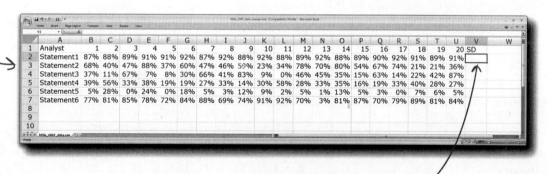

把你的答案写在这儿。

第7章 主观概率 **信念数字化** 209

计量争议

练习解答

你发现了哪个标准偏差?

你会用哪个公式计算说法1的标准偏差?

在这儿填入函数。

为每个说法复制这个函数。

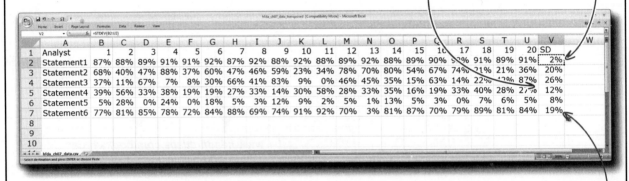

可能需要单击工具栏里的"%"按钮才能显示正确的格式。

单击"Sort Descending"(降序排序)按钮,依次排列各种说法。

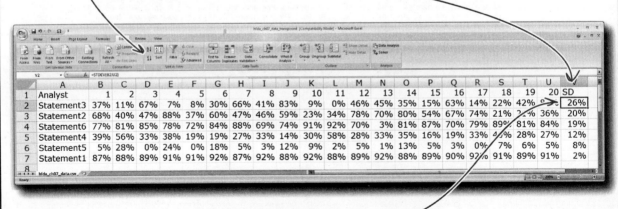

看来说法3的标准偏差最大,也就是分析师的分歧最大。

世上没有傻问题

问：主观概率不算有某种欺骗性吗？

答：欺骗性？它的欺骗性要比"的确可能"之类的含糊说法低得多。听别人说话的人可能会在别人说的话里加入各种各样的含义，因此，指定一个概率实际上是一种欺骗性小得多的传达个人信念的办法。

问：我的意思是，当有人看到这些概率的时候，难道不可能（抱歉，用了这个词）有这种印象：给出概率的人看上去对自己信念很肯定，其实他们心里并不是那么肯定？

答：你的意思是说，因为数字是白纸黑字，所以看起来要比实际情况显得更有说服力？

问：正是。

答：这个顾虑有道理。但主观概率像其他数据分析工具一样：如果以欺骗为目的，那么骗人是很容易的；但只要确保客户知道你给出的概率具有主观性，那么，精确地指出你的信念，实际上对客户是个天大的恩惠。

问：Excel能画这些有小点点的奇特图形吗？

答：能画，但比较麻烦。这些图形是用一个叫做R的程序画的，里面有一个函数dotchart。你会在后面的章节里领略到R的魅力。

干得好。从今以后我要根据这种分析制定经营策略；结果肯定一片光明。

大老板

俄罗斯问题

俄罗斯宣布售出所有油田，称对商业失去了信心

惊人转变，俄罗斯总统对国有工业嗤之以鼻

"石油业到此为止"，俄罗斯总统今日早间在莫斯科新闻发布会上语惊四座，"我们对这个行业已经失去信心，对开采资源不再感兴趣……"

太糟了！我们都预测俄罗斯会继续保持对这个行业的信心。

分析师

这条新闻让你措手不及

分析师们的最初反应是深感忧虑。背水投资在俄罗斯石油业投资巨大,很大原因是因为大家对政府会继续支持石油业有共识,这一点你已经看出来了。

说法1
俄罗斯下一季会补贴石油业。

可这条新闻会导致这些投资的价值大幅缩水,因为人们会突然觉得俄罗斯石油业出大问题了。但话又说回来,这个说法可能是俄罗斯的一种策略,实际上他们可能根本不打算出售油田。

动动笔

这表示你的分析错了吗?

....

....

....

你该怎么处理这个新信息?

....

....

....

工具正在发挥作用

你大错特错了吗?

分析肯定没错,它正确地反映了分析师们用有限的数据得出的信念;问题在于分析师们错了——没有理由相信使用主观概率能保证主观概率的正确性。

现在怎么办?

我们需要回头修订全部主观概率。既然已经有了更多更准确的信息,我们的主观概率也有可能更为准确。

迄今为止,我们已经讲过很多分析工具,可能其中有一个能够用来指出如何修订主观概率。

最好选一种能够把新信息整合到你的主观概率结构中的分析工具。你为什么选择该工具？

实验设计？
....
....
....

最优化？
....
....
....

美观的图形？
....
....
....

假设检验？
....
....
....

贝叶斯规则？
....
....
....

贝叶斯魔法

最好选一种能够把新信息整合到你的主观概率结构中的分析工具。你为什么选择该工具?

实验设计?

设计一种可以得到更准确数据的实验有点难,因为所有的分析师都在评估地缘事件,看起来他们所分析的每一条数据都是观察数据。

最优化?

没有可靠的数字数据!我们学过的最优化工具都是假设你手头有数字数据和想要最大化和最小化的数字结果,而这里没有任何最优化信息。

美观的图形?

美观的数据图形总是能派上用场。一旦我们修订好主观概率,肯定想画一张新图形;但眼前,我们需要的是能提供更可靠数据的工具。

假设检验?

假设检验肯定能在这种问题中发挥作用,分析师们可以利用假设检验推导出有关俄罗斯动向的信念。但我们的工作是搞清楚新数据会让人们的主观概率发生什么变化,假设检验在这方面的作用尚不明确。

贝叶斯规则?

看起来有希望。我们也许能将每位分析师的第一个主观概率作为基础概率,用贝叶斯规则处理这个新信息。

贝叶斯规则是修正主观概率的好办法

贝叶斯规则可不是专门用来分析蜥蜴流感的！它对于主观概率也大有作用，通过它可以把新证据整合到针对假设条件的信念中。试算一下这个更常用的贝叶斯规则，其中H代表**假设**（或者基本概率），E代表**新证据**。

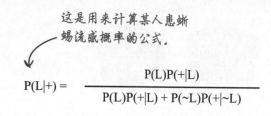

这是用来计算某人患蜥蜴流感概率的公式。

$$P(L|+) = \frac{P(L)P(+|L)}{P(L)P(+|L) + P(\sim L)P(+|\sim L)}$$

已知证据，求假设条件的概率。

假设的概率。

在假设成立的条件下，证据出现的概率。

$$P(H|E) = \frac{P(H)P(E|H)}{P(H)P(E|H) + P(\sim H)p(E|\sim H)}$$

这是你要计算的。

假设不成立的概率。

在假设不成立的条件下，证据出现的概率。

使用贝叶斯规则求主观概率的根本在于找出**在假设成立的条件下，证据出现的概率**。

当你严格要求自己将一个主观概率分配给这个统计值之后，贝叶斯规则就能算出其余数据。

这么麻烦干嘛？为什么不回头去找分析师们，让他们根据自己对这些事件的反应给出新的主观概率？

你已经有了这些数据：

俄罗斯会（及不会）补贴石油业的主观概率。

P(H)　　P(~H)

已知。

你只需要让分析师们给你这些数据：

在"俄罗斯将继续补贴石油业"的条件下，新闻报导出现（或不出现）的主观概率。

P(E|H)　　P(E|~H)

这些是什么？

是可以。让我们看看这意味着什么……

为什么在此使用贝叶斯?

面对面

今夜谈: **贝叶斯规则先生和直觉先生**

直觉:

我不明白,为什么分析师们不让我另外再给一个主观概率,上一次我不是做得很好嘛。

哦,谢谢你投我信任票,但我仍然对分析师得到我的第一意见后就把我一脚踢开不以为然。

我还是不明白,为什么我不能直接给你一个新主观概率,指出俄罗斯将继续支持石油业的几率?

真的有人会这样想吗?当然,我明白有些人在计算患病概率时会用你,可对于主观概率也是如此吗?

我猜,我得学会告诉分析师在合适的条件下用你。我就是希望你多点儿直觉。

别!哥儿们,太烦人了……

贝叶斯规则:

你当然很棒,我迫不及待地要把你第一次提供的主观概率当做基础概率。

啊,并非如此!你依然非常重要,我们需要你提供更多的主观概率,指出我们在假设成立或假设不成立的条件下看到证据出现的几率。

用我来处理这些概率是一种严谨、正式的方法,可以将新数据整合到分析师的信念结构中。此外,即使分析师意识到自己的错误,我也能保证不让他们对自己的主观概率矫枉过正。

不错,确实,分析师当然不必一有新消息就用我。但如果风险太大,他们就确实需要我。如果有人觉得自己可能得了某种病,或者有人要进行大额投资,他就想用分析工具。

要是你愿意,我们可以画1000幅俄罗斯形势图,就像上一章一样……

练习

下面这张电子表格列出了从分析师们那儿收集的两组新主观概率。

1) P(E|S1)：每位分析师针对"俄罗斯宣布他们将卖出油田"（E）给出的主观概率；
   假设条件：俄罗斯将继续支持石油业 (S1)。

2) P(E|~S1)，每位分析师针对"俄罗斯宣布他们将卖出油田"（E）给出的主观概率；
   假设条件：俄罗斯将不继续支持石油业 (~S1)。

> 这是在出现新证据时，假设成立的概率。

写出一个贝叶斯规则表达式，计算P(S1|E)。

快来下载！

www.headfirstlabs.com/books/hfda/hfda_ch07_new_probs.xls

这是两列新数据。

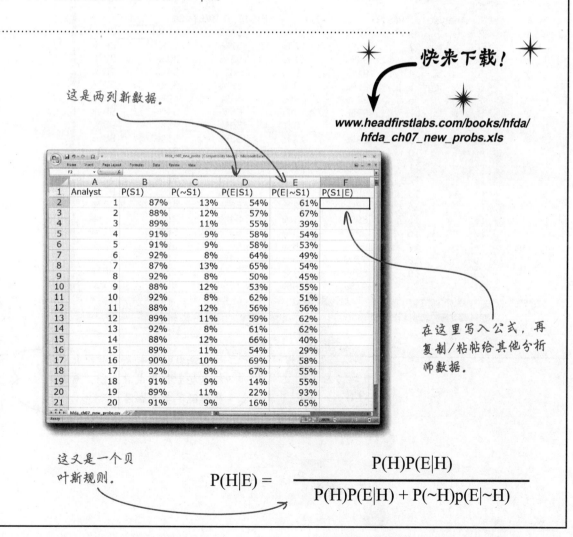

在这里写入公式，再复制/粘贴给其他分析师数据。

这又是一个贝叶斯规则。

$$P(H|E) = \frac{P(H)P(E|H)}{P(H)P(E|H) + P(\sim H)p(E|\sim H)}$$

修订的主观概率

练习解答

你用哪个公式来实现贝叶斯规则,并以此得出"俄罗斯是否支持石油业"的新主观概率?

这个公式综合了分析师的基本概率及分析师对新数据的判断,以此得出新的评估结果。

= (B2*D2) / (B2*D2+C2*E2)

结果在此。

	A	B	C	D	E	F
1	Analyst	P(S1)	P(~S1)	P(E|S1)	P(E|~S1)	P(S1|E)
2	1	87%	13%	54%	61%	86%
3	2	88%	12%	57%	67%	86%
4	3	89%	11%	55%	39%	92%
5	4	91%	9%	58%	54%	92%
6	5	91%	9%	58%	53%	92%
7	6	92%	8%	64%	49%	94%
8	7	87%	13%	65%	54%	89%
9	8	92%	8%	50%	45%	93%
10	9	88%	12%	53%	55%	88%
11	10	92%	8%	62%	51%	93%
12	11	88%	12%	56%	56%	88%
13	12	89%	11%	59%	62%	89%
14	13	92%	8%	61%	62%	92%
15	14	88%	12%	66%	40%	92%
16	15	89%	11%	54%	29%	94%
17	16	90%	10%	69%	58%	91%
18	17	92%	8%	67%	55%	93%
19	18	91%	9%	14%	55%	72%
20	19	89%	11%	22%	93%	66%
21	20	91%	9%	16%	65%	71%

这些新数据看起来很旺!让我们把这些数据画成散点图,看看和基础概率相比如何!

主观概率

用对开页上的数据在下图中画出每位分析师的主观概率点。

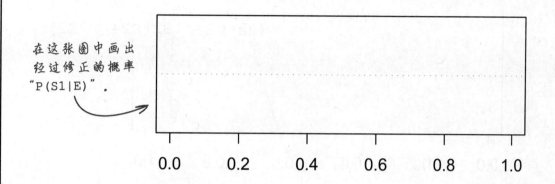

在这张图中画出经过修正的概率"P(S1|E)"。

作为参照,图中给出了新报导出炉之前大家对"俄罗斯是否继续支持石油业"这个假设的信念(散点)。

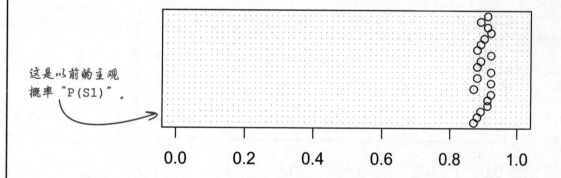

这是以前的主观概率"P(S1)"。

新主观概率点和旧主观概率点的分布情况相比如何?

....
....
....
....

第7章 主观概率 信念数字化

略有改变

新的"俄罗斯支持石油业"信念的分布情况如何?

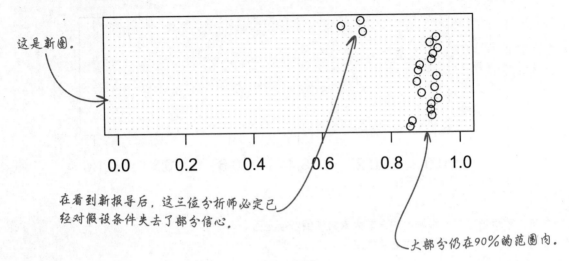

这是新图。

在看到新报导后,这三位分析师必定已经对假设条件失去了部分信心。

大部分仍在90%的范围内。

这是大家过去对"俄罗斯支持石油业"这个假设的看法。

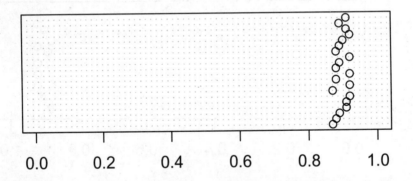

两相比较,结果如何?

新的主观概率范围稍有放宽,但是,只有三位分析师针对假设给出的主观概率大幅度低于以前的数值;对于大部分人来说,即使俄罗斯此前已经宣布正打算卖掉油田,"俄罗斯将继续支持石油业"的可能性看起来仍然在90%左右。

首席执行官完全知道该怎么处理这条新信息了

> 人人都在卖出俄罗斯资产,但新数据反映出的我的分析师们的信念让我决定继续持有。

背水投资公司首席执行官

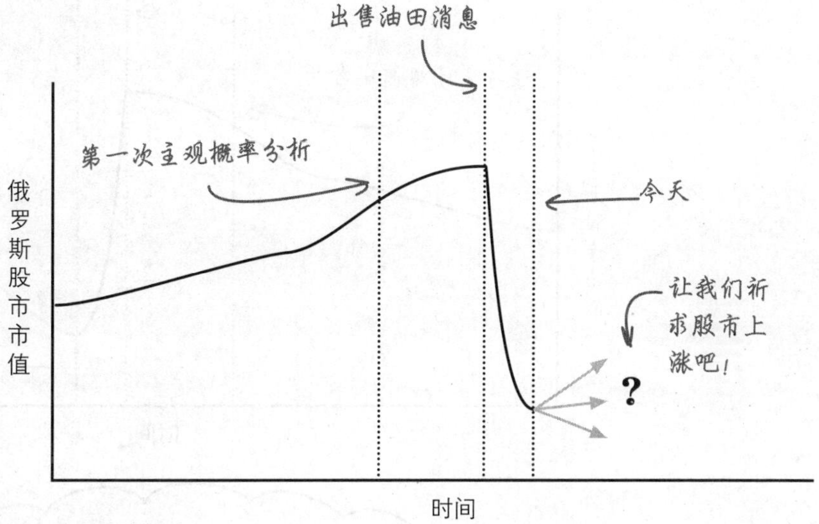

图表标注:
- 第一次主观概率分析
- 出售油田消息
- 今天
- 让我们祈求股市上涨吧!
- 俄罗斯股市市值
- 时间

经过仔细调查,分析师们得出结论:不管俄罗斯是不是真的会停止支持石油业,俄罗斯媒体都有可能报导出售油田的消息。

因此,报导最终并未给他们的分析带来太大改变,虽然有三个例外,但在相同假设条件下,分析师们对于"俄罗斯会支持石油业"的新主观概率"**[P(S1|E)]**"与他们先前给出的主观概率"**[P(S1)]**"非常相似。

但分析师对了吗?

搞定!

俄罗斯股民欢欣鼓舞!

分析师是对的:俄罗斯所谓的卖出油田是虚张声势,当众人意识到这一点,股市立即反弹,这对于背水投资来说真是太好了。

看来你的主观概率让背水投资公司冷静下来,大家各得其所!

8 启发法

凭人类的天性做分析

我有不少又好又简单的模型……在我的大脑里。

现实世界的风云变幻让分析师难以料事如神。

总有一些数据可望不可及，即使有所能及，最优化方法也往往**艰深耗时**。所幸，生活中的大部分实际思维活动并非以最理性的方式展开，而是利用既不齐全也不确定的信息，凭经验进行处理，迅速做出决策。奇就奇在这些经验**确实能够奏效**，因此也是进行数据分析的重要而必要的工具。

认识邋遢集

邋遢集向市议会提交了报告

邋遢集是由数据邦市市政府资助的一个非赢利团体，他们进行公共宣传，劝说人们不要乱扔垃圾。

他们刚刚把最近的工作结果汇报给了市政府，结果出乎意料。

最后一句话实在让人担心，要是没法说服市议会相信邋遢集的公共推广活动符合市政府预期，邋遢集很快就会惹上大麻烦。

邋遢集确实把镇上打扫得干干净净

在邋遢集开始管理之前,数据邦市确实可谓脏乱差,有些居民不珍惜家园,**到处乱扔垃圾**,这破坏了数据邦市的环境和外观,可邋遢集来了以后,一切都变了。

要是市政府削减资金就糟了,邋遢集需要你帮忙告诉大家他们的活动是成功的,这样市议会就会继续提供资金。

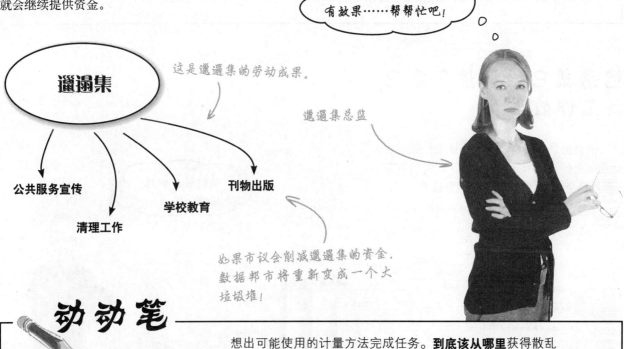

我只知道我们的活动有效果……帮帮忙吧!

邋遢集

这是邋遢集的劳动成果。

邋遢集总监

公共服务宣传

清理工作

学校教育

刊物出版

如果市议会削减邋遢集的资金,数据邦市将重新变成一个大垃圾堆!

动动笔

想出可能使用的计量方法完成任务。**到底该从哪里**获得散乱垃圾的减小量数据呢?

....

....

....

计量绩效

到底该从哪里获得数据说明邋遢集的工作已经导致散乱垃圾量减小了?

可以请清运工把乱扔的垃圾和普通垃圾分开,然后分别称量;还可以在数据邦市这个以垃圾乱飞著称的小镇上设置一些专门收集垃圾的地方。邋遢集做过这样的计量了吗?

邋遢集已经计量了自己的工作效果

邋遢集计量了自己的工作成果,但不是计量以上练习中所设想的垃圾量,他们**另有一套**:公众调查。下面是一些调查结果。

公众问卷	你的答案
你在数据邦市乱扔过垃圾吗?	否
听说过邋遢集活动吗?	是
要是你看见有人乱扔垃圾,会劝他们把垃圾扔进垃圾箱吗?	是
你认为乱扔垃圾是数据邦市的一个问题吗?	是
邋遢集让你了解到严禁乱扔垃圾的重要性了吗?	是
你支持市里继续资助邋遢集的教育活动吗?	是

他们的根本策略是改变人们的**行为习惯**,让他们不再乱扔垃圾。让我们看看他们的总结……

公众问卷	去年	今年
你在数据邦市乱扔过垃圾吗?	10%	5%
听说过邋遢集活动吗?	5%	90%
要是你看见有人乱扔垃圾,会劝他们把垃圾扔进垃圾箱吗?	2%	25%
你认为乱扔垃圾是数据邦市的一个问题吗?	20%	75%
邋遢集让你了解到严禁乱扔垃圾的重要性了吗?	5%	85%
你支持市里继续资助邋遢集的教育活动吗?	20%	81%

回答"是"的比例。

他们的任务是减少散乱垃圾量

而向人们宣传改变行为习惯的必要性将减少散乱垃圾量,对吗?这是邋遢集的基本立场,调查结果确实表明公众意识有所改善。

但市议会对此报告感受不深,你需要帮助邋遢集弄清楚他们是否完成了任务,然后说服市议会相信他们工作有成效。

动动笔

邋遢集的工作成果是否表明数据邦市的散乱垃圾量有所减小?

难办的吨量

数据是否表明散乱垃圾量在邋遢集的努力下有所减小？

假如有人相信报告中指出的人们信念的改变会对散乱垃圾量有影响，那么数据可能能够表明散乱垃圾量在邋遢集的努力下有所减小。但是，数据本身只谈到了公众观念，却没有任何与散乱垃圾量有关的明确信息。

计量垃圾量不可行

我们当然没有计量垃圾量，事实上，计量散乱垃圾量太费钱，物流过程也太复杂，现场人员都认为数据堡市的所谓"10%"是捏造的。除了进行调查，谁能告诉我们还能做点什么？

邋遢集总监

这可能是个问题。 市议会希望看到邋遢集拿出证据证明他们的活动减少了垃圾量，但我们给市议会的只有这份观点调查表。

如果直接计量垃圾量在物流上的确不可行，那么，提供垃圾减小量数据这个要求可能会让邋遢集功亏一篑。

问题刁钻，回答简单

邋遢集明白，大家希望他们做的是减小散乱垃圾量，但他们决定不作计量，因为这样做费用太高。

这样做既复杂，又费钱、费力。

要弄个大大的秤来称量这些……

数据邦市到处都是这样的垃圾堆。

这办法快捷、方便、清楚，可这并不是市议会要看的东西。

公众问卷	你的答案
你在数据邦市乱扔过垃圾吗？	否
听说过邋遢集活动吗？	是
要是你看见有人乱扔垃圾，会劝他们把垃圾扔进垃圾箱吗？	是
你认为乱扔垃圾是数据邦市的一个问题吗？	是
邋遢集让你了解到严禁乱扔垃圾的重要性了吗？	是
你支持市里继续资助邋遢集的教育活动吗？	是

这是邋遢集从人们那儿调查到的观点情况。

对刁钻的问题做出这种反应实属极其常见、极其人性的现象。我们都碰到过在经济上或**认知上**（下面很快会谈到这一点）很费力的刁钻问题，对于这种棘手的问题，人们天生的反应就是答非所问。

在分析问题时，这种**简单化**的方法可能会显得极其错误，尤其对于数据分析师来说，但可笑的是，这方法在很多情况下确实有效，而且，正如你即将看到的，有时这是**唯一的**选择。

小系统

数据邦市的散乱垃圾结构复杂

这是邋遢集的内部调查文件，文件记录了你有可能想计量的散乱垃圾项目。

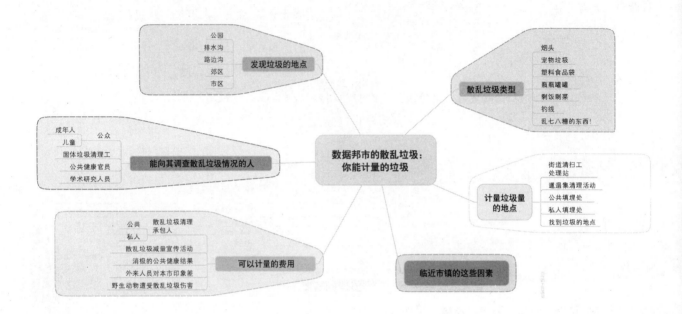

这是邋遢集总监对这个庞大的系统的解释，她还谈了这种复杂性对邋遢集的工作造成的影响。

> 发件人： 邋遢集总监
> 收件人： Head First
> 主题： 我们为什么无法计量垃圾量
>
> 为了计量垃圾量，我们得在所有联络点（处理站、填埋点等）安排员工，随时待命。市里的工人不会为我们记录数据，因为他们已经够忙了。
>
> 在联络点安排员工会让我们的费用变成市里给我们的费用的两倍，就算**不干别的**，光是计量散乱垃圾量，也没有足够的钱来完成。
>
> 另外，市议会只关心垃圾量是完全错误的。
>
> 数据邦市的散乱垃圾其实是一个复杂的系统，扔垃圾的人各种各样，垃圾种类各种各样，扔垃圾的地点各种各样，忽视整个系统而只关心一个变量是不对的。

无法建立和运用统一的散乱垃圾计量模型

为了计量或设计一个最优化散乱垃圾控制方案而创建的任何模型都需要考虑极多的变量。

不仅需要用常用的**量化理论**来了解这些元素之间的相互作用，还要知道如何处理其中一些变量（**决策变量**），以便使散乱垃圾量降至最低。

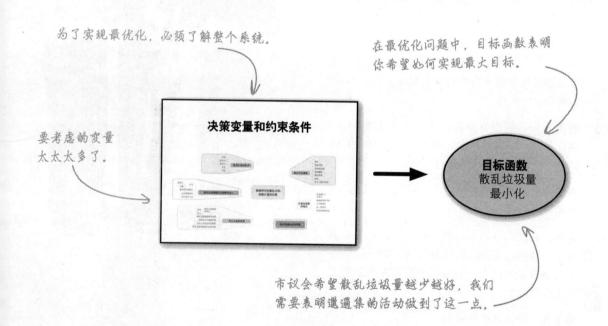

就算手头有所有的数据，这也是个**麻烦事**，何况你已经知道，要得到所有这些数据费用太高。

还有可能让市议会看到他们想看的东西吗？

处理所有变量

吉尔：乱七八糟，市议会要我们拿出没法拿出的东西。

弗兰克：是啊，即使我们能够提供减小的垃圾量数据，也没有什么用；系统太复杂了。

乔：嗯，这些数据不会让市议会满意。

吉尔：不错，我们的工作不只是为了让市议会满意，而是减小垃圾量。

乔：我们不能捏造些数据吗？比如自己估计垃圾量？

弗兰克：这是个想法，但很不可靠，我意思是，市议会看来的确是一支强干的队伍，要是我们捏造些主观数据来冒充垃圾量数据，他们可能会翻脸。

吉尔：捏造数据肯定会让邋遢集的资金泡汤，也许我们可以说服市议会相信观念调查结果的确是垃圾量减小的可靠数据？

弗兰克：邋遢集已经试过了，没看见市议会在对他们吼叫吗？

吉尔：我们可以搞个评估，除了公众观念，再加上一些**别的**变量。也许我们该试着把能用的各个变量集中起来，然后再对**所有其余变量**进行主观猜测？

弗兰克：嗯，这也许行……

> 得了！我们把事情搞得太复杂了，为什么不能多选一两个变量分析分析，然后该怎么样就怎么样？

确实可以从增加几个变量开始。

如果你打算选取一两个变量，然后根据这些变量对整个系统作出结论，据此评价邋遢集的工作成效，这就是在使用**启发法**……

认识启发法

启发法是从直觉走向最优化的桥梁

你是凭冲动做决定,还是凭几个精心选取的关键数据做决定?或是构建一个包含所有变量的模型,然后得出最佳答案?

答案可能是以上都对,而这些答案却代表完全不同的思维方式——认识到这一点很重要。

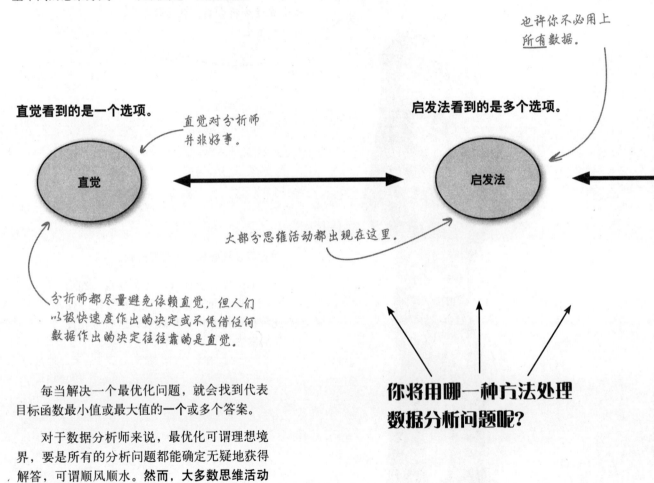

直觉看到的是一个选项。

直觉对分析师并非好事。

直觉

分析师都尽量避免依赖直觉,但人们以极快速度作出的决定或不凭借任何数据作出的决定往往靠的是直觉。

启发法看到的是多个选项。

也许你不必用上所有数据。

启发法

大部分思维活动都出现在这里。

你将用哪一种方法处理数据分析问题呢?

每当解决一个最优化问题,就会找到代表目标函数最小值或最大值的一个或多个答案。

对于数据分析师来说,最优化可谓理想境界,要是所有的分析问题都能确定无疑地获得解答,可谓顺风顺水。然而,**大多数思维活动都是启发式的。**

术语角

启发法 1.（心理学定义）用一种更便于理解的属性代替一种难解的、令人困惑的属性。2.（计算机科学定义）一种解决问题的方法，可能会得出正确答案，但不保证得出最优化答案。

最优化能得出全部可选答案。

最优化是分析师的理想境界

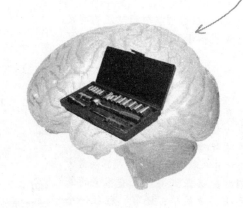

这里也存在"最优化"吗？

有些心理学家甚至论述，人类的**一切推理**都是启发式的；而**最优化是一种理想境界**，只有在问题**超规范**的情况下才能发挥作用。

然而，**不管是谁**，只要打算迎战超规范的问题，就要做个**数据分析师**，因此还不能丢掉Solver。只是别忘了在分析工具装备中收藏构思合理的启发式决策方案这个必不可少的工具。

世上没有傻问题

问： 把一个无法保证得到正确答案的决策过程叫作数据分析，真稀奇。难道不该把这种事叫作猜想吗？

答： 不能这么说！你看，数据分析的根本在于妥善分解问题、为数据套上适当的心智模型和统计模型、作出正确的判断，但并不保证次次得到正确答案。

问： 假如我的目标是最优化，可我稍稍试了一下启发式思考，感觉不错，难道我就说不上在坚持寻找最优化结果了？

答： 那样说很公正。要是手头有更好的、可行的最优化工具，当然没人想用启发式分析工具，但重点是要认识到，启发法是思维过程的基本组成部分，也是数据分析方法的基本组成部分。

问： 那么心理学对启发法的定义和计算机科学对启发法的定义有何区别？

答： 其实这两种说法非常相似。在计算机科学中，启发式算法能够解决一些问题，但人们无法**证明**这种算法能够无一例外地得到正确答案；计算机科学中的启发式算法常常比那些能够保证得到正确答案的算法更快、更简单；还有，往往一个问题只能用启发式算法来解决。

问： 这和心理学有何必然关系？

答： 心理学家通过实验研究发现，人们时刻在使用认知启发法。争相引起人们注意的数据实在太多，于是人们必须凭经验作决定。为数众多的典型经验在人们的脑海里根深蒂固，总的来说，这些经验的确很有效。

问： 人类的思维过程与最优化过程并不相似，这颇为明显？

答： 各人有各人的看法。对于那些坚定地认为人类是**理性**生物的人来说，"人们不是以较全面的方式思考所有感官信息，而是使用收效显著但含混不清的经验法则"这个说法可能会让他们感到不快。

问： 这么说，"大量推理都是启发式的"这个事实说明"人是非理性的"？

答： 这要看你怎么定义理性这个词。如果理性代表这种能力——以闪电般的速度处理海量信息的每一个数位、构建完美的模型利用这些信息、能够无可挑剔地执行模型给出的建议，那么，没错，你是非理性的。

问： 这真是对理性的高标准定义。

答： 如果你是一台计算机，这标准就不算高。

问： 这正是我们让计算机为我们做数据分析的原因！

答： Solver之类的计算机程序生存在认知世界里，这个世界的依据信息由你决定，而你对依据信息的选择则受制于自己的思维以及手头的数据。不过，只要有了这些依据信息，Solver就能以完全理性的方式工作。

问： 又由于一切模型都是错误的，但其中一些是有用的，即使用计算机计算最优化问题，一旦应用范围扩大，也会与启发式算法颇为相似。所选择的依据数据恐怕永远无法涵盖与模型有关的一切变量；于是只得挑选最重要的变量。

答： 这么想吧：数据分析的根本在于**工具**。优秀的数据分析师懂得如何使用各种工具调整数据，以便解决现实问题。对于自己是否够理性，没有必要听天由命。学习工具，灵活地使用工具，就能够完成大量高难度的工作。

问： 但是，数据分析没法保证得到所有问题的正确答案。

答： 是的，没办法保证，要是你不小心忘记了这一点的话，就会出差错。分析存在于现实与模型之间的**预期**差距是数据分析的一个重要内容，后面几章将讨论控制误差的精湛技术。

问： 所以，虽然启发法在我的大脑里根深蒂固，但我也可以形成自己的想法？

答： 一点儿也不错。对于数据分析师来说，真正重要的一点是：明白这种现象会发生在自己身上。为此我们来试一下……

使用快省树

右边是一种启发法,描述了处理有垃圾需要废弃这个问题的不同方式,规则很简单:如果旁边有垃圾箱,就把垃圾扔进垃圾箱;否则,就等找到垃圾箱后再扔。

这种描述启发法的图形被称为**快省树**,快是指完成这个过程费时不多,省是指不需要大量认知资源。

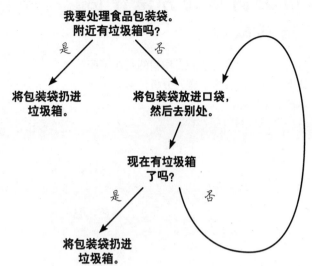

市议会所需要的是能够估算邋遢集工作质量的启发法。他们现在的启发法不可行(我们必须说服他们相信这一点),同时他们拒绝接受邋遢集现在用的启发法。

你能画一支快省树表示一种更好的启发法吗?让我们和邋遢集谈谈,看看他们对更可靠的决策过程有何想法。

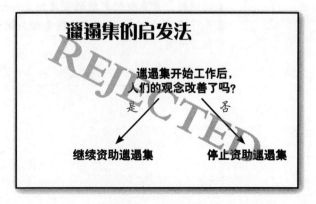

第8章 启发法 **凭人类的天性做分析**

简化评估

是否有更简单的方法评估邋遢集的成就？

使用启发法计量邋遢集的工作指的是在下面这些变量中选取一个或多个进行分析。邋遢集总监认为哪种方法最好？

用哪些变量进行分析能够更全面地描述邋遢集的绩效？

绝不能忽略公众观念调查；还有，正如我已经讲过的，不可能做到为了进行充分比较而计量所有的散乱垃圾。然而，也许可以抽查固体垃圾清理工。香烟头问题是最严重的问题，要是我们定期调查清扫工和填埋工，问问他们看见了多少香烟头，就能掌握香烟头的情况，虽不全面，但相当可靠。

画一支快省树描述市议会该怎样评估邋遢集的成就,但一定要加入邋遢集认为重要的两个变量。

最终的裁决将是:是否继续资助邋遢集。

第一启发法

你创建了哪种启发法评估邋遢集的工作成就?

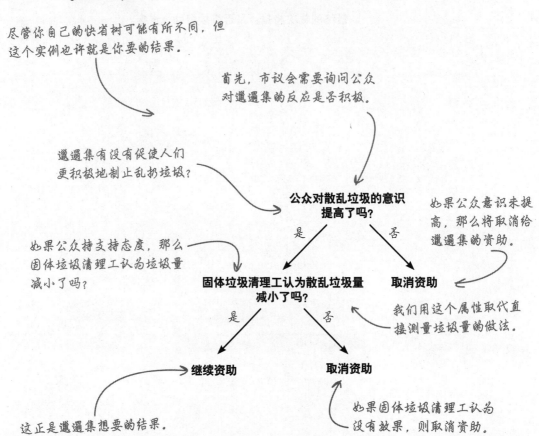

> 听说你们在重新写报告，我可等着看啊。不过我希望你们能像所有其他非赢利机构那样给数据邦来钱……一帮没用的东西。

看来至少有一位市议员**已经拿定了主意**，混蛋，这家伙完全错看了邋遢集。

市议员

动动笔

这位市议员正在使用启发法。画一张图描述他的思考过程，体现他**对邋遢集的预期**。要是你想说服这家伙相信你的启发式评估设想行之有效，就得理解他的推理方式。

讨厌的固定模式

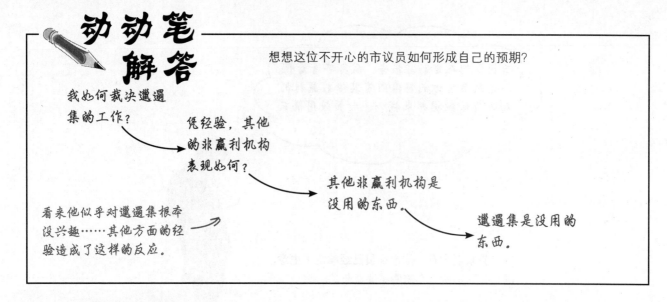

固定模式都具有启发性

固定模式必定具有启发性：处理固定模式不需要大费力气，而且速度超快。嘿，有了固定模式，甚至都不用为正在判断的事情搜集数据。使用启发法时，**固定模式行之有效**；但在本例以及大多数情况下，固定模式会导致做出欠缺推理的结论。

启发法并非百试不爽。快而省的经验可能有助于找出某些问题的答案，而在其他情况下，却先入为主地让你做出不恰当的判断。

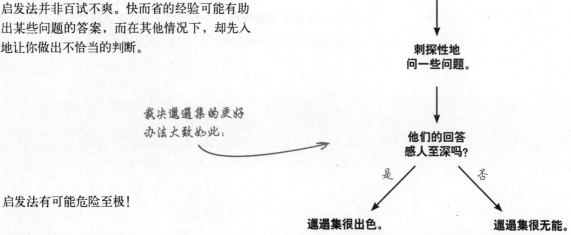

启发法有可能危险至极！

也许我们可以收集一些数据说明环卫工人对散乱垃圾的看法，然后就可以把我们原来的分析连同决策启发法和新数据一起报告给市议会。

让我们听听环卫工人的说法……

准备报告

分析完毕，准备提交

启发法，手头数据，再加上环卫工人刚刚给你的这段答复：可以准备向市议会解释你的观点了。

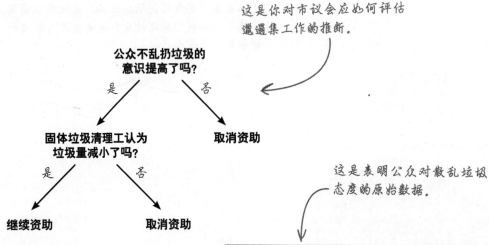

这是你对市议会应如何评估邋遢集工作的推断。

```
       公众不乱扔垃圾的
         意识提高了吗?
        是 /        \ 否
         /           \
  固体垃圾清理工认为      取消资助
   垃圾量减小了吗?
   是 /     \ 否
    /        \
 继续资助    取消资助
```

这是表明公众对散乱垃圾态度的原始数据。

公众问卷	去年	今年
你在数据邦市乱扔过垃圾吗?	10%	5%
听说过邋遢集活动吗?	5%	90%
要是你看见有人乱扔垃圾，会劝他们把垃圾扔进垃圾箱吗?	2%	25%
你认为乱扔垃圾是数据邦市的一个问题吗?	20%	75%
邋遢集让你了解到严禁乱扔垃圾的重要性了吗?	5%	85%
你支持市里继续资助邋遢集的教育活动吗?	20%	81%

这是一些新数据，说明了自从邋遢集开始活动以来，环卫工人对数据邦市的散乱垃圾的印象。

环卫工人问卷	今年
自从邋遢集开始工作以来，您注意到数据邦市的散乱垃圾填埋量减小了吗?	75%
自从邋遢集开始工作以来，街头扫除的香烟头量减少了吗?	90%
自从邋遢集开始工作以来，散乱垃圾最多的地方（市中心、公园等）的散乱垃圾数量减少了吗?	30%
散乱垃圾仍然是数据邦市的大问题吗?	82%

我们无法拿这个数字和去年的数字进行比较，因为我们刚开始收集这个数据，目的是写报告。

表中的数字代表回答"是"的人的百分数。

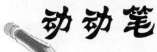

回答下列问题,这是市议会针对你对邋遢集的分析提出的问题。

为什么你不能直接计量垃圾量?

....
....
....

你能证明邋遢集的活动有效果吗?

....
....
....

你能保证你的策略持续有效吗?

....
....
....

为什么不花钱打扫,而是花钱说教?

....
....
....

你们这帮家伙和其他人一样没用。

....
....
....

友好的对答

你是如何答复市议会的?

为什么你不能直接计量垃圾量?

我们能够计量。问题是那么做太费钱了——费用是你们实际支付给邋遢集的工作费用的两倍。所以,最好的做法是用这个启发法来评估绩效,方法很简单,但我们相信会有效。

你能证明邋遢集的活动有效果吗?

所有的数据都是观察数据,我们无法证明公众乱扔垃圾意识的改善以及环卫工人相信已经发生的散乱垃圾的减小是邋遢集的工作成果,但我们的确有理由相信,是邋遢集的活动造成了这些结果。

你能保证你的策略持续有效吗?

生活中没有万无一失的事,但只要能够让公众意识保持宣传活动后的进步状况,很难想象大家会突然重新大扔垃圾。

为什么不花钱打扫,而是花钱搞教育?

要是只打扫不教育的话,就不叫减少乱扔垃圾行为,因为没做什么让人们不再乱扔垃圾的事;应该叫做赶紧搞卫生,这可不关邋遢集的事。

你们这帮家伙和其他人一样没用。

我们无法替其他非赢利组织辩护,但我们对自己在做什么心知肚明,我们知道如何计量结果,我们绝不是无能之辈。你什么时候说过你们要改选来着?

看来你的分析打动了市议会的议员们

备忘录

回复：邋遢集及数据邦的乱扔垃圾问题

市议会很高兴与邋遢集续签合同，这得归功于Head First数据分析师的出色分析。我们认识到，先前对邋遢集的工作评估中，没有充分全面地考虑数据邦的乱扔垃圾问题，低估了公众观念和行为的重要性。你们重新拿出的新决策过程设计得非常出色，希望邋遢集继续坚持对自己高标准严要求，今年，数据邦市议会将增加对邋遢集的资助，我们希望这有助于……

太感谢您的帮助了！现在我们可以做太多的事呼吁数据邦的人们停止乱扔垃圾。你是邋遢集的大救星！

由于你的分析，数据邦会一直保持干净。

谢谢你的努力工作，谢谢你能洞察分析这些问题，为自己能帮助数据邦保持干净整洁感到自豪吧！

9 直方图

数字的形状

直方图能说明什么？

数据的图形表示方法不计其数，直方图是其中出类拔萃的一种。直方图与柱状图有些相似，能迅速而有效地汇总数据。接下来你将用这种小巧而实用的图形量度数据的**分布**、**差异**、**集中**趋势等。无论数据集多么庞大，只要画一张直方图，就能"看出"数据中的奥妙。让我们在本章中用一个新颖、免费、无所不能的**软件工具**绘制直方图。

要求奖励

员工年度考评即将到来

最近你一直在进行一些出色的分析项目，年度考评来得正是时候。

头头们想了解你对自己的看法。

> 噢，哥儿们，这是一份自我评估表。

星巴仕分析师自评表

感谢您填写本公司自评表！这份文件对本公司非常重要，将有助于决定您在星巴仕的前途。

日期 _____

分析师姓名 _____

请斟酌自己的能力发展水平，圈出代表该水平的相应数字。得分低说明您认为自己需要帮助，得分高说明您认为自己工作出色。

分析工作的整体质量。

　　　　1　　　　2　　　　3　　　　4　　　　5

解释过往事件的意义和重要性的能力。

　　　　1　　　　2　　　　3　　　　4　　　　5

理智地判断未来的能力。

　　　　1　　　　2　　　　3　　　　4　　　　5

书面和口头交际能力。

　　　　1　　　　2　　　　3　　　　4　　　　5

保持客户信息畅通及作出适当选择的能力。

　　　　1　　　　2　　　　3　　　　4　　　　5

> 我敢打赌，你现在的得分肯定比在学第1章的时候高多了。

你的工作无可挑剔。

你值得嘉奖。

不是口头的，而是……再来点别的，**真正的嘉奖**。哪种呢？该怎么实实在在地弄到手呢？

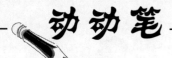

最好动动脑筋想想办法,争取得到嘉奖。写一写该怎么回答这些问题。

该对老板感激涕零,然后等着好事上门?只要老板认为你有价值,就会奖励你,对吗?

....
....
....
....

该给自己绝对正面的评定,也许还要吹嘘吹嘘自己的才干?然后要求**大幅加薪**?

....
....
....
....

你能否设想一个数字化的方法来应付这种情况?

....
....
....
....

钱会越来越多吗?

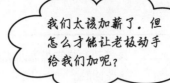

我们太该加薪了。但怎么才能让老板动手给我们加呢?

不管你怎么回答上一页的问题,我们都认为你该要求加薪。毕竟,工作这么卖力不是为了锻炼身体。

伸手要钱形式多样

人们在试图要求老板加薪时会变得浮躁,这也难怪啊!**结果各种各样**,但并不都是好结果。

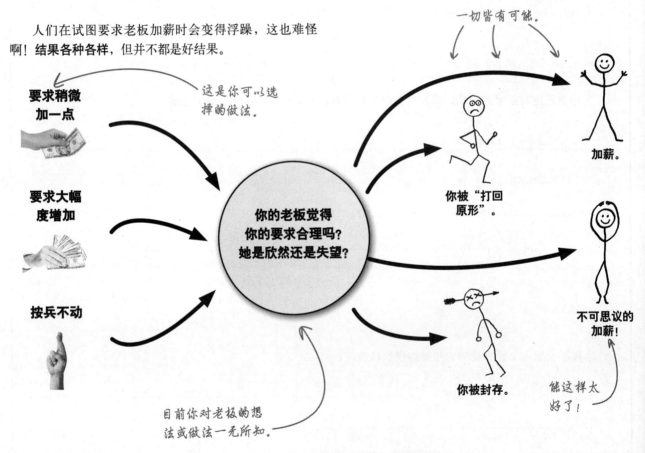

进行研究有助于预测结果吗?

即使你觉得自己的情况与众不同,了解老板的基准期望可能仍然不失其意义。

这是历年加薪记录

由于你潜心研究星巴仕数据,因此得以一窥内幕:人力资源部过去三年加薪记录。

快来下载!

www.headfirstlabs.com/books/hfda/
hfda_ch09_employees.csv

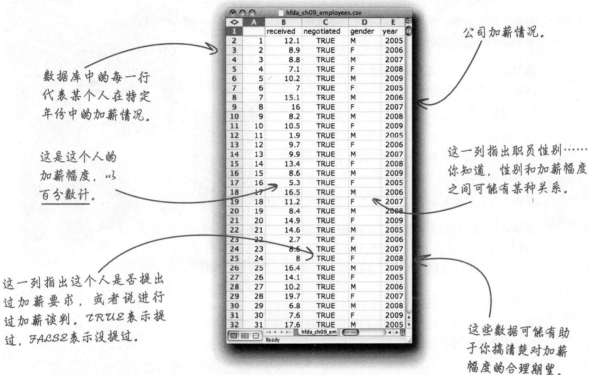

数据库中的每一行代表某个人在特定年份中的加薪情况。

这是这个人的加薪幅度,以百分数计。

这一列指出这个人是否提出过加薪要求,或者说进行过加薪谈判。$TRUE$表示提过,$FALSE$表示没提过。

公司加薪情况。

这一列指出职员性别……你知道,性别和加薪幅度之间可能有某种关系。

这些数据可能有助于你搞清楚对加薪幅度的合理期望。

你可能能够从这些数据中刺探到一些非常可靠的信息。假设老板的做法与前几任老板的做法相似,这些数据就能让你知道该对加薪有何期盼。

问题是,员工人数将近3000,这可是一组相当**庞大**的数据。

你得显显身手,发挥数据的作用。

> **动动脑**
>
> 你会怎么利用这些数据呢?能想出办法充分发挥这些数据的作用吗?

借助数据进行谈判

吉姆：我们应该把这些数字忘掉，尽量多争取。数字不会让我们知道别人认为我们配得多少工资。老板心里有一个数字范围，我们要想办法争取上限值。

乔：我同意大部分数字都对我们没用，不会让我们知道别人认为我们配得多少工资。我也不知道该怎么摸清这一点。数字会让我们知道平均值，要求平均水平准没错。

吉姆：平均水平？你准是在开玩笑，干嘛想着中等？目标定高点！

弗兰克：我想应该更细致地分析分析，我们的信息很充分，谁知道这些数据会告诉我们什么呢？

乔：我们必须保险点，要随大流。中等水平很保险，只要求出加薪列的平均值，然后要求加这么多就行了。

吉姆：真是缩头乌龟！

弗兰克：看，数据表明职员是否提出过加薪、加薪年份、职员性别。这些数据对我们很有用，我们只要把数据调整成合适的格式就行。

吉姆：好吧，高手，**说来听听**。

弗兰克：没问题。首先，我们得想办法把这些数字整理成更有意义的……

最好汇总一下数据。数据太多则很难一口气看完、看懂，除非先进行汇总，否则无法彻底领悟数据的意义。

先从将数据分解成基本数据块着手，有了这些数据块，就能观察平均值或其他你认为有用的汇总统计值。

该从哪里着手汇总这些数据呢？

动动笔

如你所知,许多分析工作都包括提取信息、将数据分解成易于管理的较小数据块这样的过程。

画一张图,说明如何将这些数据分解成更小的数据块。

在这儿画一张图,说明如何将这些数据分解成更小的数据块。

这是一些实例。

加薪 6—8%

女

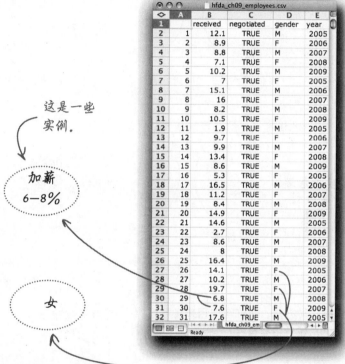

可以用哪种统计值来汇总这些因素?设计几张表格,将数据和汇总统计值整合在一起。

数据分组

动动笔解答

你会把数据分成哪几种数据块?

这里有一些例子……你自己的答案可能与此略有区别。

你可以将各列数据分解成这些数据块……

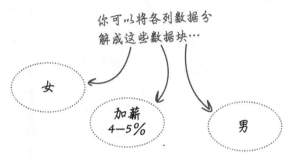

……还可以把这些数据块与从其他列分解出来的数据块组合在一起。

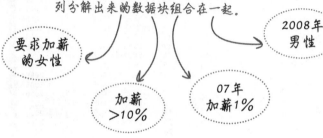

这张图计算了每种加薪幅度的出现次数。

这里有几种办法,也许可以用来将数据块和汇总统计值整合在一起。

你的选择很多。

这个表格显示了男性和女性的平均加薪幅度。

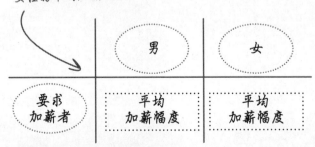

有多少人的加薪幅度在6—7%之间?

让我们把最后这张图好好画出来……

> 想象汇总这些数据块当然非常有趣，不过想象就是想象，动手做起来会怎么样呢？

按照想象中的数据组的样子，准备动手，开始汇总。

　　在需要分割、汇总复杂的数据集时，你会想用最优秀的软件工具完成繁重的工作。既然如此，让我们动手用软件来揭示这些加薪数据的真相吧。

Excel与直方图

画一张图体现获得各种加薪幅度的人数,这样就能一目了然地观察整个数据集。

所以,让我们创建一个汇总…… 或者,更好的做法是,让我们用**图形方式**创建一个汇总。

① 打开Data Analysis(数据分析)对话框。

在Excel中打开数据,单击Data(数据)标签下的Data Analysis(数据分析)按钮。

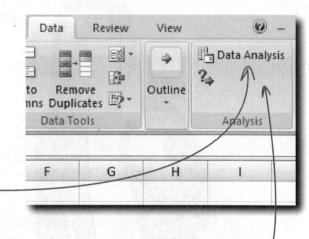

如果看不到Data Analysis(数据分析)按钮,请参考附录C进行安装。

在OpenOffice和较旧的Excel版本中,可以在Tools(工具)菜单下查看Data Analysis(数据分析)按钮。

在这儿!

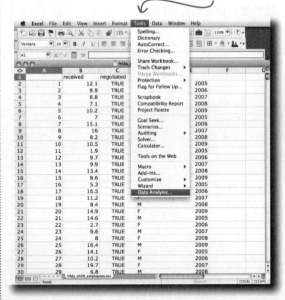

② 选择直方图。

在弹出式窗口中,告诉Excel你想创建一个直方图。

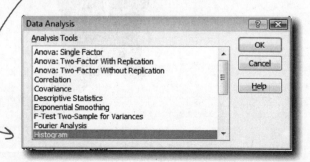

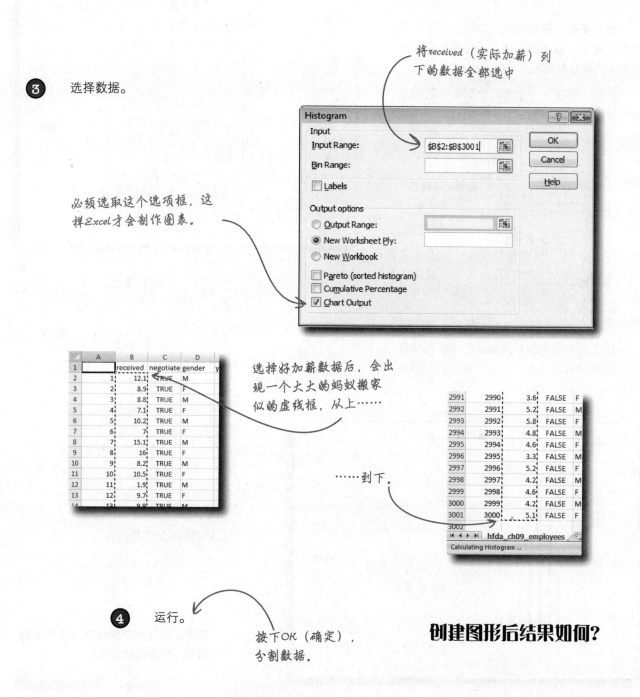

第9章 直方图 **数字的形状**

直方图体现每组数据的发生频数

直方图是一种功能强大的图形，无论数据集多庞大，**直方图**都能显示出数据点在数值范围内的**分布情况**。

例如，你在上一个练习中想象过的图形会告诉你有多少人得到了5%的加薪。

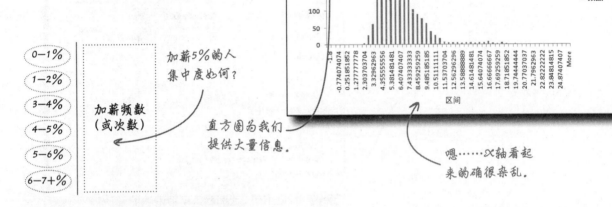

这是Excel的输出结果。

似乎很多人的加薪幅度都在这个范围内。

加薪5%的人集中度如何？

直方图为我们提供大量信息。

这个直方图用图形方式显示出获得每种加薪幅度的有多少人，还简要显示出加薪分布情况。

嗯……X轴看起来的确很杂乱。

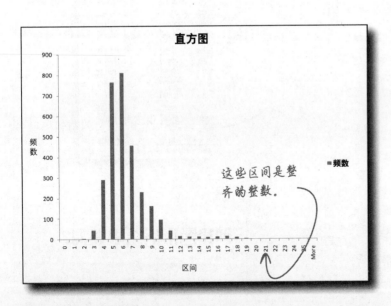

这些区间是整齐的整数。

另一方面，Excel的输出结果存在一些问题：**区间**（或组距）采用默认设置，结果X轴的数值杂乱不齐。X轴上代表各个区间的数字应为整数，相比使用小数，这样的图更易于观察。

当然了，你可以调整一下设置，让这些区间更接近你最初设想的数据表。

不过，即使这个图也有一个严重的问题，你能指出来吗？

直方图不同区间之间的缺口即数据点之间的缺口

直方图上的缺口意味着区间与区间之间没有数据。比如，如果没有任何人的加薪幅度是5.75%到6.25%，则图上会出现缺口。如果直方图上看得到缺口，可能真的值得好好**调查**。

实际上，如果区间比数据点多，直方图上免不了出现缺口（除非数据集是反复出现的相同数字）。

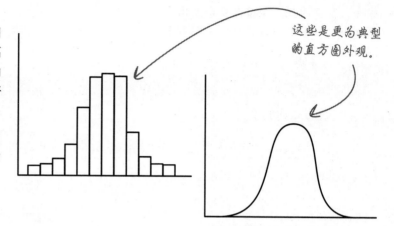

这些是更为典型的直方图外观。

Excel函数的问题是生成了一些杂乱虚假的区间，十分具有欺骗性，通过一种技术手段可以解决这些问题（对于Excel，只要有时间用Microsoft专有编程语言编写代码，几乎总是能找到解决问题的办法）。

直方图细节

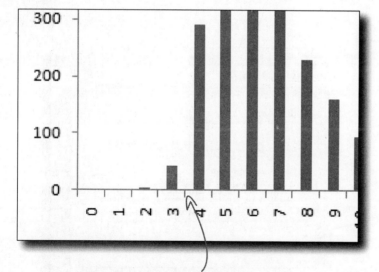

这个缺口是否表示没有任何人的加薪幅度处于3.3%和3.8%之间？

这正是这个缺口**应该**表示的确切含义，起码在直方图绘制正确的时候是这样的。如果你认为这张直方图是正确的，并且数值之间有缺口，那你就大错特错了。你需要用一个软件工具创建一张更好的直方图。

不过，这已经是第9章，你已经解决了许多大问题，已经做好准备使用比Excel更强大的**软件工具**处理统计问题。

你所需要的是名为R的软件，这是一款免费的开放源程序，可能会成为统计学计算方法的未来，你就要开始钻研这款软件了！

启动重要工具

安装并运行R

请访问www.r-project.org，下载R程序。在身边找一个镜像获得适用于Windows、Mac和Linux的R程序，这并不困难。

单击此下载链接。

启动程序后，将看到这样一个窗口。

这个小小的光标代表指令提示，可以在这里输入R程序指令。

指令提示是你的朋友

放轻松　尽管使用指令提示最初会让人多费点儿脑筋，它却能让你更快掌握要领。通过输入"Edit（你的数据）"指令，总是能成功地把数据转变成电子表格风格的图形。

将数据加载到R程序

你要用的第一条R指令是：使用source指令尝试加载《深入浅出数据分析》（*Head First Data Analysis*）脚本。

快来下载！

```
source("http://www.headfirstlabs.com/books/hfda/hfda.R")
```

该指令会将R所需要的加薪数据加载到程序中，加载过程需要连接互联网。如果想保存R会话，以便在断开互联网的时候重新访问Head First数据，可以输入"save.image()"。

下载好了吗？首先看看下载内容中的Employees（雇员）**数据框架**，输入下面这个指令并按下Enter（回车）：

```
employees
```

右边的输出结果就是R对指令的响应。

输入数据框架的名称，让R显示这个数据框架。

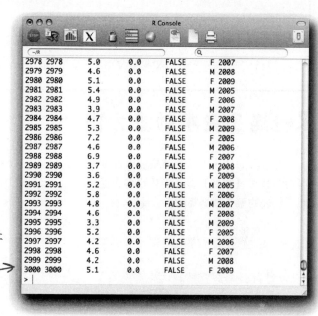

指令返回一个列表，其中包括数据框架中的所有行。

练习

在R中输入下面这条指令，生成直方图：
```
hist(employees$received, breaks=50)
```
这是什么意思？

你觉得指令行中的各个因子是什么意思？解释你的回答。

第9章 直方图 **数字的形状** 265

直方图艺术

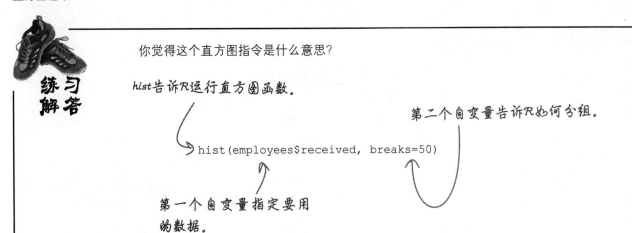

你觉得这个直方图指令是什么意思？

hist告诉R运行直方图函数。

第二个自变量告诉R如何分组。

hist(employees$received, breaks=50)

第一个自变量指定要用的数据。

R创建了美观的直方图

直方图的柱体不仅能够量度被计量事物的数目（**频数**），还能体现各个区间所代表的整个数据集的百分比。

运行指令后，弹出一个窗口显示这个图。

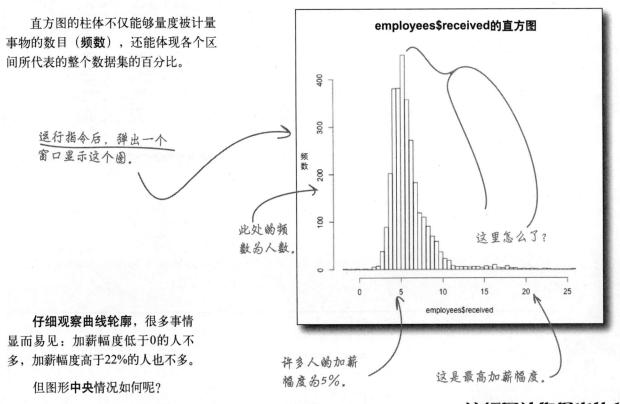

此处的频数为人数。

这里怎么了？

仔细观察曲线轮廓，很多事情显而易见：加薪幅度低于0的人不多，加薪幅度高于22%的人也不多。

但图形**中央**情况如何呢？

许多人的加薪幅度为5%。

这是最高加薪幅度。

这幅图让你得出什么结论？

下面这些指令会让你对手头的数据集了解更深,还能得知**人们的加薪分布**。
请运行指令,看情况如何。

sd(employees$received) ← 你认为R为什么会有这样的响应?

summary(employees$received)

键入help(sd)和help(summary),看看这些指令做了什么。

这两条指令有何作用?

....
....
....

仔细观察直方图。从图上观察到的结果与R通过这两个指令得出的结果相比如何?

....
....
....

summary指令

练习解答

你刚才执行了一些指令演示加薪数据集的汇总统计值。你认为这些指令有何作用？

这两条指令有何作用？

sd指令返回指定数据范围的标准偏差，summary()指令显示received（实际加薪）列的汇总统计值。

从平均情况上看，加薪幅度与平均值的偏差为2.43%。

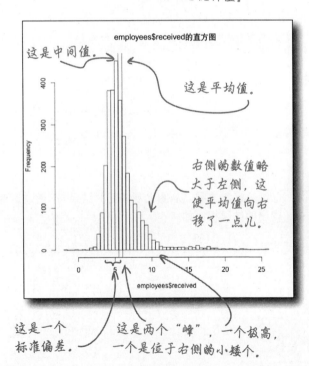

summary()计算出人员加薪幅度的一些基本汇总统计值。

仔细观察直方图。从图上观察到的结果与R通过这两个指令得出的结果相比有何差别？

直方图很好地体现了平均值、中间值和标准偏差。通过观察直方图，虽然无法看出具体的数值，但可以形成对数字的感觉。

这是中间值。

这是平均值。

右侧的数值略大于左侧，这使平均值向右移了一点儿。

这是一个标准偏差。

这是两个"峰"，一个极高，一个是位于右侧的小矮个。

乔：如果直方图是对称的，则平均值和中间值会处于相同的位置——正中间。

弗兰克：对。但在这个实例中，右侧的小峰将平均值拖离大峰的中心，而大部分观察对象都位于这里。

乔：我在苦苦思考这两个峰，它们**意味着**什么呢？

弗兰克：也许我们该重新看看先前划分的数据块，弄清楚这些数据块是否和直方图有些关系。

乔：好主意。

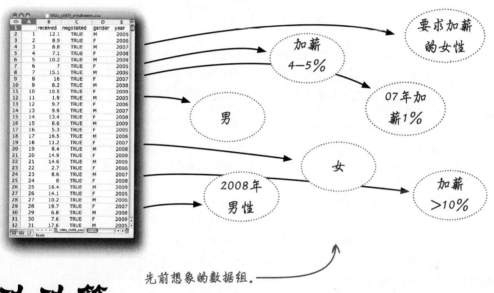

先前想象的数据组。

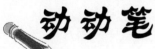

你能否想出办法用先前划分的数据组来解释直方图上的两个峰？

....

....

....

挑选直方图

先前划分的数据组对直方图上的两个峰有何影响?

可能会有年限差别:例如,2007年的加薪平均值可能比2006年的高得多;还可能有性别差别:男性的加薪平均值可能会高于女性,或反之;当然,所有的数据都是观察数据,因此观察得出的所有关系不一定有实验数据那么有说服力。

世上没有傻问题

问:这么说,我们似乎能灵活处理直方图外形。

答:确实如此。应该把创建直方图这一步骤本身视为一种解释,而不是先于解释的任何步骤。

问:R用于创建直方图的默认值一般都合适吗?

答:一般是的。R努力寻找能够最好地体现数据特点的分区数目和坐标,但R并不*理解*所绘制的数据的含义。正如使用汇总函数一样,快捷、简便地绘制直方图没什么不好的,但在根据观察结果做出重要结论之前,还需用合适的方法使用直方图(并重新绘制直方图),以免忘记自己的观察目标和分析目标。

问:任意一个峰都是"铃形曲线"吗?

答:很好的问题。通常,当我们想到铃形曲线时,指的都是正态分布或高斯分布,但还存在一些其他类型的铃形分布,以及许多非铃形的分布形状。

问:那么正态分布有何重大意义?

答:只要数据呈正态分布,大量高效而简单的统计方法就能派上用场;大量的自然数据和商业数据都呈现自然分布的形状(或可以以某种方式进行"转化"为自然分布的形状)。

问:我们的数据是正态分布吗?

答:你所评估的直方图肯定不是正态分布。只要峰的数目超过一个,就不能称为铃形。

问:但数据中肯定有两个貌似铃形的峰!

答:这种形状必定有某种意义。问题是,为什么数据分布呈现这种形状?你该怎么搞清楚呢?

问:你能不能多画几张直方图描绘数据块的小组成块,然后分别进行评估?这样也许能弄清楚为什么会出现两个峰。

答:直觉正确。试试看!

你能不能分拆加薪数据,使两个峰分开,并解释存在这两个峰的原因?

用数据的子集绘制直方图

你可以用整个数据集绘制一张直方图，但也可以把整个数据集拆分成几个子集，然后绘制其他一些直方图。

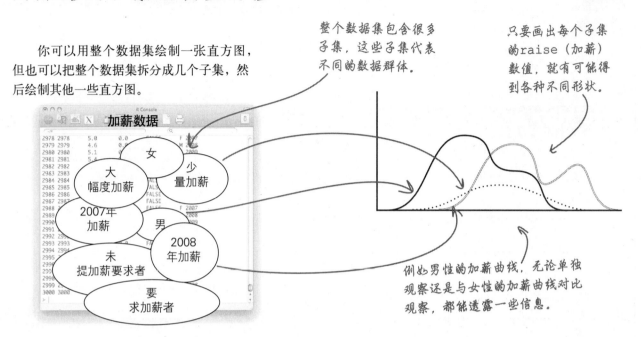

让我们创建一批直方图描绘加薪数据的子集。也许观察这些不同于原来的直方图会帮助你搞清楚原直方图上的两个峰意味着什么。是否有一个群体的加薪幅度高过其他群体？

1) 首先，看看下面这个直方图指令，看清语法。你认为这个指令中的各个因素有何意义？

   ```
   hist(employees$received[employees$year == 2007], breaks = 50)
   ```

   ← 根据自己的理解在这儿写下每个因素的意义

2) 模仿上面的指令，逐一执行下列指令。看到什么了？结果见下页，请进行解释并写下你的解释。

   ```
   hist(employees$received[employees$year == 2008], breaks = 50)
   hist(employees$received[employees$gender == "F"], breaks = 50)
   hist(employees$received[employees$gender == "M"], breaks = 50)
   hist(employees$received[employees$negotiated == FALSE], breaks = 50)
   hist(employees$received[employees$negotiated == TRUE], breaks = 50)
   ```

六种直方图

强化练习

这些直方图代表不同职员群体的加薪情况,你能从中看出什么?

hist()下令绘制一张直方图。

Received(实际加薪)是你想在直方图中绘制的数据集。

breaks(分区)是直方图中的区间数。

hist(employees$received[employees$year == 2007], breaks = 50)

这些括号是子集算子,表示从大数据集中提取子集。

此处使用的是2007年的记录。

....
....
....
....

hist(employees$received[employees$year == 2008],
 breaks = 50)

....
....
....
....

hist(employees$received[employees$gender == "F"],
 breaks = 50)

....
....
....
....

```
hist(employees$received[employees$gender == "M"],
  breaks = 50)
```

....

....

....

....

```
hist(employees$received[employees$negotiated == FALSE],
  breaks = 50)
```

....

....

....

....

```
hist(employees$received[employees$negotiated == TRUE],
  breaks = 50)
```

....

....

....

....

深入分析

强化练习解答

观察各个直方图，寻找答案，帮助自己了解哪些人能得到哪种加薪结果。你看出什么了？

```
hist(employees$received[employees$year == 2007],
 breaks = 50)
```

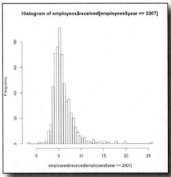

这个直方图仅选择了2007年的加薪数据，基本形状与原来的直方图相同，坐标则有区别——例如最大的数据块中仅有8个人。但由于形状相同，2007年的群体可能与整个群体有相同的特性。

```
hist(employees$received[employees$year == 2008],
 breaks = 50)
```

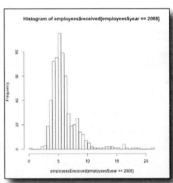

情况与使用2007年数据时完全一样，R甚至选用完全一样的坐标绘制数据。最起码从这组数据上看，2007年和2008年的情况基本是一样的。

```
hist(employees$received[employees$gender == "F"],
 breaks = 50)
```

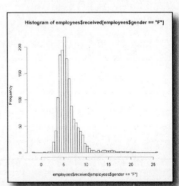

尽管这个直方图的坐标有所不同，我们却再一次看到一个大峰和一个挨在大峰右边的小峰，这个图形显示出女性在这些年里的加薪情况，因此人数众多。

```
hist(employees$received[employees$gender == "M"],
  breaks = 50)
```

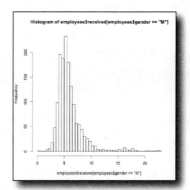

这个图形看起来非常像女性的加薪直方图。虽然坐标不同，但只要分析一下柱体，就能看出不同区间中的男性和女性的数目大致相同。像前面一样，这个图有两个峰。

```
hist(employees$received[employees$negotiated == FALSE],
  breaks = 50)
```

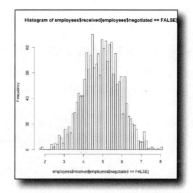

有趣的事情出现了：只有一个峰。横坐标表明这些人（即未提出加薪的人）处于加薪范围的低端；纵坐标表明这些人为数众多。

```
hist(employees$received[employees$negotiated == TRUE],
  breaks = 50)
```

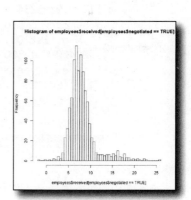

看来，把提过加薪要求和未提过加薪要求的人拆开后，两个峰会明显分离。我们看到：人员加薪大增，同时人数锐减。似乎要求加薪的人会在结果分布图上呈现完全不同的分布形态。

加薪谈判有回报

对加薪数据的不同子集进行直方图分析之后，看得出获得大幅度**加薪**全靠提要求。

是否选择提出加薪（即进行加薪谈判）决定了人们的**加薪结果分布情况**。只要提出加薪要求，整个直方图就向右移。

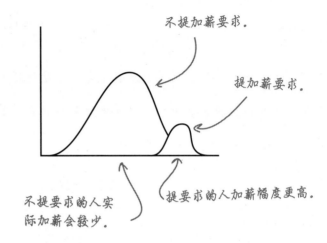

不提加薪要求。

提加薪要求。

不提要求的人实际加薪会较少。

提要求的人加薪幅度更高。

要是你对要求加薪子集做个汇总统计，就会发现，就像在两条曲线上观察到的一样，结果十分富有戏剧性。

这是计算标准偏差的函数。

平均值和中间值在几种分布情况下几乎一致。

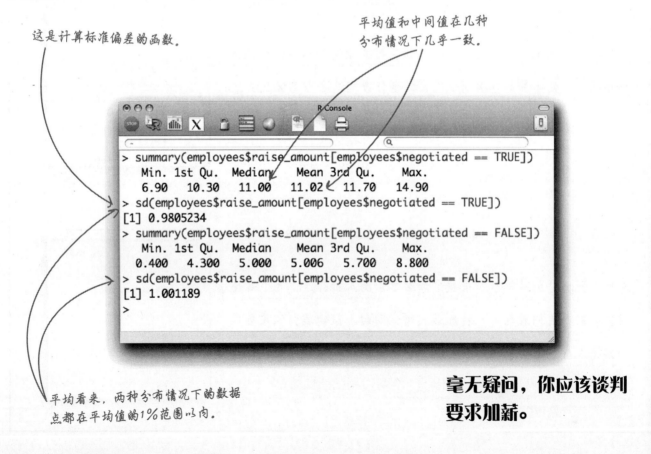

```
> summary(employees$raise_amount[employees$negotiated == TRUE])
   Min.  1st Qu.  Median    Mean  3rd Qu.   Max.
   6.90   10.30   11.00    11.02   11.70   14.90
> sd(employees$raise_amount[employees$negotiated == TRUE])
[1] 0.9805234
> summary(employees$raise_amount[employees$negotiated == FALSE])
   Min.  1st Qu.  Median    Mean  3rd Qu.   Max.
   0.400   4.300   5.000    5.006   5.700   8.800
> sd(employees$raise_amount[employees$negotiated == FALSE])
[1] 1.001189
>
```

平均看来，两种分布情况下的数据点都在平均值的1%范围以内。

毫无疑问，你应该谈判要求加薪。

直方图

谈判要求加薪对<u>你</u>意味着什么？

既然已经分析了加薪数据，哪种策略会带来最好的结果就已经水落石出。

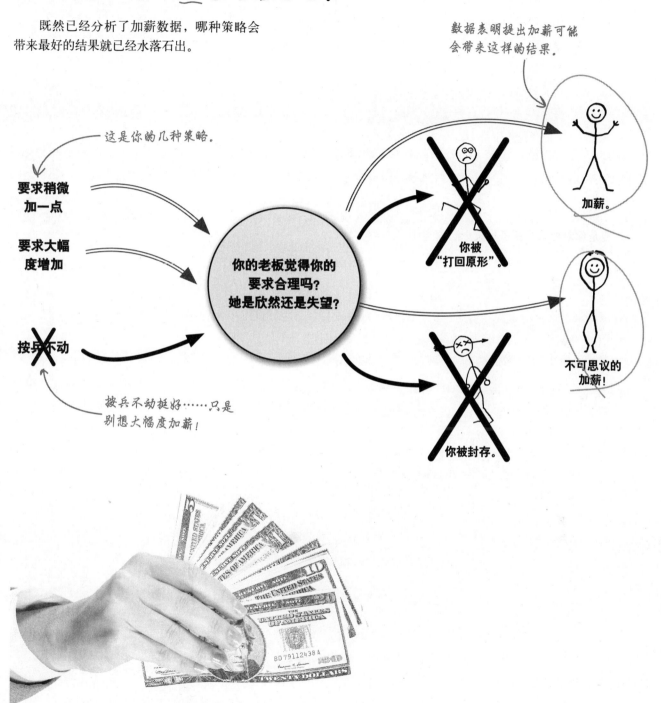

第9章 直方图 数字的形状

10 回归

预测

洞悉一切，未卜先知。

回归分析法力无边，只要使用得法，就能帮助你预测某些结果值。若与控制实验同时使用，回归分析还能预测未来。商家狂热地运用回归分析帮助自己建立模型，预测客户行为。本章即将让你看到，明智地使用回归分析，确实能够带来巨大效益。

你打算怎么花这些钱?

你的加薪要求奏效了。 你从直方图上看出,选择要求加薪的人毫无例外地得到了更高的收入。于是,当走进老板的办公室时,你胸有成竹地执行了自己的策略——结果奏效了!

右边是你在前一章的练习中看到过的直方图,不过重新画了一遍,以便两张图的坐标和区间大小都相同。

干得好!

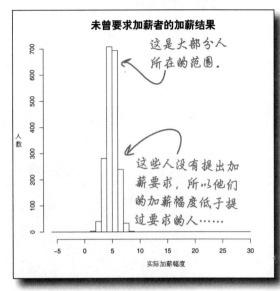

你的老板记得你提过加薪要求,因此给你加了15%。

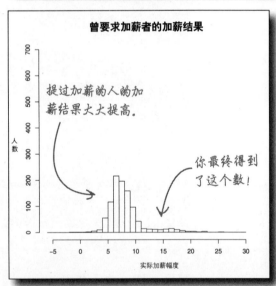

现在还没到收手的时候。

你发现了如何得到更高薪的秘密,这是大家的福音。同事中几乎没有人用过这个高明的办法,对于那些没有要求过加薪的人,你能为他们做更多事。

你应该做专门替别人争取加薪的生意!

这里有几个问题，根据这几个问题，想想如何依托数据分析创建一家商号，经营你在加薪谈判方面的经验。

若有一家帮助客户分析加薪谈判的商号，你觉得客户会期望这家商号提供哪些业务？

....

....

....

....

....

如果你在经营这一行生意，用哪种办法回报你的知识可谓公正？

....

....

....

....

....

....

广而告之

你想依托哪种数据分析方式提供薪资咨询业务?

若有一家帮助客户分析加薪谈判的商号,你觉得客户会期望这家商号提供哪些业务?

进行加薪谈判时,人们需要各种各样的帮助:他们可能想知道如何着装、如何站在老板的立场上想问题、如何措辞,诸如此类。但有一个最基本的问题:<u>该要求加多少?</u>

如果你在经营这一行生意,用哪种办法回报你的知识可谓公正?

客户会希望给你一些激励,以确保他们从你这儿得到的方案能够奏效。既然如此,如果他们依计行事并有所新获,为何不从中抽取一定比例的好处费呢?这样一来,他们的加薪幅度越大,你的激励也越大,你绝不会误他们的事儿。

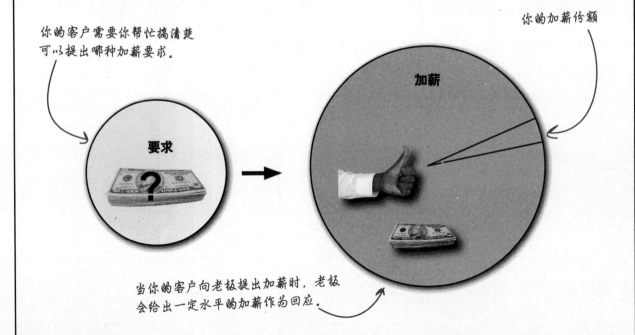

你的客户需要你帮忙搞清楚可以提出哪种加薪要求。

当你的客户向老板提出加薪时,老板会给出一定水平的加薪作为回应。

你的加薪份额

以获取大幅度加薪为目的进行分析

要求加多少钱可谓合理？如何让要求变为现实？大部分人对此都一无所知。

> 我不知道该如何下手。

> 我想加薪，但不知道该怎么提出来。

动动脑

你需要制定服务框架，明确目标。你的产品会是什么样子？

加薪计算器

稍等片刻……加薪计算器！

人们想知道该怎么提要求，还想知道提了以后能到手多少。

你需要一种**算法**。

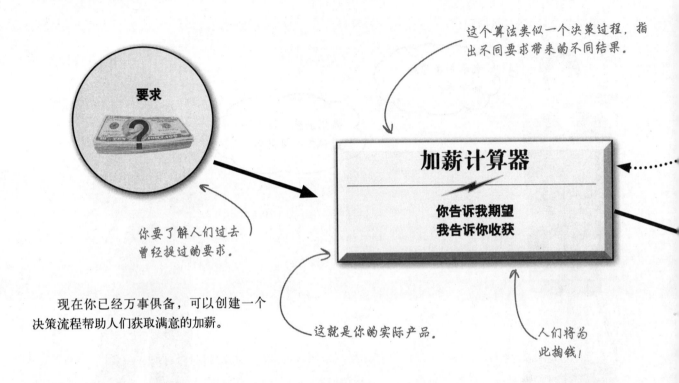

这个算法类似一个决策过程，指出不同要求带来的不同结果。

你要了解人们过去曾经提过的要求。

现在你已经万事俱备，可以创建一个决策流程帮助人们获取满意的加薪。

这就是你的实际产品。

人们将为此掏钱！

术语角

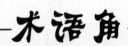

算法 为了完成某个计算而执行的任何过程。在本例中，你将在算法中加入计算依据——要求加薪幅度，然后通过一些步骤预测实际加薪幅度。这些步骤都有哪些呢？

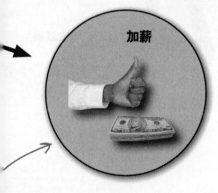

你还知道人们曾经
得到过什么。

这个算法有何玄机?

画一张这样的靓图真是好极了,不过,为了让人们掏钱,同时,重要的是为了让自己有一些**绝活**,你接下来必须进行严肃的分析。

既然如此,你觉得这个算法有何玄机?

必须进行预测

这个算法的玄机在于<u>预测</u>加薪幅度

预测是数据分析的重头戏。

有些人会认为,总的说来,把**假设检验**和**预测**加起来就**等于**数据分析。

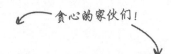
贪心的家伙们!

马上就要!

 要 点

可能需要预测的问题:	不能不问的问题:
■ 人们的措施	■ 我有足够的数据进行预测吗?
■ 市场动态	■ 我的预测准确性如何?
■ 重大事件	■ 是定性预测还是定量预测?
■ 实验结果	■ 我的客户能顺利利用这个预测吗?
■ 数据中未体现的资料	■ 我的预测有何局限性?

让我们观察部分数据,看看要求加薪的人都提些什么。你能针对各种加薪要求**预测**加薪结果吗?

286　深入浅出数据分析

下面的直方图体现了曾要求加薪者的实际加薪幅度,以及他们曾经**要求**过的加薪幅度。

从直方图中能看出怎么做才能得到大幅度加薪吗?说一说如何对两个直方图进行比较才能揭示两种变量之间的关系,以便有可能预测提出加薪要求后带来的加薪结果。

....

....

....

....

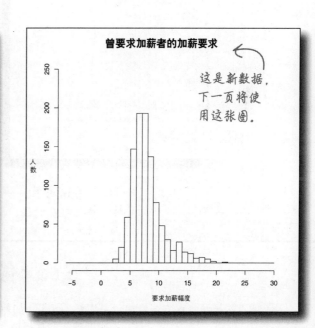

区分谈判者

动动笔解答

从以下两张直方图中能看出该怎么提加薪要求才能得到大幅度加薪吗?

看不出来。两张直方图只显示了每种变量的分布情况,没有对这些情况进行比较。为了看出两种变量之间的相互关系,我们必须看看每个个体在"要求加薪"和"实际加薪"分布图中所处的位置。

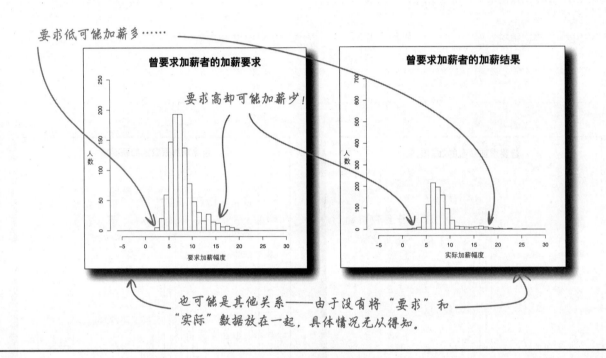

要求低可能加薪多……

要求高却可能加薪少!

也可能是其他关系——由于没有将"要求"和"实际"数据放在一起,具体情况无从得知。

世上没有傻问题

问: 不能直接把两张直方图叠加在一个坐标中吗?

答: 完全可以。但为了进行清晰的比较,两张直方图都要体现**相同的内容**。例如,在上一章中用多个数据子集绘制了大量直方图,用这些直方图进行相互比较即可。

问: 可实际加薪幅度和要求加薪幅度确实非常相似,对吗?

答: 当然了,在计量方法上很相似:都用的是薪水的百分数。但你并不是特别想知道每种变量的分布情况,而是想知道对于个体来说一个变量与另一个变量的关系。

问: 明白了。既然如此,如果得到了这些信息,我们该怎么利用呢?

答: 问得好。是应该关注最终分析结果,那是你的智慧产品,可以卖钱。你需要什么?产品将是什么样子?但首先,你需要用图形**比较这两个变量**。

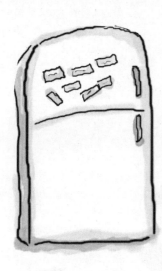

散点图数据点

还记得第4章的散点图吗?这是一种将不同变量放在一起进行比较的好办法。在本练习中,取以下三个人的数据,将这些数据放在散点图中。

你将需要用其他数据点绘制刻度和坐标轴。

鲍勃要求加5%,得到了5%。

芳妮要求加10%,得到了8%。

朱莉娅要求加2%,得到了10%。

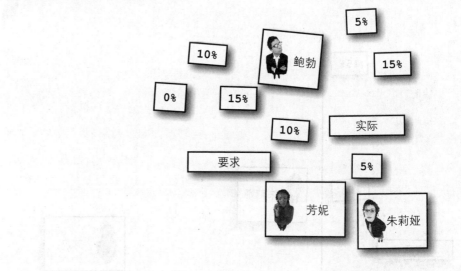

用这里的 x—y 坐标绘制鲍勃、芳妮、朱莉娅的数据。

区分朋友

散点图数据点

你刚刚将鲍勃、芳妮、朱莉娅的情况画在了坐标中,形成了散点图。看出什么了?

鲍勃要求加5%,得到了5%。

芳妮要求加10%,得到了8%。

朱莉娅要求加2%,得到了10%。

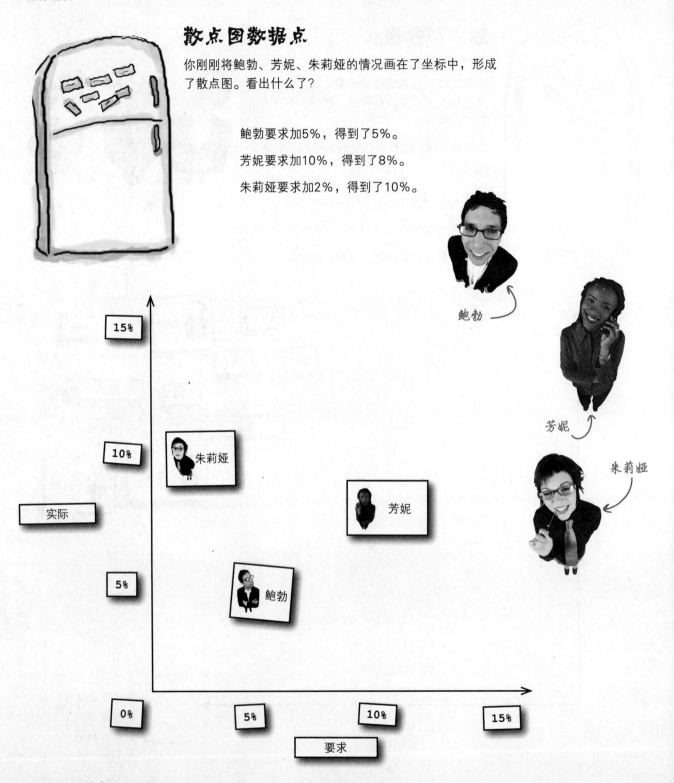

世上没有傻问题

问： 我什么时候能使用散点图？

答： 尽量多用，这是一种从多方面展现数据特点的快捷办法。只要你的数据涉及两种变量，就该考虑使用散点图。

问： 这么说，任何两种变量都能同时放在散点图中？

答： 只要这两种变量成对出现并描述了数据中隐含的人或事就可同时放在散点图中。在本例中，数据库中的每一行都代表一名员工要求加薪的一种情况，而每位员工的情况又包括实际加薪和要求加薪两方面。

问： 我该以什么为目标观察这些图呢？

答： 对于一位分析师来说，散点图的根本在于寻找变量之间的因果关系。例如，如果要求高造成加薪低，就会在散点图中看出这两种变量之间的关系。散点图本身仅显示出**关系**，要说清原因还需要做更多事（对于初学者来说，还需要解释**为什么**一种变量会决定另一种变量）。

问： 要是我想比较三组数据该怎么办？

答： 你完全可以在R中创建图形，对两个或两个以上变量进行比较。在本章中，我们将使用两种变量，但你可以通过三维散点图和多面板网格图绘制三种变量。如果你想体验一下多维散点图，可复制并运行一些cloud函数的实例，参见help(cloud)的帮助文件。

问： 那么我们何时开始观察二维散点图上的加薪数据？

答： 马上开始。这里有一些预先编制好的代码，可以为你发掘一些更新、更具体的数据并创建一张称手的散点图。来吧！

预编程代码

在R中运行这些指令，生成一张**散点图**，体现出**要求加薪**和**实际加薪**的情况。

运行这个指令的时候一定要连接到因特网，因为要从网上提取数据。

```
employees <- read.csv("http://www.headfirstlabs.com/books/hfda/
        hfda_ch10_employees.csv", header=TRUE)

head(employees,n=30)

plot(employees$requested[employees$negotiated==TRUE],
        employees$received[employees$negotiated==TRUE])
```

这个指令只加载新数据，不显示结果。

这个指令显示散点图。

这个指令将显示数据内容……看一看总有好处。

运行这些指令会出现什么结果呢？

认识散点图

用散点图比较两种变量

这张散点图上的每一个点代表一个独立的观察对象:一个人。

和直方图一样,**散点图**是另一种用于展现数据的快捷、经典的办法,它显示的是数据分布情况。但和直方图不同的是,散点图显示**两种**变量。散点图显示出观察结果的成对关系,一张好的散点图可以是原因说明的一个组成部分。

这位老兄提了7%,却加了20%,他肯定非常重要。

Plot指令生成了右边的散点图。

这位绅士提了8%,加了8%。

预编程代码

```
head(employees,n=30)
plot(employees$requested[employees$negotiated==TRUE],
    employees$received[employees$negotiated==TRUE])
```

head指令将显示下列数据。

这就是head指令的输出结果。

这家伙提了12%,却减了3%!

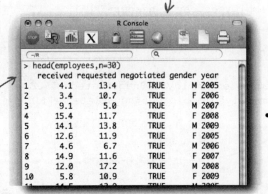

head指令是查看所加载的新数据的快捷方法。

这三个人和其他人都在这个数据集中。

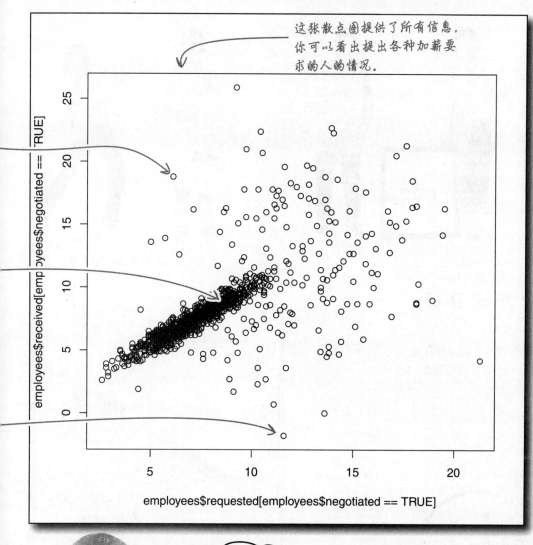

这张散点图提供了所有信息，你可以看出提出各种加薪要求的人的情况。

同时，这些点表示数据库中所有谈判要求加薪的人。

> 我能否画一条贯穿这些点的直线？

当然可以，不过为什么呢？别忘了，你正在设法建立一种算法。

画一条贯穿数据的直线对你会有什么用呢？

....

....

直线的意义

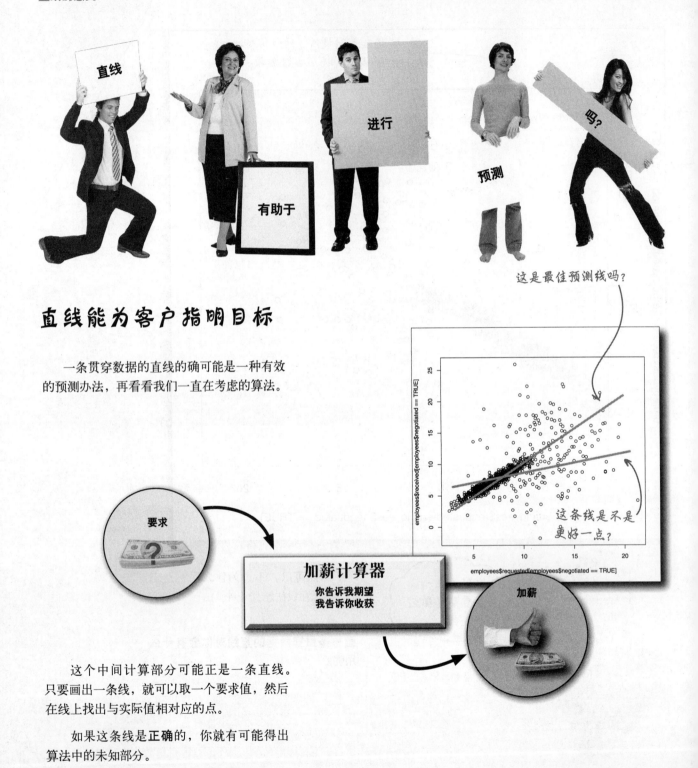

直线能为客户指明目标

一条贯穿数据的直线的确可能是一种有效的预测办法,再看看我们一直在考虑的算法。

这个中间计算部分可能正是一条直线。只要画出一条线,就可以取一个要求值,然后在线上找出与实际值相对应的点。

如果这条线是**正确**的,你就有可能得出算法中的未知部分。

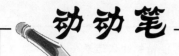

为了想办法画出正确直线,为什么不利用散点图回答关于个人加薪幅度的一个特定问题?实例如下。

如果某人提出加薪8%,结果他可能得到多少?看一看,通过散点图是否能看出要求加薪8%的人实际能得到的加薪?

好好观察这张散点图,回答问题。

....
....

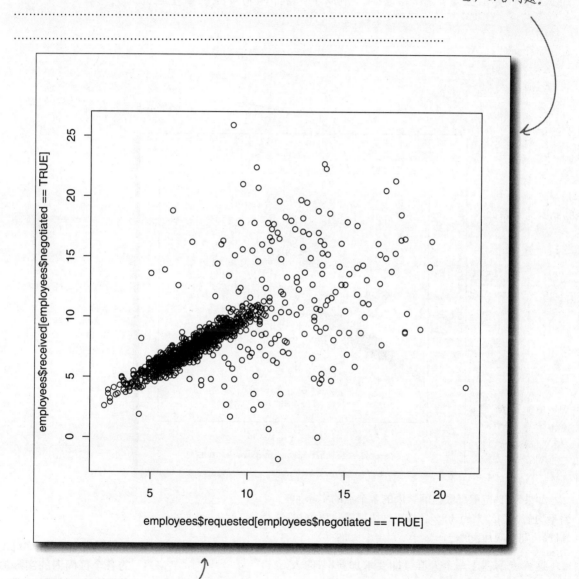

提示:观察要求加薪8%的范围内的相应点!

散点图分割

动动笔解答

如何利用散点图确定要求加薪8%有可能得到什么结果？

算一算你正在观察的要求加薪范围周围的各个点的实际加薪平均值。如果所观察的X轴数值（要求数值）为8%左右，则似乎Y轴上的相应点的数值也为8%。看一看下面这张图。

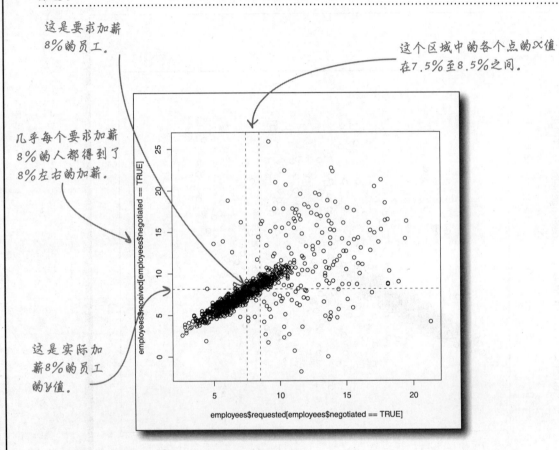

这是要求加薪8%的员工。

这个区域中的各个点的X值在7.5%至8.5%之间。

几乎每个要求加薪8%的人都得到了8%左右的加薪。

这是实际加薪8%的员工的Y值。

如果取8%范围（或区间）内的各个点的实际加薪**平均值**，则结果约为8%。从平均情况看，要求加薪8%，则实际加薪8%。

这样就解答了一个人群（即要求加薪8%的人群）的加薪问题。其他人的加薪要求则不一样。

如果观察一下整个X轴上的各个区间内的实际加薪平均值，结果如何呢？

使用平均值图形预测每个区间内的数值

平均值图是一种散点图,这种散点图显示出与X轴上的每个区间相对应的Y轴数值。这里的平均值图告诉我们提出各种加薪幅度的人的平均得到的加薪值。

平均值图比简单地求总体平均值要有效得多,正如你所知,整体平均加薪幅度为4%,但这张图却更细腻地向你显示出整体情况。

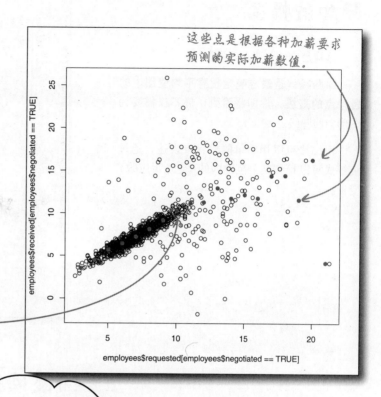

这些点是根据各种加薪要求预测的实际加薪数值。

我们用这些点预测要求加薪8%可能带来的结果。

老兄,我想画一条贯穿第一张散点图的线。我渴望画一条贯穿平均值图的线!

你已经一不小心画出了这条线。

真的。画一条线把平均值图中的点连起来——这正是你所寻找的那条线,利用它可以**预测每个人的加薪情况。**

回归线预测出人们的实际加薪幅度

这就是它——迷人的回归线。

回归线就是**最准确地贯穿平均值图中的各个点的直线**。你即将看到，你不仅需要为图形画回归线。

回归线可以用简单的等式来表达，通过该等式可以预测某个范围内的X变量对应的Y变量。

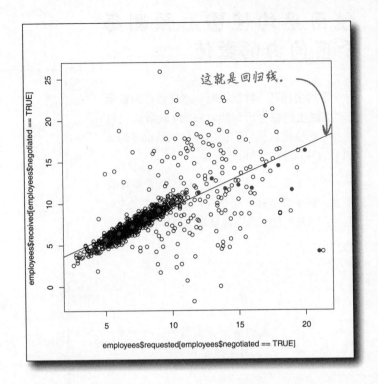

这就是回归线。

世上没有傻问题

问：为什么叫回归线？

答：发现这个方法的是英国科学家高尔顿爵士（1822-1911），当时他正在研究如何通过父亲的身高预测儿子的身高。他的数据显示，从平均情况看，矮个子的父亲会生出比自己高的儿子，而高个子的父亲会生出比自己矮的儿子。他把这种现象称为"向平均数回归"。

问：听上去挺玄乎。似乎回归这个词更多是在讲高尔顿对父子身高的感受，而不是有关统计问题。

答：没错。回归这个词的历史意义更甚于分析启示意义。

问：我们一直在根据加薪要求预测加薪结果。能不能从加薪结果预测加薪要求呢？能不能从Y轴预测X轴呢？

答：当然能，可如果那样的话，你所预测的就是过去的事情。如果某人告诉你她的实际加薪幅度，你就能预测出她的要求幅度。重要的是，无论研究什么，都要坚持进行实际检查，确保能追踪所研究的对象的意义。预测**有意义**吗？

问：我该用相同的线从Y轴预测X轴吗？

答：非也。回归线有两种：已知Y求X，已知X求Y。想想看，平均值图有两种：每张图代表两种变量中的一种变量的平均值。

问：回归线必须是直线吗？

答：不一定是直线，只要有回归意义就行。**非线性回归**是一个更为复杂的奇妙领域，不在本书讨论范围之内。

> 你忘记一些事了。你确定这条线真的有用吗？我是说，这条线能为你做什么呢？

确保你画的线确实有用。

散点图的外观丰富多彩，回归线也是如此，问题在于散点图中的回归线有多大用处。

这里有几张不同的散点图，每张散点图中的回归线的作用都与其他散点图中的回归线的作用相同吗？或是某些回归线似乎更有用？

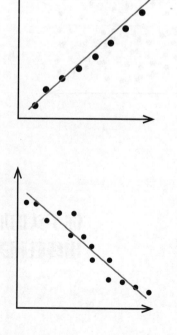
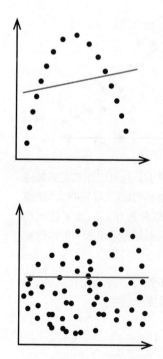

第10章 回归 预测

是否线性相关

回归线对于具有线性相关特点的数据很有用

相关性即两种变量之间的线性关系，如果要呈现线性关系，散点图上的点就需要大致沿着直线分布。

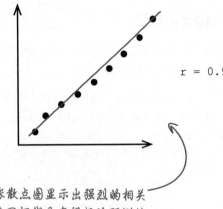

r = 0.9

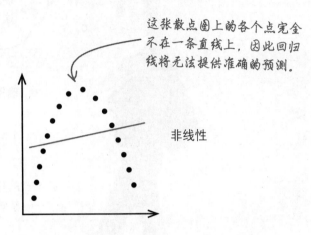

这张散点图上的各个点完全不在一条直线上，因此回归线将无法提供准确的预测。

非线性

这两张散点图显示出强烈的相关性，其回归线具有很好的预测性。

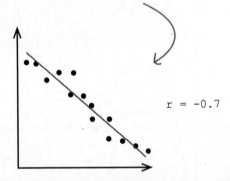

r = -0.7

这些点四处分布，因此这里的回归线可能也不太有用。

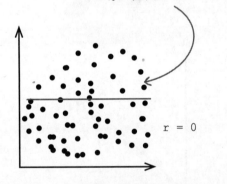

r = 0

相关性可强可弱，这可以用相关系数进行量度，相关系数也叫做r（可别和大写R搞混淆了，那是个软件程序）。为了让回归线发挥作用，数据必须显示出强烈的线性相关性。

r的范围为-1至1，0表示无相关性，1和-1表示两个变量**完全**相关。

你手头的加薪数据显示出线性相关性了吗？

试着用程序R计算加薪数据的相关系数 **r**。输入并执行下列函数：

```
cor(employees$requested[employees$negotiated==TRUE],
    employees$received[employees$negotiated==TRUE])
```

说说函数中的各个因子。你觉得这些因子有何意义？

相关函数的输出结果与散点图相符吗？结果数值与你所认为的两个变量之间的关系相符吗？

....

....

....

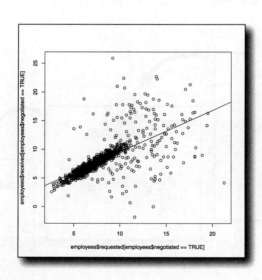

相关性明察

预编程代码

你刚刚让R程序给你计算过两个变量的相关系数。看出什么了?

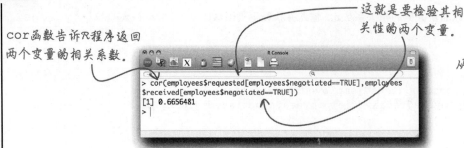

cor函数告诉R程序返回两个变量的相关系数。

这就是要检验其相关性的两个变量。

从图上可以看出线性相关性。

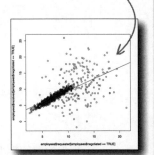

相关函数的输出结果与散点图相符吗?

r值和散点图都显示出中等程度的相关性,所有的点都排成一行,但并不完美,不过肯定存在线性相关性。

相关性细节

如何计算相关系数? 相关系数的实际计算简单而乏味。

下面是一个用于计算相关系数的算法:

1. 将各个数值转变为标准单位

实际		要求	
9.6%	→ 0.5 σ's	9.4%	→ 0.5 σ's
8.6%	→ 0.2 σ's	7.8%	→ -0.1 σ's
11.6%	→ 1.1 σ's	10.1%	→ 0.8 σ's
8.0%	→ 0.0 σ's	7.9%	→ 0.0 σ's
6.0%	→ -0.7 σ's	5.0%	→ -1.1 σ's
……	→ ……	……	→ ……

标准单位表示每个数值与平均值的标准偏差。

2. 各个数对相乘

0.5 σ's	0.5 σ's		0.25
0.2 σ's	-0.1 σ's		0.02
1.1 σ's	× 0.8 σ's	=	0.88
0.0 σ's	0.0 σ's		0.00
-0.7 σ's	-1.1 σ's		0.77
……	……		……

3. 所有结果求平均值

0.25
0.02
0.88
0.00
0.77
……
→ **0.67**

相关系数。

世上没有傻问题

问：可以看出，相关性为1或−1就有充足的理由使用回归线。但相关性低到什么程度算太低呢？

答：只需根据具体情况尽量作出最佳判断。若使用回归线，则总是可以通过相关系数进行定性判断。

问：可我怎么知道相关性低到什么程度算太低呢？

答：正如对待一切统计和数据分析问题一样，想一想回归是否**有意义**。任何统计工具都不会无往不利，但只要娴熟地使用这些工具，你就会知道它们能让你在多大程度上接近平均值。调动你的一切判断能力回答这个问题："这个相关系数够高吗？足以证实我通过回归线得出的结论吗？"

问：我怎样才能断定数据为线性分布？

答：你该知道，有一些特别的统计工具可以用来定量分析散点图的线性，但通常目测也是安全的。

问：如果我展示出两种事物之间的线性关系，是否说明我以科学的方法证明了这种关系？

答：未必。你只是指定了一种在数学意义上真正有用的关系，但这种关系是否**另有内情**却是另一个问题。你的数据质量确实好吗？其他人是否反复重复了你的结果？做好解释现象的准备了吗？如果一切都准备就绪，可以说你已经通过严密的分析证明了某件事，但说证实就言重了。

问：散点图中将放进多少记录？

答：和直方图一样，散点图是一种分辨率很高的显示方法，只要格式正确，可以在图上绘制成千上万个点。散点图的高分辨率属性是其优点之一。

好吧，好吧，回归线有用。不过有一个问题：回归线怎么用呢？我想精确地计算特定加薪幅度。

为了进行精确预测，你将需要用到一个**数学函数**……

预测方程

你需要用一个等式进行精确预测

利用线性方程可以对直线进行数学表述。

$$y = a + bx$$

y 即 Y 轴上的值,在奉例中为要预测的值:实际加薪值。

x 即 X 轴上的值,在奉例中为已知的值:要求加薪值。

你的回归线可以用这个线性方程表示。只要知道过去的加薪数据,就可以在x变量中代入任何加薪要求,继而得出该要求对应的加薪预测值。

你只需要求出数值a和b,也就是所谓的**系数**即可。

a 代表 Y 轴截距

线性方程右边的第一个变量代表Y轴**截距**,即直线与Y轴的交点。

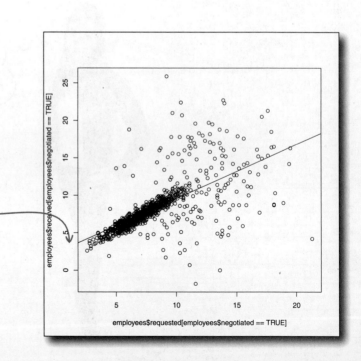

这就是 Y 轴截距。

如果散点图上恰好有一些点落在x=0范围的周围,就能找出该区间的平均值点。我们没有这么幸运,要找出截距恐怕还得多费点儿脑筋。

b代表斜率

一条线的**斜率**即对一条线的角度的量度。线的斜率越大，b值越大，而一条相对较为平坦的线的斜率则会接近于0。为了计算斜率，可测量X轴（边长）上的各个单位对应的一条线的上升速度（"高"，或者叫做y值的变化）。

$$斜率 = \frac{高}{边长} = b$$

只要知道斜率和Y轴截距，就可以轻易地将这些值填入线性方程，画出回归线。

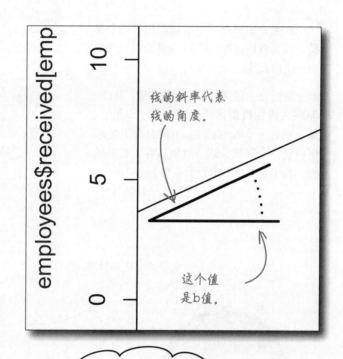

线的斜率代表线的角度。

这个值是b值。

让R为我找出斜率和截距是不是不切实际的想法？

回归目标

让R创建一个回归对象

如果希望根据一个变量预测另一个变量，只要将后者提供给R，R就会一口气生成一条回归线。

花絮

实现这个过程的基本函数叫做"lm"，即英文**线性模型**这两个词的首字母组合。每当创建一个线性模型，R就会在记忆库里创建一个**对象**，这个对象具有一长串属性，其中包括回归方程的系数。

这就是R创建的线性模型的属性列表。

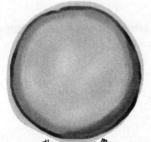

线性模型对象

任何软件都无法判别回归线是否有用

R和你所使用的电子数据程序能够神速地生成回归方程，但是否能发挥这个回归方程 "以一个变量预测另一个变量" 的作用却取决于你。创建无用、无意义的回归方程并非难事。

试一试,用R创建自己的线性回归方程。

① 运行下列公式,创建一个线性模型描述你所分析的数据,指出回归线的系数。

```
myLm <- lm(received[negotiated==TRUE]~requested[negotiated==TRUE],
    data=employees)
myLm$coefficients
```

② 利用R找到的数字系数,写出你所分析的数据的回归方程。

....

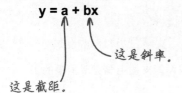

y = a + bx

这是斜率。

这是截距。

寻找斜率

练习解答

① 运行下列公式,创建一个线性模型描述你所分析的数据,指出回归线的系数。

你用R算出的系数生成了哪个公式?

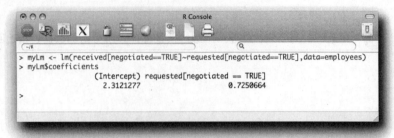

② 利用R找到的系数,可以写出下面这样的回归方程。

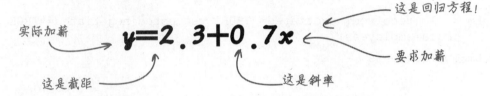

实际加薪 → y = 2.3 + 0.7x ← 这是回归方程!

这是截距 ↑   ↑ 这是斜率   要求加薪

技巧

R如何计算斜率? 可以看出,回归线的斜率等于相关系数乘以Y的标准偏差,再除以X的标准偏差。

这个方程计算出回归线的斜率。

$$b = r * \sigma_y / \sigma_x$$

$$b = .67 * 3.1 / 2.8 = 0.7$$

这是你要的斜率!

唉,只能说,计算回归线斜率给我们带来的满足在于——我们能支使电脑完成繁重的工作,都是些极其繁复的计算。不过,重要的是记住这句话:

只要能看出两个变量之间具有密切的关系,只要回归线有意义,你就可以充满信心地让软件计算各个系数。

回归方程与散点图密切相关

以要求加薪8%员工为例（他想知道自己会加薪多少），翻回前面几页可以看到，你通过观察散点图及X轴上8%范围内的垂直区间进行了预测。

这是可能要求加薪8%的家伙。

通过lm函数找到的回归方程得出了相同的结果。

$$y = 2.3 + 0.7x$$
$$= 2.3 + 0.7 * 8$$
$$= 7.9$$

这是回归方程预测的他将得到的加薪结果。

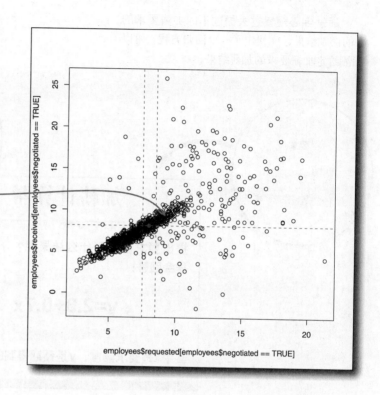

既然如此，加薪计算器是什么样子呢？

你已经完成了一系列漂亮的工作，找到了一个加薪数据回归方程。这个回归方程能不能帮助你创建一种产品为你的朋友和同事提供巧妙的薪资咨询呢？

你还没在这儿填写你的算法。

完成加薪计算器

加薪计算器的算法正是回归方程

通过细心观察过去提过不同加薪要求的人的谈判结果，你找出了一个**回归方程**，可以预测给定加薪要求的加薪结果。

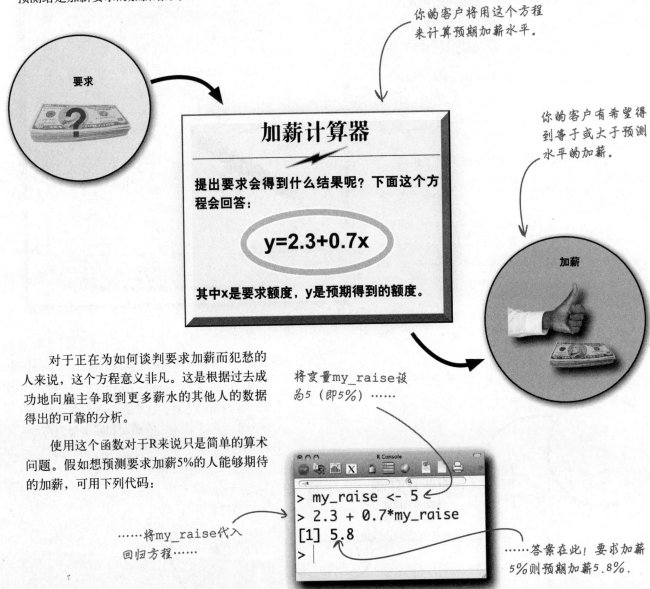

你的客户将用这个方程来计算预期加薪水平。

加薪计算器

提出要求会得到什么结果呢？下面这个方程会回答：

$$y = 2.3 + 0.7x$$

其中x是要求额度，y是预期得到的额度。

你的客户有希望得到等于或大于预测水平的加薪。

对于正在为如何谈判要求加薪而犯愁的人来说，这个方程意义非凡。这是根据过去成功地向雇主争取到更多薪水的其他人的数据得出的可靠的分析。

使用这个函数对于R来说只是简单的算术问题。假如想预测要求加薪5%的人能够期待的加薪，可用下列代码：

```
> my_raise <- 5
> 2.3 + 0.7*my_raise
[1] 5.8
>
```

将变量my_raise设为5（即5%）……

……将my_raise代入回归方程……

……答案在此！要求加薪5%则预期加薪5.8%。

世上没有傻问题

问： 我怎么知道人们为明天提出的目标会不会和今天已经得到的结果相似？

答： 这是回归分析的一个大问题。不仅要问"明天与今天会有几分相似？"，而且要问"要是明天变个样，我的业务会怎么样？"，答案是——你无法知道明天是否会像今天一样。变化**难免**会发生，有时还会天差地别。发生变化的可能性大小及其意义取决于问题类型。

问： 为什么会这样？

答： 喔，对比一下医疗数据和消费者偏好吧。人体明天突然改变生存方式的可能性有多大？可能性不是没有，尤其是环境发生突变，但可能性不大；消费者偏好明天发生改变的可能性有多大？你可以打赌，消费者偏好会改变，大大改变。

问： 那为什么还要劳神作预测呢？

答： 举个例子，在网络世界里，优秀的回归分析能在一段时间里产生巨大利润，哪怕明天就失去预测能力也没关系。想想你自己的行为吧，对于一家在线书店来说，你，不过是一个数据集。

问： 挺郁闷的。

答： 并非如此——这说明书店知道如何为你提供你需要的东西。你是一个数据集，书店对你这个数据集进行回归分析，预测你要买的书。除非你的品位发生改变，否则这个预测一直有效。若你的品位变了，开始买其他书籍，书店就会再次进行回归分析，从而获取新信息。

问： 这么说，要是外界条件发生改变，回归分析不再有效，我就得进行更新了？

答： 再说一遍，这取决于你的问题类型。要是你有充足、定性的理由相信你的回归分析是正确的，那么有可能永远不需要改变分析。可要是你的数据不停地变化，那就应该不停地进行回归分析并善加利用：若回归分析是正确的，你会得益；但要是现实改变、回归分析失败，也不至于影响你的业务。

问： 人们不该看见别人加多少薪就要求给自己加多少薪吧？应该认为自己值得加多少薪就要求加多少薪吧？

答： 问得很好。这个问题其实是你的部分心智模型，统计方法无法判断你要做的事是否合情合理。对于定性问题，作为分析师，你需要尽最大努力进行评估。（不过直截了当的回答是你配**大幅度**加薪！）

练习

接待你的第一批客户！听取他们的感受，写下你认为他们适合提出哪种加薪要求，用R计算他们的预期结果。

我不敢提任何要求。给我建议个小一点的数字吧，中等的。

我豁出去了，我要两位数！

营业了

练习解答

你给这两位首批客户提了什么建议？R为他们算出来的预期加薪是多少？

> 我不敢提任何要求。给我建议个小一点的数目吧，中等的。

> 我豁出去了，我要两位数！

你可能选择其他数字。

为什么不要3%？这个数目位于坐标低端。

更为激进的加薪要求是15%。

加薪要求可以低至3%。

加薪要求可以高至15%。

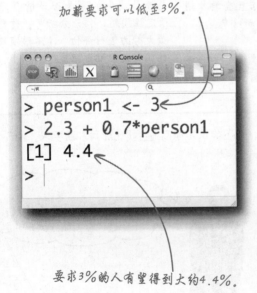

要求3%的人有望得到大约4.4%。

要求15%的人有望得到大约12.8%。

来看看结果吧……

你的加薪计算器没有照计划行事……

人们纷至沓来，请你提供建议，你顺利地完成了第一波业务。

然后，**电话铃响了起来**。一些客户对结果欢欣雀跃，另一些却有难言之隐！

我加了5%！我绝对满意，你太好了。支票用邮件寄过来了！

看来这家伙颇有所获！

12.8%？先生，我得了0%。你就找个好律师吧！

这家伙好事落空。

这东西失效了？

加薪计算器

提出要求会得到什么结果呢？下面这个方程会回答：

$$y=2.3+0.7x$$

其中x是要求额度，y是预期得到的额度。

你的客户是怎么**执行**你的建议的？那些闷闷不乐的人有什么不对？

欲知后事如何，请听下回分解……

11 误差

合理误差

世界错综复杂。

预测有失精准并不稀奇。不过,如果在进行预测的时候指出**误差范围**,你和你的客户就不仅能知道平均预测值,还能知道该误差造成的典型偏差,指出误差可以让预测和信念更全面。通过本章讲授的工具,你还会懂得如何控制误差及如何尽量降低误差,从而提高预测可信度。

愤怒的客户

客户大为恼火

在上一章中，你创建了一个线性回归算法，这个工具能根据人们要求的加薪幅度预测他们的实际加薪幅度。

许多客户都在使用这个加薪算法。

我加了4.5%，算不错了，我想这是我该得的数目。我谈话的时候太紧张了，现在都想不起提过什么要求了。

无法相信！比算出的结果多了5.0%！我谈判时肯定把老板给镇住了，他开始往我身上砸钱了！

对，我一分钱也没加，听见了吗？0.0%。对于你那个算法，我很有意见。

我挺开心的。虽然加薪幅度比预料值低了0.5%，但还是很可观。我完全相信，不谈判是不会加这么多的。

准极了！我的加薪幅度和算出来的一模一样。我和你说，这太神了。你肯定有某种天分，你让我的世界天翻地覆。

你的加薪预测算法做了什么？

要求

加薪计算器

提出某种加薪要求后会得到什么结果呢？用下面这个方程求出答案：

$$y=2.3+0.7x$$

其中x是要求额度，y是预期得到的额度。

加薪

人人用的都是立足于可靠实证数据的同一个公式。

可人们的遭遇看上去却迥然不同。

奥妙何在？

动动笔

对开页的各种说法是定性数据，说明你的回归算法的有效性。

你将如何给这些说法**归类**？

....

....

....

....

结果大相径庭

动动笔解答

你从性质方面仔细观察了客户对加薪预测算法的反应。结果如何?

各种说法。

准极了! 我的加薪幅度和算出来的一模一样。我和你说, 这太神了。你肯定有某种天分, 你让我的世界大变样了。

→ 这一位正中目标!

我非常高兴。虽然加薪幅度比预料值低了 0.5%, 但还是很可观。我完全相信, 不谈是不会加这么多的。

→ 这一位的加薪幅度接近预测, 但不完全吻合。

对, 我一分钱也没加, 听见了吗? 0.0%。对于你的算法, 我很有意见。

无法相信! 比算出的结果多加了 5.0%! 我谈判时肯定把老板给镇住了, 他开始往我身上砸钱了!

→ 这两位看来差远了。

定性地看, 有三种基本的反应类型: 第一种是所得结果完全符合预测值; 第二种是所得结果略有偏差, 但仍然接近预测值; 其中有两位所得结果偏差巨大; 而最后一种呢, 除非有一大帮子人都记不住他们提过什么, 否则这个结果恐怕对你用处不大。

→ 这一位不常见, 很难对这样的说法下结论。

我加了 4.5%, 算不错了, 我想这是我该得的数目。我谈话的时候太紧张了, 现在都想不起提过什么要求了。

客户组成

记住, 回归方程预测的是人们**平均**得到的结果。显然, 并不是每个人都能和平均值一样。

你的结果 · 偏离, 但问题不大 · 差远了! · 正中目标

练习

让我们再看几个客户反馈。下面这些反馈比前面几个反馈稍微特别一点。

把要求加薪和实际加薪的情况**画在**一张散点图上,用箭头指出下面这些客户在散点图上的位置。

我要求5%,结果加了10%。

我要求8%,结果加了7%。

用箭头指出这些人在散点图上的位置。

我要求25%,结果加了0%……我被解雇了!

注意到特别之处了吗?

....

....

....

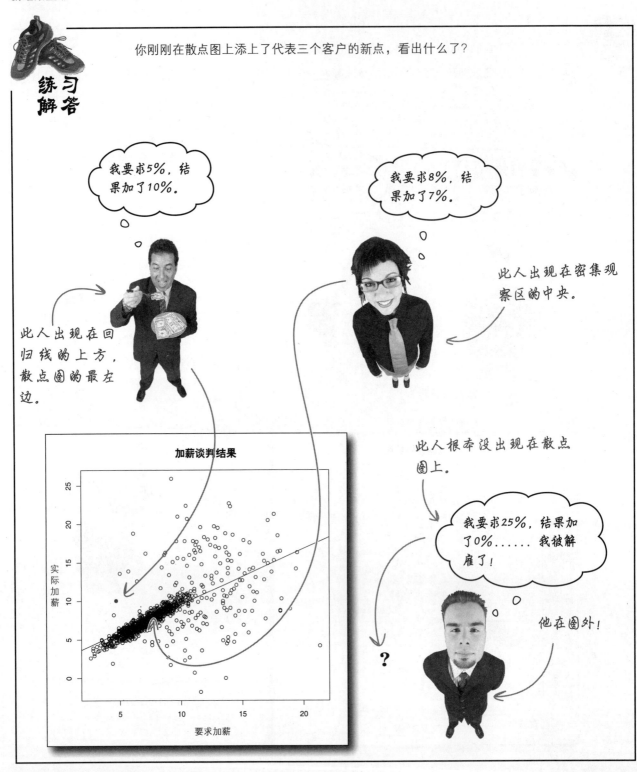

要求加薪25%的家伙不在模型范围内

用回归方程预测数据范围以外的数值称为**外插法**。小心外插法!

回归线渐行渐远。

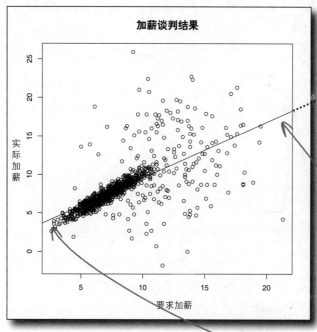

外插法预测这些外部范围。

内插法只能在这些范围内进行预测。

你对这里发生的情况并不了解。若你拥有更多的数据,也许可以用方程式来预测激进的加薪要求带来的结果。

但是,你肯定得再用新数据计算回归方程,才能确保得到正确的回归线。

外插法与**内插法**有所不同,内插法对数据范围内的点进行预测,这正是回归法的本来目的。内插法很准确,但使用外插法就得小心了。

人们随时都在使用外插法。不过,如果打算使用外插法,就需要**指定附加假设条件**,明确表示不考虑数据集外发生的情况。

动动脑

要是有一位客户想知道要求加薪30%会得到什么结果,你会怎么回答他?

个人技巧

如何对待想对数据范围以外的情况进行预测的客户

要是有客户想对数据范围以外的情况进行预测，基本上有两种可能的答复：一是无可奉告；二是提出一个假设，据此进行预测。

无可奉告： 无可奉告。要是你要求25%，我不知道会有什么结果。

根据假设进行预测： 其实数据无法给我们提示。不过，今年很旺，因此要求加30%也是合理的。我认为你会得到20%左右。

这是一个假设，可以根据这个假设进行预测。

你对这个假设不置可否！

哪个答复**对客户更有用**？第二个答案可能会让客户感到满意，因为客户得到了具体的预测，但是，**低劣的预测比不作预测更糟糕。**

世上没有傻问题

问： 到底在数据范围以外发生哪种情况会引发这样的问题？

答： 在你所用的数据范围以外，可能根本就没有数据。就算有数据，也是大相径庭。这些数据甚至可能是非线性的。

问： 但我不一定要把所有数据点都放在数据范围内。

答： 没错，这是数据质量和抽样问题。要是你用的不是全部数据，而是抽样数据，那么就要确保这些抽样数据能代表整个数据集，从而能够据此建立模型。

问： 考虑在各种假设的、纯推理的条件下发生的情况难道是多此一举吗？

答： 非也，肯定应该考虑。但这需要训练，确保你对假设情况的想法不会影响到你对现实情况的想法（及行动）。

问： 对未来进行预测不算外插法吗？

答： 是外插法，但这是否会带来问题则取决于你的研究对象。你的观察对象会在未来发生彻头彻尾的改变还是相当稳定？宇宙的物理定律可能不会在下个星期发生巨变，但证券市场的各种关系却有这种可能。考虑这些问题将会帮助你懂得如何使用自己的模型。

误差

千万要对模型假设保持戒心。

观察他人的模型时,一定要想一想他们的假设有何道理,以及他们是否忘记了某种假设。不合适的假设会使模型完全失效——这还算是最好的结果;最坏的结果是具有危险的欺骗性。

建立模型

看看下面这一连串针对加薪计算器的假设,要是某个假设正确,会引起模型发生哪种改变?

在数据范围内,几年来的经济效益都大致相同,可今年赚的钱少多了。

....

在我们拥有的数据范围内,所有的加薪工作都由同一位老板负责,但他离开了公司,这个工作由另外一位老板接管。

....

你的谈判方式会对加薪结果造成重大影响。

....

各个点在20%~50%范围内的分布情况与在10%~20%范围内的分布情况看起来很相似。

....

只有高个子才要求加薪。

....

第11章 误差 **合理误差** 323

假设

建立模型

看看下面这一连串针对加薪计算器的假设，要是某个假设正确，会引起模型发生哪种改变？

在数据范围内，几年来的经济效益都大致相同，可今年赚的钱少多了。

今年的平均加薪幅度可能会下降。模型可能失效。

在我们拥有的数据范围内，所有的加薪工作都由同一位老板负责，但他离开了公司，这个工作由另外一位老板接管。

新老板可能会有不同的想法，也许会推翻模型。

> 嘿！这样的话你的生意就完蛋了，除非得到有关这个新老板的数据！

你的谈判方式会对加薪结果造成重大影响。

这个假设肯定正确，数据会反映出这种变化，因此模型有效。

> 你手头没有关于如何谈判要钱的数据……模型只是表明不同的加薪要求带来的平均加薪结果。

各个点在20%–50%范围内的分布情况与在10%–20%范围内的分布情况看起来很相似。

如果这个假设正确，可以外插回归方程。

只有高个子才要求加薪。

如果这个假设正确，则这个模型不适用于矮个子。

> 矮个子可能比高个子干得好，也可能干得差。

既然已经考虑了各种假设对模型的影响，现在要做的就是改变算法，从而让人们知道如何使用外插法。

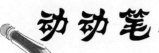

你需要调整算法,指导客户回避外插法的陷阱。你会增加哪些内容呢?

要求

加薪计算器

提出某种加薪要求后会得到什么结果呢?用下面这个方程求出答案:

$$y = 2.3 + 0.7x$$

其中x是要求额度,y是预期得到的额度。

在这里写下使用外插法的警示。

....
....

加薪

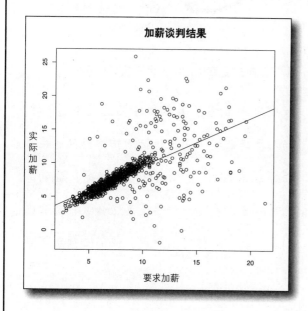

加薪谈判结果

你会如何**向客户说明**他们需要避免外插法?

....
....
....
....

新的加薪计算器

动动笔解答

如何修改加薪算法能确保客户不外插到数据范围以外?

要求

加薪计算器

提出某种加薪要求后会得到什么结果呢?
用下面这个方程求出答案:

$$y=2.3+0.7x$$

其中x是要求额度,y是预期得到的额度。

但这个公式只在加薪要求(x)介于0%到22%之间时有效。

这就是你要写上的注释。

加薪

你的回归方程在这个范围内有效。

你的要求加薪数据范围仅延伸到这儿。

只要超过22%,就无法知道会发生什么情况。

你会如何改变算法,指点客户避免外插?

由于你只掌握了要求加薪幅度不超过22%的人员的数据,因此你的回归方程仅适用于加薪要求在0%到22%之间的情况。你的客户可以要求更多——要是真这么做可能会捞到更多钱——但可以料定,他们必须孤军奋战。

由于使用外插法而惨遭解雇的家伙冷静下来了

哦,起码你作解释的时候修正了自己的分析,很公道。下次我准备要求加薪的时候还找你。

经过改进的新回归公式很少再让客户走进**未知统计地带**。

这么说,你的工作到此为止了?

进一步调整

你只解决了部分问题

还有许多人的加薪结果存在扭曲,但他们所要求的加薪幅度就在你的数据范围内。

你该为这些人做什么呢?

扭曲的加薪结果数据看起来是什么样子？

再看一看你的图形和回归线。为什么人们的实际加薪不正好等于他要求的加薪呢？

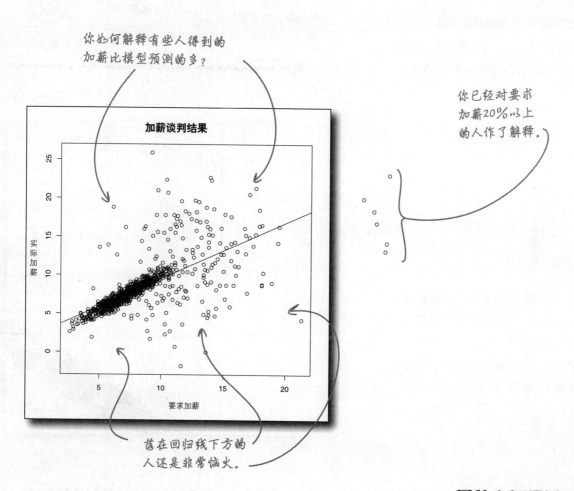

你如何解释有些人得到的加薪比模型预测的多？

你已经对要求加薪20%以上的人作了解释。

落在回归线下方的人还是非常恼火。

是什么原因造成了这种偏离预测结果的现象呢？

第11章 误差 合理误差 329

何谓机会?

机会误差=实际结果与模型预测结果之间的偏差

无论你的回归分析是否无可挑剔,都免不了要进行这样那样的预测。这些预测很少不偏不倚,这种实际结果与预测结果之间的偏差叫做**机会误差**。

在统计学中,机会误差又称为**残差**,对残差的分析是优秀的统计模型的核心。

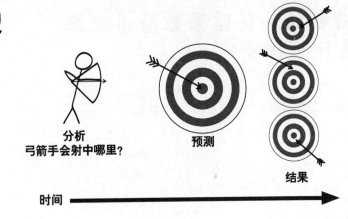

分析
弓箭手会射中哪里?

预测

结果

时间

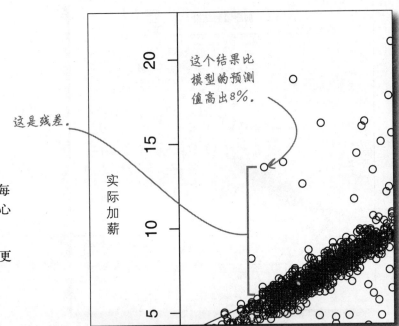

这是残差。

这个结果比模型的预测值高出8%。

实际加薪

尽管你可能永远无法恰当地解释每个偏离模型的残差的原因,但必须小心观察散点图上的残差。

如果你能正确地解释残差,就能更好地理解手头的数据以及模型的用途。

预测总是与机会误差同在,你可能永远也想不通自己的数据中为什么会出现机会误差。

动动笔

最好进一步调整你的算法:这一次,你可能应该描述误差。

下面是一些有可能添加到算法中的关于误差的前提条件,你打算将哪一个添加到算法中?

"由于存在机会误差,模型可能无法为你指出预测结果。"

....

....

....

....

"你得到的结果可能会在预测值上下20%。"

....

....

....

....

"我们只为符合模型结果的实际结果提供担保。"

....

....

....

....

"请注意,由于存在机会误差,你个人的结果可能会不同于预测结果。

....

....

....

....

你偏爱的条件会出现在这儿。

加薪计算器

提出某种加薪要求后会得到什么结果呢?用下面这个方程求出答案:

$$y=2.3+0.7x$$

其中x是要求额度,y是预期得到的额度。但这个公式只在加薪要求(x)介于0%到22%之间时有效。

....

....

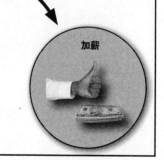

有误差的加薪计算器

你加工了原来的算法,令它包含机会误差。现在这个算法表现如何?

"由于存在机会误差,模型可能无法为你指出预测结果。"

这是对的。可能只有一部分人得到的结果会与方程计算结果完全相同。但是,这个解释不会让客户特别满意。

"我们只为符合模型结果的实际结果提供担保。"

这不过是毫无意义的口号。只有在结果符合模型预期的时候才为结果提供担保?要是不符合预期呢?真有你的。

"你得到的结果可能会在预测值上下20%。"

定量地指定误差是很好的做法。但你有什么理由认为误差是20%呢?再说,要是这个误差属实,你就不想把误差降低一点儿吗?

"请注意,由于存在机会误差,你个人的结果可能会不同于预测结果。"

正确,但不是特别让人满意。除非我们拥有更有效的工具,否则这个方法会用得着。

这是对机会误差的警示。

加薪计算器

提出某种加薪要求后会得到什么结果呢?用下面这个方程求出答案:

$$y = 2.3 + 0.7x$$

其中x是要求额度,y是预期得到的额度。但这个公式只在加薪要求(x)介于0%到22%之间时有效。

请注意,由于存在机会误差,你个人的结果可能会不同于预测结果。

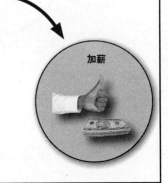

加薪

你失去了所有客户。

这事儿挺难开口的：你的整个业务都完了。薪资算法中的最后一行成了一条分界线：人们认为你能帮忙，或是人们认为你的产品一文不值。

你打算如何修复自己的产品？

坦言误差

误差对你和客户都有好处

你越是对客户将在预测结果中发现的机会误差漫不经心,你和客户的距离就越远。

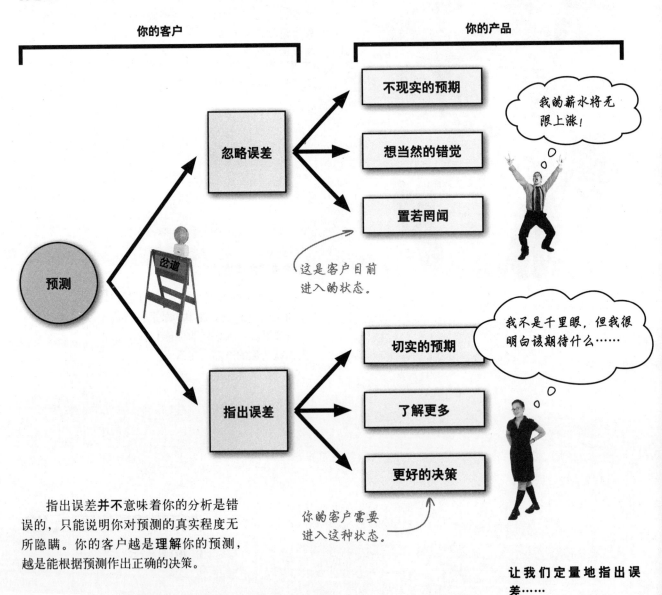

指出误差**并不**意味着你的分析是错误的,只能说明你对预测的真实程度无所隐瞒。你的客户越是**理解**你的预测,越是能根据预测作出正确的决策。

让我们定量地指出误差……

机会误差访谈

本周访谈：什么是机会？

Head First：伙计，你是我的眼中钉肉中刺。

机会误差：说清楚点？

Head First：是这样，因为你的原因，利用回归分析永远无法做出正确预测。

机会误差：什么？各种测量方法都少不了我，尤其是回归分析。

Head First：哼，只要有你在，谁会信任回归预测？要是我们的客户想知道提出加薪后能够到手多少，他们不会愿意听见我们说"模型预测结果和实际得到的结果难免、可能有误差"！

机会误差：你全搞错了。你应该这样看待我：机会误差始终存在，但只要懂得如何向别人解释就并不可怕。

Head First：这么说误差不一定是个坏字眼。

机会误差：绝对不是！！！误差能派上用场的地方太多了。实际上，要是人们经常以更妥当的方法指出误差，世界会更美好。

Head First：好吧，既然如此，我现在打算这么做——假定有一个人想知道提出加薪7%的要求会带来多少加薪，我就说："模型预测结果是7%，但机会误差指出你可能会得到其他结果。"

机会误差：这么说怎么样：如果要求加薪7%，可能得到6%至8%。听上去是不是好一些？

Head First：听上去一点儿不吓人！！！真的这么简单？

机会误差：没错！喔，可以这么说。实际上，控制误差才是真正的大问题，你可以找到一大堆统计工具来分析和描述误差，但最重要的是，要知道，指出预测范围比单单指出一个数字有用得多（并且**可靠得多**）。

Head First：我能用误差范围来描述主观概率吗？

机会误差：可以，而且确确实实应该这么做。再举个例子，请问下面哪一位分析师思路更严密：一个说他相信明年股市会上涨10%；另一个说他认为明年股市会上涨0%–20%？

Head First：这还用说，第一位不会真认为股市会正好好上涨10%，另一位更理性。

机会误差：答对了。

Head First：那么，你说你来自哪里？

机会误差：哦，答案可能不太妙。很多时候都无法知道机会误差来自哪里，尤其是对于单一观察对象。

Head First：是吗？你是说不可能解释观察结果为什么会偏离模型预测结果吗？

机会误差：有一部分偏差能解释。例如，你可能能够把一些数据点集中起来，借此减小机会误差。但在某种程度上机会误差还是会存在。

Head First：这么说我的工作就是尽量让你变小？

机会误差：你的工作应该是尽量为自己的模型和分析增加解释和预测功能，也就是要周到地对待我，而不是甩掉我。

误差数据

定量地指定误差

实际结果恰好等于预期结果是件让人高兴的事，但真正的问题在于机会误差如何分布（残差分布）。

你需要一个统计值，通过它体现出典型的点（或称为观察结果）相对于回归线的**平均偏移量**。

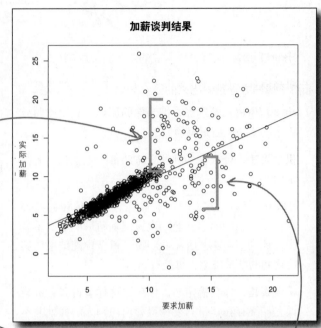

回归线周围的残差分布说明了模型的多种特点。

回归线周围的观察结果越密集，回归线越可靠。

> 嘿，听起来像标准偏差，标准偏差体现出典型的点相对于平均观察结果的偏差。

确实如此。作为一种量度方式，相对于回归线的机会误差（或者称为均方根误差）的分布与相对于平均值的标准偏差具有相同的用途。

有了回归线的均方根误差值，就能告诉客户实际结果与典型预测结果之间可能有多大差距。

用均方根误差定量表示残差分布

还记得标准偏差的单位吗？和测量对象的单位一样：如果最终得到的加薪的标准偏差为5%，那么典型的观察结果相对于回归方程预测出来的值将会偏离5%。

均方根误差也是如此。假如，根据要求值预测实际值的均方根误差为5%，那么，典型的观察结果与回归方程预测出来的值可能偏离5%。

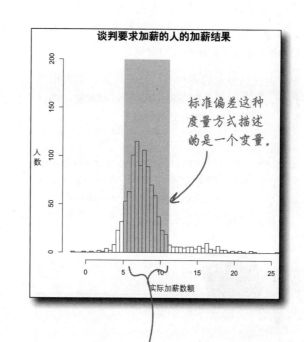

标准偏差这种度量方式描述的是一个变量。

标准偏差描述的是平均值周围的分布情况。

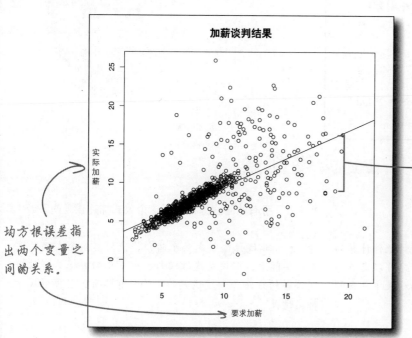

均方根误差指出两个变量之间的关系。

均方根误差描述的是回归线周围的分布情况。

既然如此，如何计算均方根误差呢？

R的作用

R模型知道存在均方根误差

在上一章中,你在R中创建了线性模型对象,这个对象并非只知道Y轴截距和回归线的斜率。

它有一个连接模型中的各种统计值的句柄,均方根误差也在其中。如果你还没有在R中创建myLm对象,那么请在做下一个练习之前先输入以下函数:

```
employees <- read.csv("http://www.headfirstlabs.com/books/hfda/
    hfda_ch10_employees.csv", header=TRUE)
myLm <- lm(received[negotiated==TRUE]~
    requested[negotiated==TRUE], data=employees)
```

千万要加载最新的数据。

线性模型对象

花絮

R的内部使用下面这个公式计算均方根误差:

$$\sigma_y * \sqrt{1-r^2}$$

y的标准偏差。 相关系数。

世上没有傻问题

问: 我需要把这个公式背下来吗?

答: 很快你就会看到,用R或者其他统计软件计算均方根非常方便,重要的是,你要知道误差是可以定量描述、定量使用的,还有,要能够描述预测结果中包含的误差。

问: 所有的回归方程都用这个公式描述误差吗?

答: 非线性回归或多元回归将使用其他公式确定误差。实际上,即使是线性回归,也不止均方根这一种描述偏差的方法。量度误差的方法应有尽有,具体取决于特定情况。

一试身手

让我们用R代替代数方程来计算均方根误差。

输入下面的指令，看一看R对模型的汇总：

    summary(myLm)

均方根误差将会出现在输出结果中，但也可以输入下面这个指令查看均方根误差：

    summary(myLm)$sigma

均方根误差又称为"σ"或"残差标准差"。

接下来，用颜色画出整条回归线周围的误差区间，显示出均方根误差。

误差区间应该沿着回归线分布，回归线上、下的误差区间宽度应该等于同一个均方根误差。

从这里开始画误差区间。

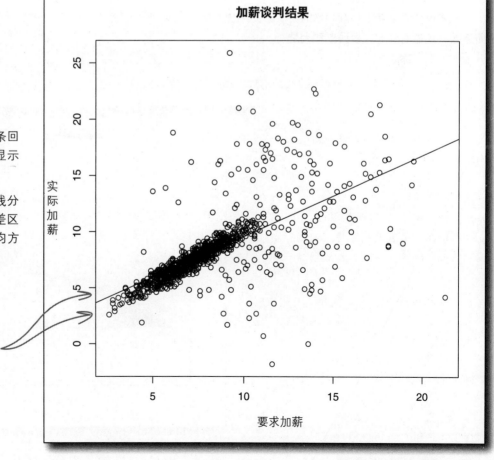

查询线性模型对象

R的线性模型汇总展示了均方根误差

只要你要求R汇总线性模型对象，它就会给出一大堆有关对象实质的信息。

R能让你知道有关线性模型的各种结果。

你不仅能看到和上一章一样的回归系数，还能看到均方根误差和大量其他体现模型特征的统计值。

这是均方根误差！

如果在回归线±2.3%的范围内画一个区间，结果就是这样。

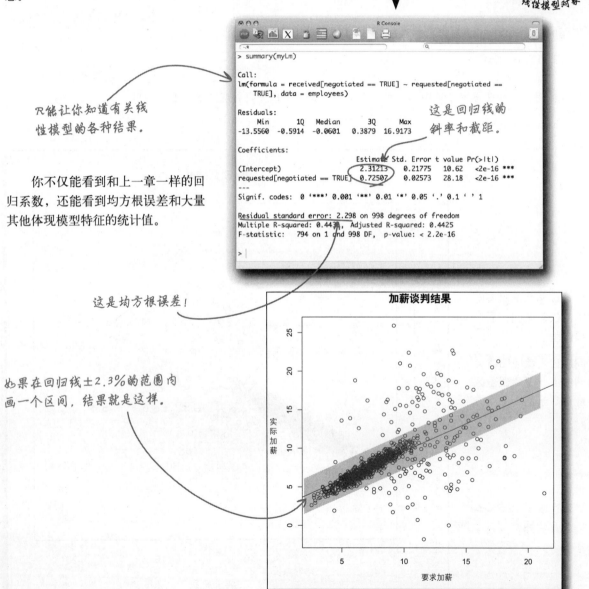

这是模型的总体情况。

这是回归线的斜率和截距。

线性模型对象

动动笔

你即将重新处理你创建的薪资算法。能更细致地描述机会误差吗?

怎样改动这个算法才能纳入均方根误差呢?在加薪计算器中写下你的答案。

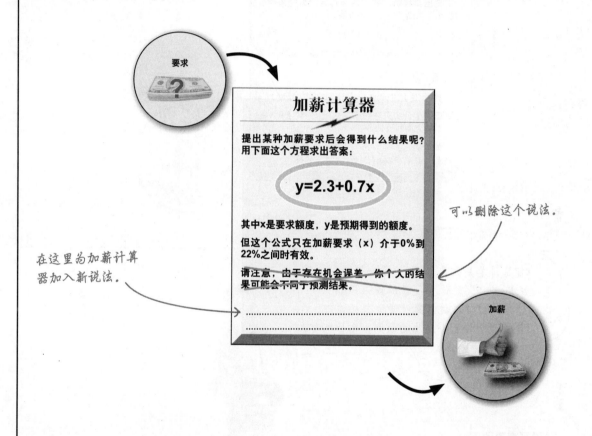

有些客户不喜欢不确定的结果

让我们看看以回归线的均方根误差结束的新算法。

要求

加薪计算器

提出某种加薪要求后会得到什么结果呢？
用下面这个方程求出答案：

$y=2.3+0.7x$

其中x是要求额度，y是预期得到的额度。
但这个公式只在加薪要求（x）介于0%到22%之间时有效。

大部分（但并非全部）加薪结果都会落在高于或低于预测结果2.5%的范围内。

这是你的新说法，其中纳入了均方根误差。

加薪

这句话告诉客户他们可以期待的加薪范围。

就是说要是我要求7%，将会得到4.5—9.5%？你要是想让我好好听你的，就得再说清楚一些。拜托你给我一个误差小点儿的预测，行不？

她说得有道理。

能不能想办法让这个回归预测用处更大呢？能不能检查一下数据，看看是否能减小误差？

练习

将散点图分割成不同取值区间进行观察。在回归线的不同区间内,均方根误差是否有差异?

针对散点图上的每个取值区间,用颜色涂出误差所在的区间。

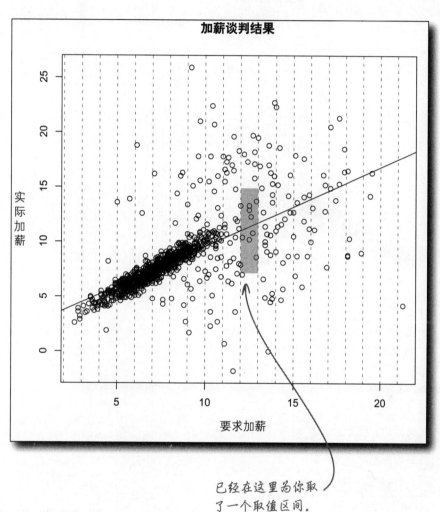

已经在这里为你取了一个取值区间。

发现哪些**取值段**的残差有显著不同吗?

误差有波动

练习解答

你已经观察过每个取值区间的均方根误差。发现什么了?

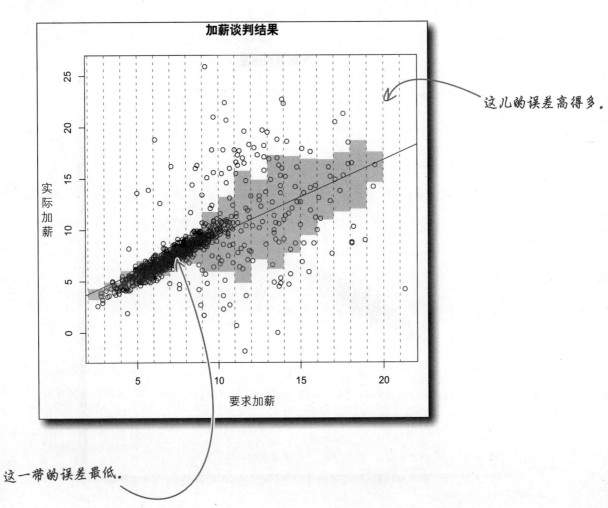

这儿的误差高得多。

这一带的误差最低。

为什么右侧的误差更高?

观察数据,想一想数据的确切意义。

吉姆：老兄啊，简直疯了！似乎散点图上的每个取值区间的预测分布都不一样！

乔：是啊，真是疯了，真的。我们究竟应该怎么向客户解释呢？

吉姆：客户是不会为这种预测付钱的。要是我们对客户说，"要求加薪7%~8%时，误差看起来相对较低，但要求加薪10%~11%时，误差就一飞冲天了"——客户是不会理解的。

弗兰克：喂，放松点，兄弟们。也许我们该想想各个误差区间**为什么**会是这模样，这也许能帮助我们理解所有这些区间的加薪现象。

吉姆：[嘲笑状]你又在思前想后了。

弗兰克：呃，我们是分析师嘛，对不对？

乔：行，让我们看看人们提出的要求。在坐标起始处，有一片颇为不小的数据，一冲到5%左右就收窄了。

吉姆：对，而且在这一片数据中只有三个人提出的加薪要求低于5%，因此我们也许不应该对4%~5%区间内的误差过于相信。

弗兰克：说得好！那么现在让我们看看从5%直到10%的区间，这一带误差最小。

乔：嗯，人们对自己的要求持保守态度，而他们的老板呢，也相应地持保守态度。

弗兰克：然后，当跨过10%……

吉姆：后果难料啊，想想吧，15%可谓大幅度加薪，我看一般大家没有胆量提出这种要求。谁知道老板会有什么反应？

弗兰克：有意思的假设。你的老板可能会因为你的大胆而奖赏你，也可能会因为你的冒失而给你点颜色看看。

吉姆：一旦你狮子**大开口**，任何事都有可能发生。

乔：知道吗，兄弟们，我认为我们的数据里包含两类人。说确切一点就是，我认为我们应该有两种模型。

要是把数据拆开，分析结果会怎么样呢？

分区的意义

分割的根本目的是管理误差

将数据分拆为几个组称为**分割**。如果为几个分组分别创建预测模型比单独使用一个模型更能减小误差，则应进行分割。

在单独使用一个模型时，要求加薪10%（或以下）的人的估计误差**太高**，而要求加薪10%以上的人的估计误差则**太低**！

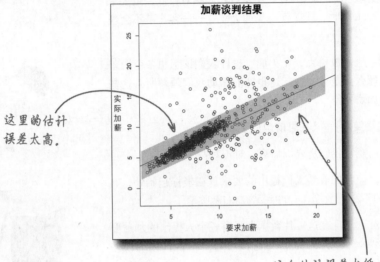

这里的估计误差太高。

这个估计误差太低。

观察取值区间可以看出，两个分区内的误差迥然不同。实际上，将数据分割为两个分组，并为每个分组建立一个模型，将能对数据分布情况给出更切合实际的解释。

将数据分割为两个分组后，统计结果更敏感，更能体现各个分区内的情况，从而有助于**管理误差**。

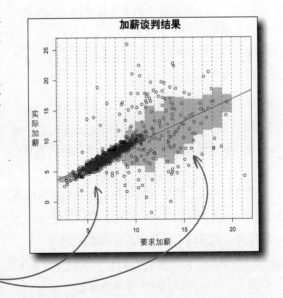

这些误差估值更切合实际。

如果把要求加薪10%以下和要求加薪10%以上的人员数据分开，两条回归线很可能具有不同的外观。

这就是分开后的数据。想象一下两组数据的回归线的形状，把它们画出来。

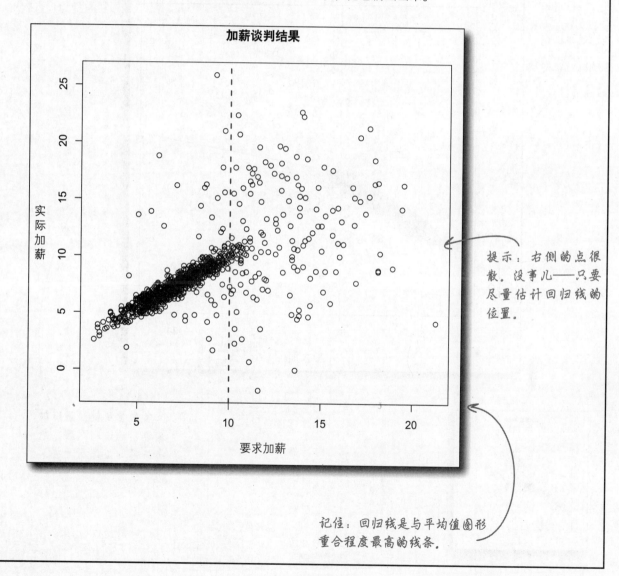

提示：右侧的点很散。没事儿——只要尽量估计回归线的位置。

记住：回归线是与平均值图形重合程度最高的线条。

两条回归线

你已经创建了两条回归线——也就是两个独立的模型!

它们外观如何?

这条线贯穿提出较低加薪要求的人群,与数据的重合程度高于原来的模型。

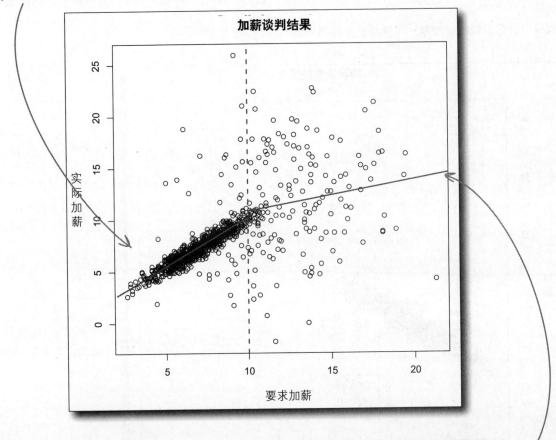

这条线贯穿提出激进加薪要求的谈判人群,斜率与另一条线不一样。

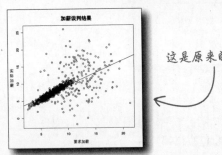

这是原来的模型。

两条回归线？啊？怎么不弄个20条呢？我能为每个取值区间单独画一条回归线……你看如何？！？

考考你

是个好主意。为什么画两条就打住呢？画更多线——多得多，会不会让模型更有作用呢？

预测与解释的平衡效果

优秀的回归分析兼具解释功能和预测功能

将加薪分析图形分为两个分区既能让分析结果与数据更吻合，又能避免出现有太多解释或太多预测的极端情况，如此一来，你的模型就是**有用模型**。

更多解释功能

这个模型和每个数据点都吻合。

这个模型与许多可能出现的数据组合相吻合。

更多预测功能

← 你的分析应处于中央某个位置。→

你对数据了如指掌，但无法作出任何预测。

你的预测是正确的，但不够精确，无法发挥作用。

世上没有傻问题

问：为什么只把数据分成两组就打住呢？为什么不分成五组？

答：要是你有很好的理由需要那么做，请动手。

问：我可以发疯般地把数据分成3000组，让分区正好等于数据点的个数。

答：当然可以。要是真这么做的话，你认为3000条回归线对于预测人们的加薪幅度有何奇效？

问：我……

答：要是真这么做，你可以解释一切。所有的数据点都有来历，所有回归线的均方根误差都为零。可是，这些模型的**预测**功能将丧失殆尽。

问：那么，有一大堆预测功能而没有太多解释功能的分析模型又是一副什么样子？

答：和你的第一个模型有些像。比如说这样一个模型：不管提出什么加薪要求，都会得到-1000%到1000%之间的加薪结果。

问：听起来真傻。

答：当然，但这个模型所具有的预测功能**不可思议**。很可能你所接待的任何人都不会超出这个范围，但这个模型什么也不能**解释**。这样的模型是以解释功能换取预测功能。

问：所以说零误差似乎就是：没有任何预测能力。

答：正是！你的分析应该介于具有完全解释功能和具有完全预测功能之间，具体位于这两个极限位置之间的哪个位置取决于你——分析师的最佳判断。你的客户需要什么样的模型？

误差

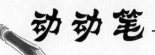

分别将这两个模型的均方根误差区域涂上颜色。

用颜色区域表示每个模型的残差分布。

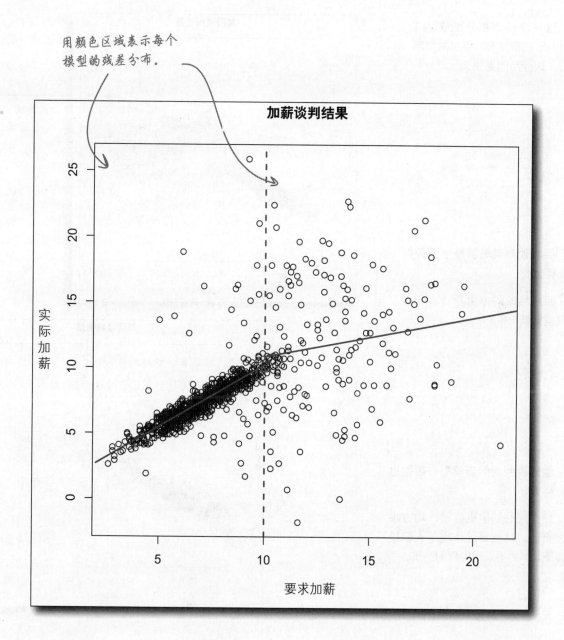

第11章 误差 合理误差

> 控制误差

相比原来的模型，分区模型能更好地处理误差

这两个模型更好地描述了人们提出加薪要求后得到的实际加薪，因而功能更强大。

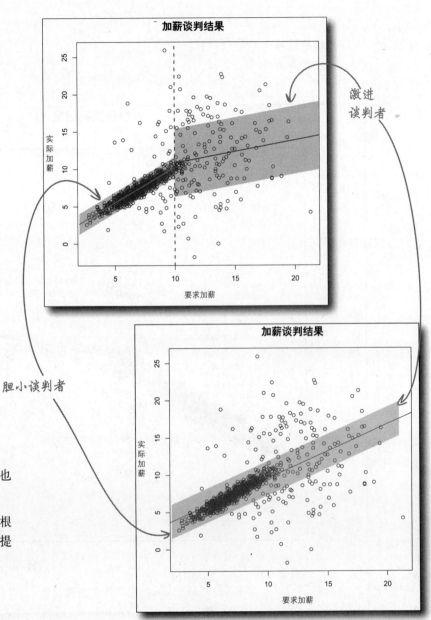

胆小谈判者的新模型与数据重合得更好。

回归线的斜率更靠谱，均方根误差更低。

激进谈判者的新模型与数据也重合得更好。

回归线的斜率更靠谱，均方根误差更高，这更好地体现了人们提出高于10%的要求后得到的结果。

让我们在R里实现这些模型……

练习

现在是时候在R里实现这些新模型了。只要创建了模型,就能通过系数调整加薪预测算法。

输入下面的指令行,创建与两个分区相对应的新的线性模型对象:

这个代码告诉R仅关注数据库中要求过加薪的人的数据……

```
myLmBig <- lm(received[negotiated==TRUE & requested > 10]~
    requested[negotiated==TRUE & requested > 10],
    data=employees)
myLmSmall <- lm(received[negotiated==TRUE & requested <= 10]~
    requested[negotiated==TRUE & requested <= 10],
    data=employees)
```

……并以10%为分割界线来分割数据。

使用下面这些版本的summary()函数查看两个线性模型对象的汇总结果,解释这些指令,说说每条指令完成的工作:

```
summary(myLmSmall)$coefficients
summary(myLmSmall)$sigma
summary(myLmBig)$coefficients
summary(myLmBig)$sigma
```

这些结果会让你的算法更有效.

修正均方根误差

练习解答

你刚才用两个新的回归方程计算了分区数据。发现什么了?

当你告诉R创建新模型时,R不在前台显示任何信息。

但后台却一片繁忙!

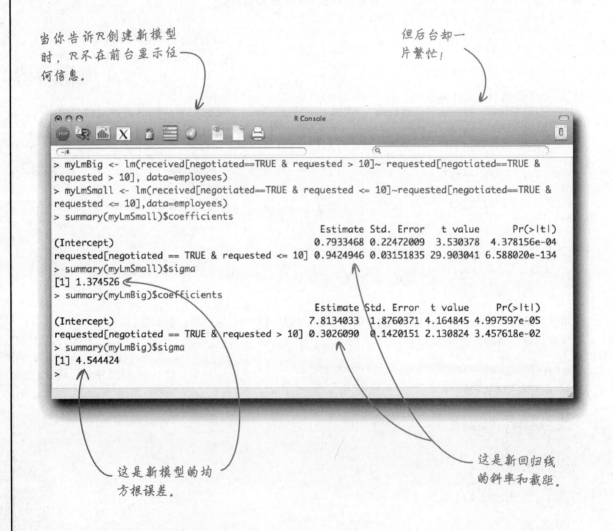

这是新模型的均方根误差。

这是新回归线的斜率和截距。

现在,你已经万事俱备,就等创建一个更强大的算法帮助客户了解提出任何加薪要求后所能期待的结果。让我们弃旧迎新,把分析出来的一切信息都用上。

使用新模型的斜率和截距,写出描述这两个新模型的方程式。

....

....

每个模型应用于哪种加薪范围? ← 别忘记避免外插法!

....

....

根据所使用的模型,你的客户能够期盼实际加薪与预期加薪有多接近? ← 考虑均方根误差。

....

....

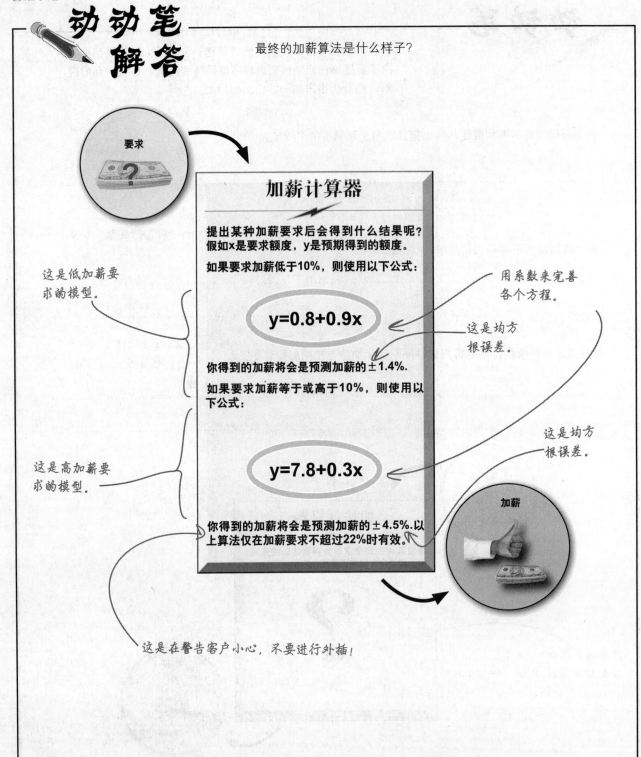

你的客户纷纷回头

新算法确实开始奏效,人人都为此激动不已。

现在,大家可以决定,是要冒着高风险狮子大开口,还是宁可降低要求,图个安稳。

求安稳的人心想事成,而不惧风险的人也能理解他们为什么会有这种结果。

12 关系数据库

你能关联吗?

只有一个我,却有这么多的他们……

如何组织变化多端的多变量数据?

一张电子数据表只有两维数据:行和列。如果你的数据包括许多方面,则**表格格式**很快就会过时。在本章,你会看出电子表格很难管理多变量数据,还能看到**关系数据库**管理系统让多变量数据的存储和检索变得极其简单。

杂志绩效分析

《数据邦新闻》希望分析销量

《数据邦新闻》是时下盛行的一份新闻类杂志，许多居民都看这份杂志。《数据邦新闻》给你出了一个非常特别的题目：他们想把每期杂志的文章数目与销量关联起来，然后找出在每一期刊物上刊登文章的最优数量。

他们希望每一期杂志都能尽量经济有效，要是每一期杂志刊登一百篇文章比刊登五十篇文章带来的销量并无提高，那他们就不刊登这么多；另一方面，要是刊登五十篇文章比刊登十篇文章能带来**更大**销量，那他们就会刊登五十篇文章。

要是你能给他们全面分析这些变量，他们将**免费**为你的数据分析业务做一年的**广告**。

这是他们保存的运营跟踪数据

《新闻》给你送来了他们的经营数据,是四张独立的电子表格文件。这些文件相互之间有一定联系,为了进行分析,你需要弄清楚具体有哪些联系。

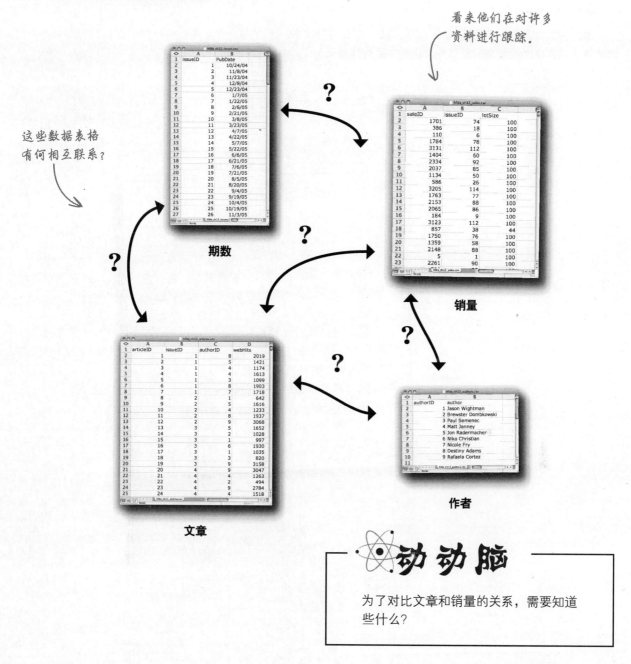

看来他们在对许多资料进行跟踪。

这些数据表格有何相互联系?

期数

销量

文章

作者

动动脑

为了对比文章和销量的关系,需要知道些什么?

数据有何关系?

你需要知道数据表之间的相互关系

为了得到《新闻》想得到的答案,你创建表格,据此将**文章数目**和**销量**联系起来。

因此你需要知道这些表格如何相互关联。是哪些特定数据域将这些表格联系起来的?另外,这些关系有何**意义**?

这是《新闻》关于如何维护数据的说法。

> 发件人: 数据邦新闻
>
> 收件人: Head First
>
> 主题: 关于我们的数据
>
> 是这样,每一期杂志都刊登大量文章,每一篇文章都有一位作者,因此在数据中,我们将作者和文章联系起来。当我们编辑好一期杂志后,就会给所有的批发商打电话。他们订购每一期杂志,我们将订购记录放在销售表里。你手头的表格中有一项"批量",记录的是我们售出的杂志的份数,通常以100为一个单位,但有时候也卖得少点。这些信息有帮助吗?
>
> ——数据邦新闻

他们要记录大量资料,因此需要这许多数据表。

关系数据库

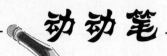

用箭头和文字说明每张数据表中记录的数据之间的关系。

销量

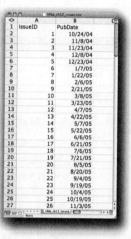

期数

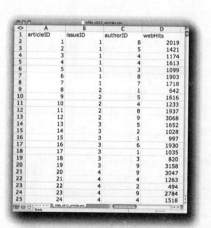

文章

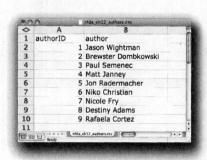

作者

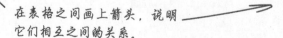

在表格之间画上箭头,说明它们相互之间的关系。

第12章 关系数据库 你能关联吗? **363**

关系识别

动动笔解答

你发现《数据邦新闻》保存的数据表之间有何关系?

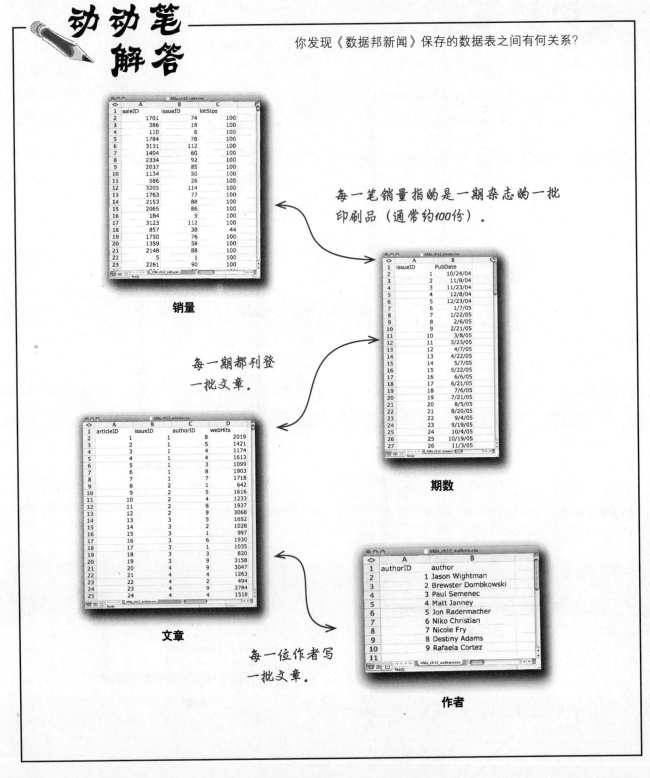

数据库就是一系列相互有特定关系的数据

一个**数据库**就是一张表格或一组表格，表格以某种方式对数据进行管理，使数据之间的相互关系显而易见；数据库软件则对表格进行管理。可供选择的数据库软件很多。

对于那些数据类型不变的组织，可通过特定的"现买现用"数据库管理数据。

现买现用

数据库软件多如牛毛。

数据库软件

定制改装

数据库

重要的是要了解附件中要记录的那些数据之间的关系。

在其他情况下，人们需要一些符合自己特定需要的功能，因此会用Oracle、MySQL之类的工具自己动手定制数据库。

这是个难题。

> 那么，如何使用这方面的知识来计算每一期文章数目和总销量？

寻找关系

找到一条贯穿各种关系的路线，以便进行必要的比较

如果手头有一些相互独立的表格，但这些表格中的数据互有关系，同时又有一个关系到多张表格的问题需要解答，那么，就需要沿着相互关联的表格顺藤摸瓜。

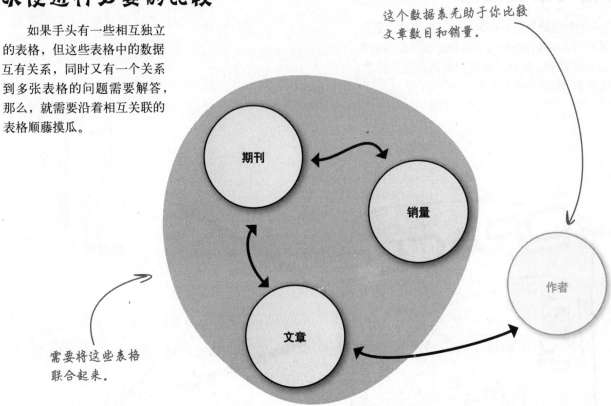

这个数据表无助于你比较文章数目和销量。

需要将这些表格联合起来。

创建一份穿过这条路径的电子表格

一旦知道自己需要哪几个表格，就可以制定一个计划，将数据与公式关联起来。

在本例中，你需要有一份能对每期文章数目和销量进行比较的表格。你将需要写出公式，以便计算需要计算的数值。

在下一个练习中，你将计算这些数值。

期刊	文章数目	销量
1	5	1 250
2	7	1 800
3	8	1 500
4	6	1 000

你将需要用公式计算这些数值。

关系数据库

练习

让我们创建一个电子表格，像对开页上的一样，然后首先计算每一期《新闻》的"文章数目"。

① 打开"**hfda_ch12_issues.csv**"文件，保存一份副本，以便工作。记住，可别把原始文件搞乱了！将新文件取名为"**dispatch analysis.xls**"。

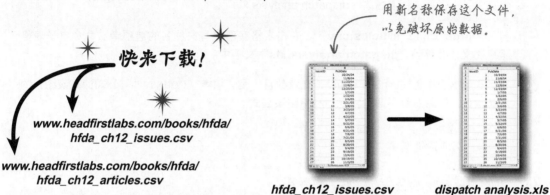

用新名称保存这个文件，以免破坏原始数据。

快来下载！

www.headfirstlabs.com/books/hfda/
hfda_ch12_issues.csv

www.headfirstlabs.com/books/hfda/
hfda_ch12_articles.csv

hfda_ch12_issues.csv → dispatch analysis.xls

② 打开"**hfda_ch12_articles.csv**"，右击表格底部带有文件名的选项卡。命令电子表格程序将文件转移到"**dispatch analysis.xls**"文档中。

将文章数据表格复制到新文件中。

③ 在期刊数据表中创建文章数目列，填入COUNTIF公式计算该期刊的文章数目；然后对每一期刊物复制和粘贴该公式。

将COUNTIF公式填写在这里。

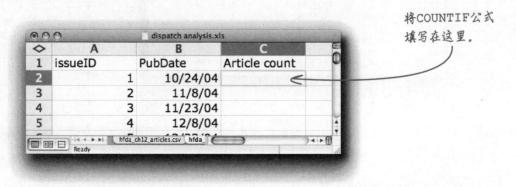

第12章 关系数据库 你能关联吗？ **367**

文章数量

练习解答

你发现每一期刊物的文章数目情况如何？

1. 打开"**hfda_ch12_issues.csv**"文件，保存一份副本，以便工作。记住，可别把原始文件搞乱了！将新文件取名为"**dispatch analysis.xls**"。

2. 打开"**hfda_ch12_articles.csv**"，右击表格底部带有文件名的选项卡。命令电子表格程序将文件转移到"**dispatch analysis.xls**"文档中。

3. 在期刊数据表中创建article count（文章数目）列，填入"COUNTIF"公式计算该期刊的文章数目；然后对每一期刊物复制和粘贴该公式。

这个公式读取电子表格中的 articles（文章）选项卡。

=COUNTIF(hfda_ch12_articles.csv!B:B,hfda_ch12_issues.csv!A2)

计算每一期刊物出现在文章列表中的次数。

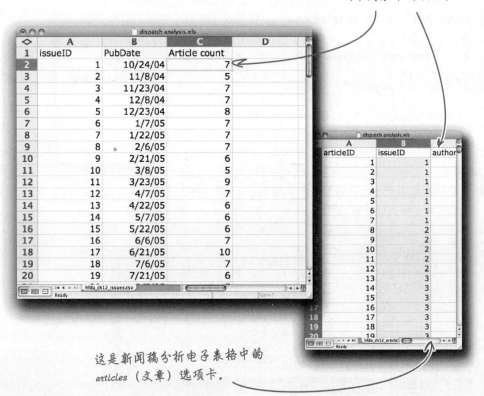

这是新闻稿分析电子表格中的 articles（文章）选项卡。

关系数据库

> 酷！在将销量数据添加到电子表格中时，记住，这些数字只是代表杂志件数，不代表金额。我只要求你按杂志份数计算销量，不需要按金额计算。

这是《新闻》总编。

听上去不错……让我们将销量添加到列表中！

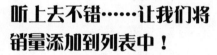

练习

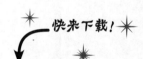
快来下载！

www.headfirstlabs.com/books/hfda/hfda_ch12_sales.csv

在所创建的电子表格中添加一个总销量域。

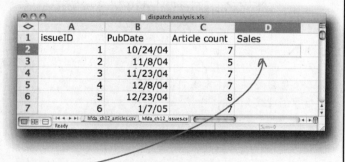

① 复制 **hfda_ch12_sales.csv** 文件，使其成为 **dispatch analysis.xls** 中的一个新选项卡。在用于计算文章数目的同一个工作表中，新建一个 Sales（销量）列。

增加这一列，将新公式填在这儿。

② 使用 SUMIF 公式计算期刊 ID1（issueID 1）的销量数据，将公式填写在单元格 C2 中。复制该公式，为其余每一期刊物粘贴该公式。

第12章 关系数据库 你能关联吗？ 369

考虑销量

你用了哪个公式将销量添加到电子表格中?

该公式表明期刊1售出了2227份。

SUMIF公式的第一个自变量读取期刊。

=SUMIF(hfda_ch12_sales.csv!B:B, hfda_ch12_issues.csv!A2, hfda_ch12_sales.csv!C:C)

	A	B	C	D	E
1	issueID	PubDate	Article count	Sales	
2	1	10/24/04	7	2227	
3	2	11/8/04	5	703	
4	3	11/23/04	7	2252	
5	4	12/8/04	7	2180	
6	5	12/23/04	8	2894	
7	6	1/7/05	7	2006	
8	7	1/22/05	7	2140	
9	8	2/6/05	7	2308	
10	9	2/21/05	6	1711	
11	10	3/8/05	5	1227	
12	11	3/23/05	9	3642	
13	12	4/7/05	7	2153	
14	13	4/22/05	6	1826	
15	14	5/7/05	6	1531	
16	15	5/22/05	6	1406	
17	16	6/6/05	7	2219	
18	17	6/21/05	10	4035	

第二个自变量读取你希望计算其销量的特定期刊。

	A	B	C	D	E
1	saleID	issueID	lotSize		
2	1701	74	100		
3	386	18	100		
4	110	6	100		
5	1784	78	100		
6	3131	112	100		
7	1404	60	100		
8	2334	92	100		
9	2037	85	100		
10	1134	50	100		
11	586	26	100		
12	3205	114	100		
13	1763	77	100		
14	2153	88	100		
15	2065	86	100		
16	184	9	100		
17	3123	112	100		
18	857	38			

第三个自变量指向你希望汇总的实际销量。

通过汇总将文章数目和销量关联起来

这就是你需要的电子表格——可以表明《新闻》每一期刊登的文章数目与期刊销量之间的关系。

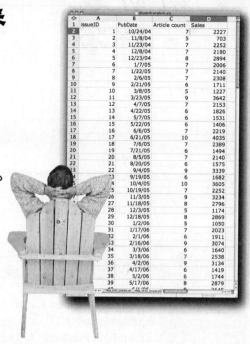

> 看上去挺好。不过要是画成散点图会更容易理解一点。你听说过散点图吗？

当然！让我们给他来一张……

动动笔

1. 打开R，输入getwd()指令，求出R保存数据的位置。然后，在电子表格中找到"File > Save As…"（"文件 > 另存为……"），在该目录下将该数据保存为CSV文件。

   执行下列指令，将数据加载到R中：

   ```
   dispatch <- read.csv("dispatch analysis.csv",
                header=TRUE)
   ```

   将文件命名为"dispatch analysis.csv"。

   这个函数告诉你R的工作目录，即查找文件的地方。

   在R的工作目录下将电子表格数据文件保存为CSV文件。

2. 加载数据后，执行下列函数，看到一个优化值了吗？

   ```
   plot(Sales~jitter(Article.count),data=dispatch)
   ```

   很快你就会看到jitter的作用……

发现最优值

你在所加载的数据中找到最优值了吗?

> 最优值似乎在10篇文章左右。

使用这个指令将你的CSV文件加载到R中。

head指令显示出刚才加载的内容……检查一下总不会错。

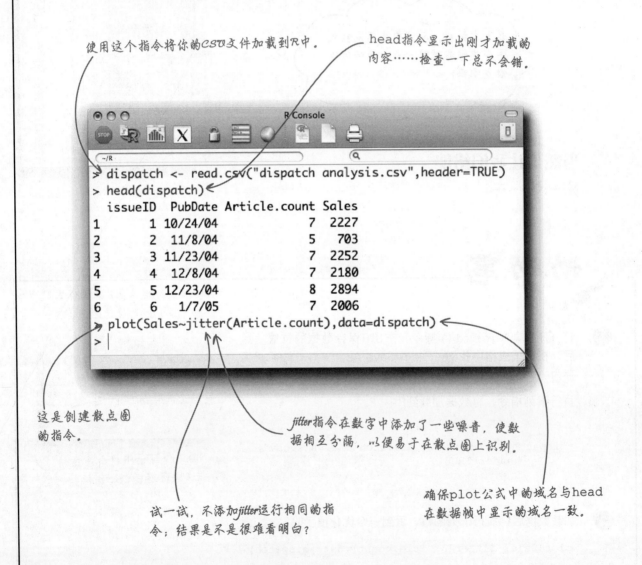

这是创建散点图的指令。

jitter指令在数字中添加了一些噪音,使数据相互分隔,以便易于在散点图上识别。

试一试,不添加jitter运行相同的指令;结果是不是很难看明白?

确保plot公式中的域名与head在数据帧中显示的域名一致。

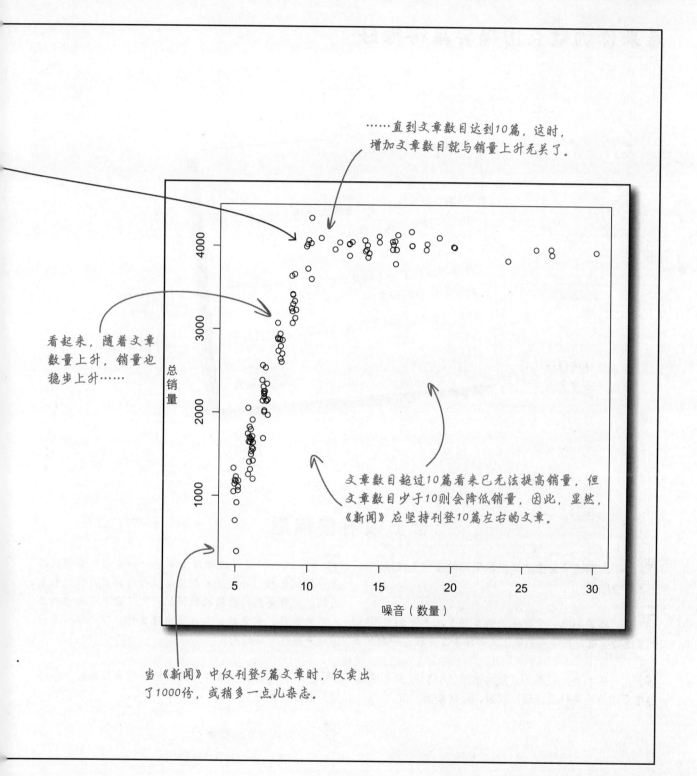

开心的客户

看来你的散点图确实画得很好

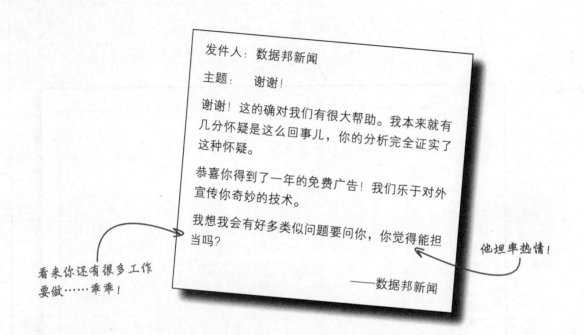

世上没有傻问题

问:人们确实会像这样把数据存储在相互关联的电子表格中吗?

答:确实如此。有时候你的数据是从更大的数据库中节选的,有时则是人们像上文那样手工关联在一起的。

问:基本上,只要公式能够读取代码,就有可能通过电子表格把各种数据联系起来,只是繁琐一点。

答:嗯,不是每次都那么幸运——能够从多个数据表中得到数据,并且这些数据通过精巧的程序代码相互关联。通常得到的数据比较混乱,为了让电子表格和公式同时生效,需要做一些数据清理工作。下一章将更详细地介绍这方面的内容。

问:有没有能把来自不同表格的数据关联在一起的更好的软件构造?

答:你认为有,对吗?

复制并粘贴所有这些数据是件痛苦的事

每次有人**查询**数据（即提出关于数据的问题）时都要做一遍这个过程也太烦人了。

而且，不是说计算机可以完成所有这些麻烦事吗？

用某种方法维护数据关系，让数据查询更容易，这不是痴人说梦吗？可我知道……

认识RDBMS

用关系数据库管理关系

关系数据库管理系统（RDBMS）是最重要最有效的数据管理方法之一。关系数据库是一个大课题，你对它了解越深，就越能发挥存储在其中的数据的作用。

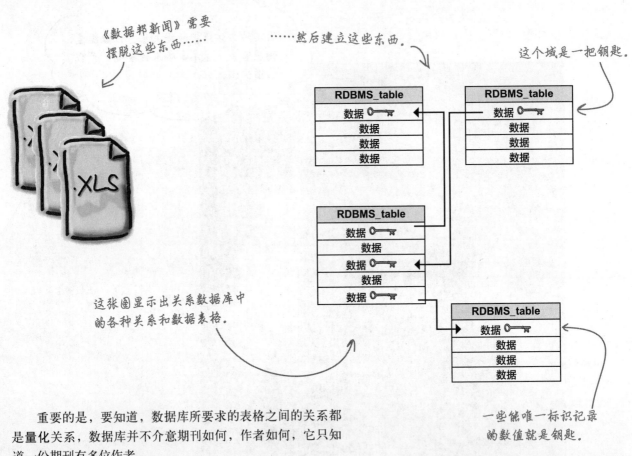

重要的是，要知道，数据库所要求的表格之间的关系都是量化关系，数据库并不介意期刊如何，作者如何，它只知道一份期刊有多位作者。

RDBMS中的每一行都有一把钥匙，通常称为ID（标识），钥匙可以确保这些量化关系不被破坏，一旦建立了RDBMS，请注意：精心构造的关系数据就会成为数据分析的宝库。

如果《数据邦新闻》有一个数据库，要完成上文进行过的分析就容易得多。

《数据邦新闻》利用你的关系图建立了一个RDBMS

现在《新闻》可以将所有的电子表格载入一个真正的RDBMS中了。你的思维成果，加上总编对数据的解释——也就是数据库结构，形成了下面这个关系数据库。

> 既然已经找出了最佳文章数目，就应该弄清楚哪几位作者最受欢迎，这样就能保证每一期都刊登他们的文章。你可以计算一下网站上每位作者每篇文章的点击率和评论结果。

动动笔

下面是《数据邦新闻》数据库的架构，圈出你需要的表格，将这些表格放到同一张表格中，看看哪一位作者的网站点击率和网站评论最多。

然后在下面画出这个表格，表格中显示用于画散点图的几个域。

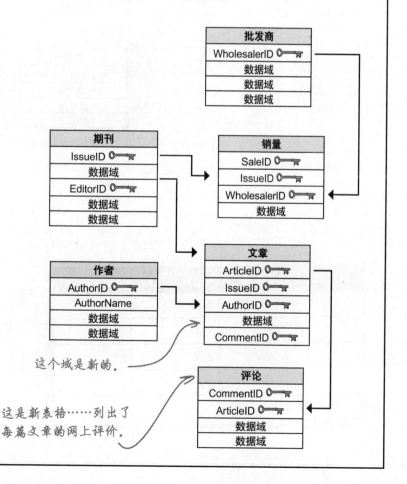

批发商
- WholesalerID 🔑
- 数据域
- 数据域
- 数据域

期刊
- IssueID 🔑
- 数据域
- EditorID 🔑
- 数据域
- 数据域

销量
- SaleID 🔑
- IssueID 🔑
- WholesalerID 🔑
- 数据域

作者
- AuthorID 🔑
- AuthorName
- 数据域
- 数据域

文章
- ArticleID 🔑
- IssueID 🔑
- AuthorID 🔑
- 数据域
- CommentID 🔑

这个域是新的。

评论
- CommentID 🔑
- ArticleID 🔑
- 数据域
- 数据域

这是新表格……列出了每篇文章的网上评价。

在这里画出所需要的表格。

寻找表格

为了计算某个作者在网上的点击率和评价情况,以便以此评估作者的受欢迎程度,你需要把哪几个表格组合在一起?

你需要将数据库中的这三个表格组合在一个表格中。

在上次使用的表格中,每一列代表一份期刊,但现在,每一列代表一篇文章。

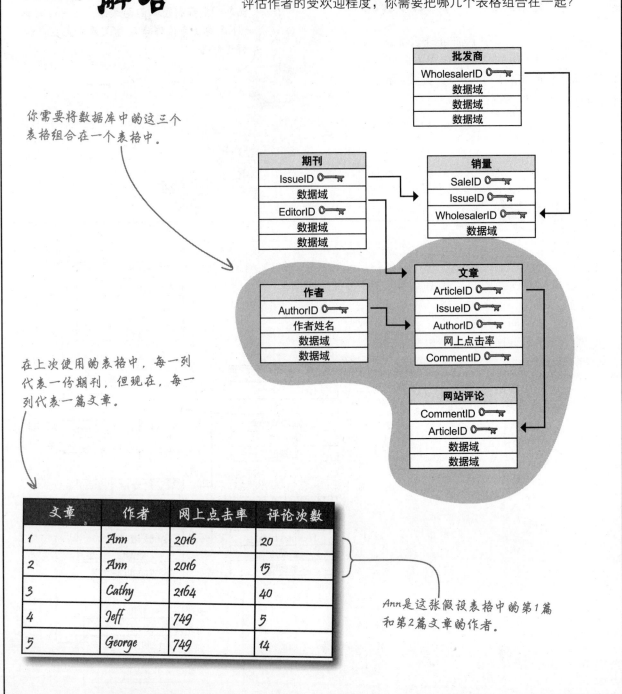

文章	作者	网上点击率	评论次数
1	Ann	2016	20
2	Ann	2016	15
3	Cathy	2164	40
4	Jeff	749	5
5	George	749	14

Ann是这张假设表格中的第1篇和第2篇文章的作者。

《数据邦新闻》用SQL提取数据

SQL是Structured Query Language的缩写，即结构化查询语言，是一种关系数据库检索方法。你可以通过输入代码或使用能创建SQL代码的图形界面，令数据库回答你的SQL问题。

这是一个简单的SQL查询。

```
SELECT AuthorName
    FROM Author WHERE
    AuthorID=1;
```
SQL查询实例

这是根据你的需要输出的查询结果。

快来下载！

www.headfirstlabs.com/books/hfda/hfda_ch12_articleHitsComments.csv

创建这个数据的查询比左边的实例更为复杂。

这个查询返回Author(作者)表中AuthorID域等于1的作者名称。

你并不是非懂SQL不可，但懂得SQL绝不是坏事。重要的是，**了解数据库中的各个表格**及这些表格的相互关系，进而懂得**如何提出正确的问题**。

练习

① 使用下面的指令将**hfda_ch12_articleHitsComments.csv**电子表格加载到R中，然后用head指令查看数据：

```
articleHitsComments <- read.csv(
    "http://www.headfirstlabs.com/books/hfda/
    hfda_ch12_articleHitsComments.csv",header=TRUE)
```

使用这个指令时务必要连接互联网。

② 这次我们将用更有效的函数创建散点图。用下面这些指令加载lattice数据包，然后运行xyplot公式，绘制lattice散点图。

```
library(lattice)
xyplot(webHits~commentCount|authorName,data=articleHitsComments)
```

这是一个新符号！

这就是你载入的数据框（data frame）。

③ 根据这种计算方法，哪些作者表现最好？

散点图集合

练习解答

从散点图上看出什么了?是不是某些作者能带来更大销量?

① 将 **hfda_ch12_articleHitsComments.csv** 电子表格载入R。

② 这次我们将用更有效的函数创建散点图。用下面这些指令加载"lattice"数据包,然后运行xyplot公式,绘制lattice散点图。

```
library(lattice)
xyplot(webHits~commentCount|authorName,data=articleHitsComments)
```

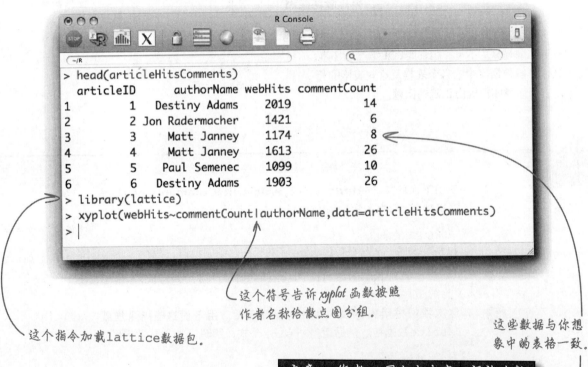

这个指令加载lattice数据包。

这个符号告诉xyplot函数按照作者名称给散点图分组。

这些数据与你想象中的表格一致。

文章	作者	网上点击率	评论次数
1	Ann	2016	20
2	Ann	2016	15
3	Cathy	2164	40
4	Jeff	749	5
5	George	749	14

关系数据库

这个散点图集合显示出每篇文章的网站点击率和评论次数，并按作者分组。

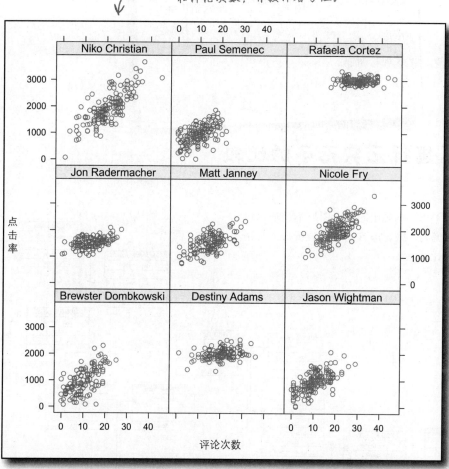

这些网络统计值分布在各个图上，但每位作者的表现各不相同。

❸ 根据这种计算方法，哪些作者表现最好？

很明显，Rafaela Cortez 的表现最好，她所有的文章点击率都在3000以上，且大部分文章都有20多篇评论，看来人们真的很喜欢她。其他作者的表现有好有坏，Destiny 和 Nicole 表现较好，Niko 的表现数据很散，而 Brewster 和 Jason 则显得不太受欢迎。

第12章 关系数据库 你能关联吗？ 381

RDBMS可以变得很复杂

> 发件人：数据邦新闻
>
> 主题： 关于我们的数据
>
> 哇，太让我吃惊了，我一直觉得Rafaela和Destiny是我们的明星作家，可没想到领先这么多。得大大宣扬他们！这些信息会让我们的出版物更有针对性，同时能更好地奖励作者的表现。谢谢。
>
> ——数据邦新闻

这是总编对你最后一份分析的评价。

RDBMS数据可以进行无穷无尽的比较

你刚才根据《新闻》的RDMS数据画出的复杂图形不过是冰山一角，各家公司的数据库会很庞大，绝无虚言。作为分析师，关系数据库意味着你可以进行巨量比较。

想一想，如何遨游在数据的海洋中进行分析！

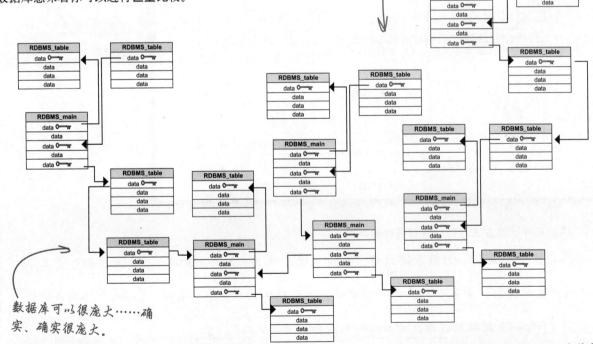

数据库可以很庞大……确实、确实很庞大。

尽管《数据邦新闻》的数据库结构与复杂结构比还相去甚远，但其实数据库很容易达到这种规模。

RDBMS能按照你的心思把数据关联在一起进行有效的比较，关系数据库让分析师美梦成真。

你上了封面

你的工作让《数据邦新闻》的作者和编辑们惊奇不已,他们决定把你放在要闻版!干得漂亮。猜猜看,写文章的会是谁?

难以相信,我们一向有这些数据,却没有善加利用。太感谢了。

看来你和一帮耍笔杆子的交上了朋友!

13 整理数据

井然有序

当一切都井井有条时，我的工作最有成效。

乱糟糟的数据毫无用处。

　　许多数据搜集者需要花大量时间**整理**数据。不整齐的数据无法进行分割、无法套用公式，甚至无法阅读，被人们视而不见也是常事，对不对？其实，你可以做得更好。只要眼前**清楚地浮现**出希望看到的数据外观，再用上一些文本处理工具，就能**抽丝剥茧**地整理数据，化腐朽为神奇。

客户名单到手

刚从停业的竞争对手那儿搞到一份客户名单

Head First猎头公司是你的最新主顾,该公司从一家停业的竞争对手那儿搞到了**一份求职人员名单**。为了得到这份名单他们花了大把钞票,不过这非常值得。这份名单上的人都是人中龙凤,是最炙手可热的人才。

这份名单会是一个金矿……

快来下载!

www.headfirstlabs.com/books/hfda/hfda_ch13_raw_data.csv

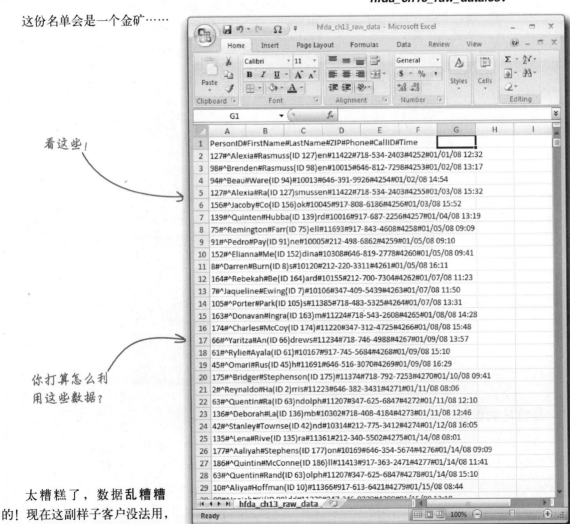

看这些!

你打算怎么利用这些数据?

太糟糕了,数据**乱糟糟**的!现在这副样子客户没法用,这正是他们找你的原因。你能帮上忙吗?

数据分析不可告人的秘密

数据分析有一个不可告人的秘密——作为数据分析师，你花在数据**整理**上的时间多过数据**分析**上的时间。到手的数据往往算不上井井有条，因此，需要做一些繁重的文字处理工作，使数据格式符合分析的需要。

这正是数据分析的乐趣所在。

空想家

可是，作为数据分析师，你的工作实际上可能是……

该怎么**从头开始**处理这些乱哄哄的数据呢？看看下面几种可能的办法，写出每种办法的优缺点。

① 开始重新输入。

....

....

② 问问客户**整理**数据的目的。

....

....

③ 写出一个公式，整理数据。

....

....

猎头的目标

你选择第一步做什么？

① 开始重新输入。

糟透了。这很费时间，而且誊写时很容易出错，如果这是修复数据的唯一办法，在走这条路之前最好想清楚。

② 问问客户整理数据的目的。

就该这么做。知道客户对数据的意图后，就必定能把数据整理成他们需要的格式。

③ 写出一个公式，打造数据。

一旦我们了解客户对数据格式的要求，使用一两个公式来整理肯定有帮助。但让我们先问问客户。

Head First猎头公司想为自己的销售团队搞到这份名单

我们需要一份电话号码清单，这样我们的销售团队就能给不认识的候选人打电话。这份求职者名单是我们的老对手用过的，我们想成为给这些人找下一份新工作的猎头公司。

虽然原始数据乱七八糟，不过，看来他们只想抽取姓名和电话号码。这问题倒不大，让我们动手……

388　深入浅出数据分析

下面的数据似乎是一串名单，按照客户的描述，我们需要的正是它，你需要做的是清晰地排列这份名单。

按照希望看到的数据格式，画一张图，显示数据列和数据样例。

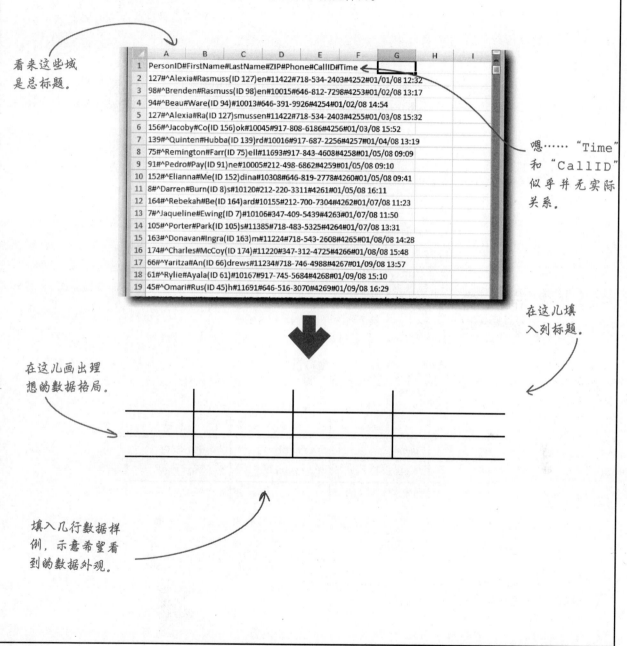

看来这些域是总标题。

嗯……"Time"和"CallID"似乎并无实际关系。

在这儿填入列标题。

在这儿画出理想的数据格局。

填入几行数据样例，示意希望看到的数据外观。

想象数据列

动动笔解答

你希望整理好后的数据是什么样子?

你可以看到想看到的信息,现在这些信息都挤在A列中……

你需要将这些信息拆分为多个列。

	A	B	C	D	E	F	G	H	I
1	PersonID#FirstName#LastName#ZIP#Phone#CallID#Time								
2	127#^Alexia#Rasmuss(ID 127)en#11422#718-534-2403#4252#01/01/08 12:32								
3	98#^Brenden#Rasmuss(ID 98)en#10015#646-812-7298#4253#01/02/08 13:17								
4	94#^Beau#Ware(ID 94)#10013#646-391-9926#4254#01/02/08 14:54								
5	127#^Alexia#Ra(ID 127)smussen#11422#718-534-2403#4255#01/03/08 15:32								
6	156#^Jacoby#Co(ID 156)ok#10045#917-808-6186#4256#01/03/08 15:52								
7	139#^Quinten#Hubba(ID 139)rd#10016#917-687-2256#4257#01/04/08 13:19								
8	75#^Remington#Farr(ID 75)ell#11693#917-843-4608#4258#01/05/08 09:09								
9	91#^Pedro#Pay(ID 91)ne#10005#212-498-6862#4259#01/05/08 09:10								
10	152#^Elianna#Me(ID 152)dina#10308#646-819-2778#4260#01/05/08 09:41								
11	8#^Darren#Burn(ID 8)s#10120#212-220-3311#4261#01/05/08 16:11								
12	164#^Rebekah#Be(ID 164)ard#10155#212-700-7304#4262#01/07/08 11:23								
13	7#^Jaqueline#Ewing(ID 7)#10106#347-409-5439#4263#01/07/08 11:50								
14	105#^Porter#Park(ID 105)s#11385#718-483-5325#4264#01/07/08 13:31								
15	163#^Donavan#Ingra(ID 163)m#11224#718-543-2608#4265#01/08/08 14:28								
16	174#^Charles#McCoy(ID 174)#11220#347-312-4725#4266#01/08/08 15:48								
17	66#^Yaritza#An(ID 66)drews#11234#718-746-4988#4267#01/09/08 13:57								
18	61#^Rylie#Ayala(ID 61)#10167#917-745-5684#4268#01/09/08 15:10								
19	45#^Omari#Rus(ID 45)h#11691#646-516-3070#4269#01/09/08 16:29								

全部拆分停当后,可以按数据域进行排序、过滤,或将数据导入邮件合并程序、网页等。

必须得有电话号码……这对销售团队至关重要!

编号	名	姓	电话
127	Alexia	Rasmussen	718-534-2403
98	Brenden	Rasmussen	646-812-7298
……	……	……	……

这个ID域有用处,可以确保数据的唯一性。

需要将姓名和电话号码分开。

整理数据

最新消息！数据仍然混乱。我们该怎么修复呢？

凭想象无法让数据井井有条，此话不假。不过，要摆弄混乱的数据，先得想象一个解决方案。让我们看一看修复混乱数据的**常规策略**，然后**开始**……

过程规划

清理混乱数据的根本在于准备

这是不言而喻的，不过，和做其他数据工作一样，整理数据必须首先从复制原始数据开始，这样才方便回头检查。

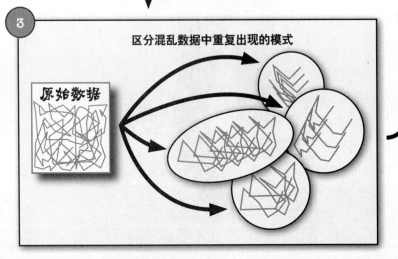

一旦你确定了你自己想要得到的数据外观，就可以继续从混乱中分辨出数据模式。

最后要做到的是回头逐行修改数据——这可要大费周折，所以要是能够识别重复出现的混乱符号，就能写出公式和函数，然后利用各种模式整理数据。

一旦组织好数据，就能修复数据

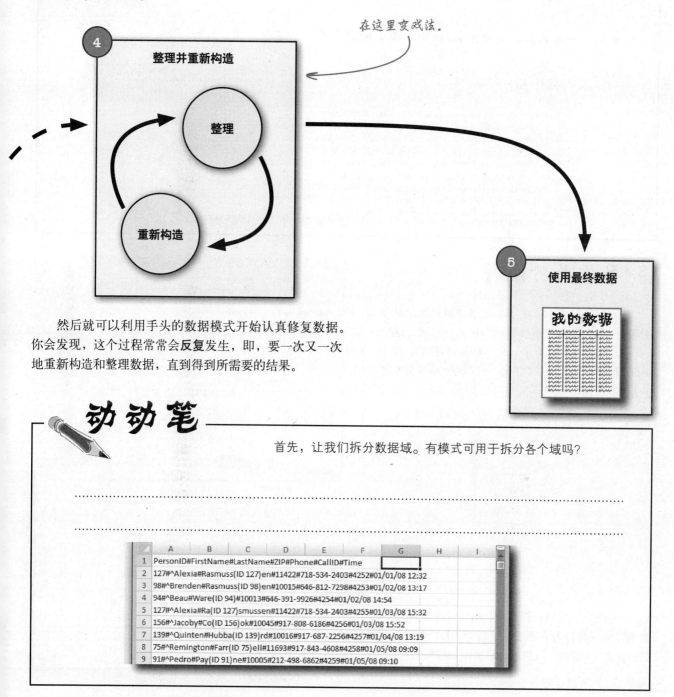

然后就可以利用手头的数据模式开始认真修复数据。你会发现，这个过程常常会**反复**发生，即，要一次又一次地重新构造和整理数据，直到得到所需要的结果。

动动笔

首先，让我们拆分数据域。有模式可用于拆分各个域吗？

分拆数据列

在数据中发现了哪些模式？

当然！所有的数据域都挤在A列中。每个域之间有一个字符：#。

[表格截图显示A列中的数据，包含PersonID#FirstName#LastName#ZIP#Phone#CallID#Time等用#分隔的数据行]

将#号作为分隔符

Excel有一个称手的工具，当各个数据域以某个**分隔符**（即，将域与域隔开的字符）分隔时，这个工具可以将数据拆分为几个列。选择A列数据，按下Data（数据）选项卡下的Text to Columns（文本转变为列）按钮……

选择A列，然后单击这个按钮。

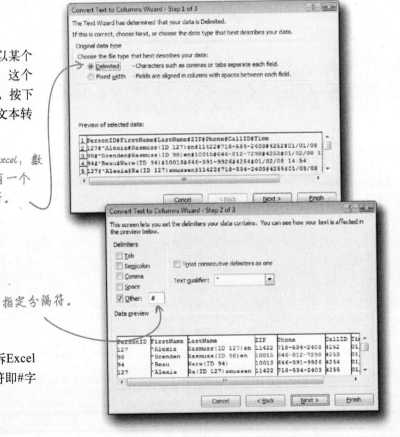

告诉Excel：数据中有一个分隔符。

指定分隔符。

……现在，向导已经启动。第一步先告诉Excel数据以分隔符分开；第二步告诉Excel分隔符即#字符。单击"Finish"（完成）后结果如何呢？

Excel通过分隔符将数据分成多个列

小事一桩。只要各个数据域之间有分隔符隔开，使用Excel的Convert Text to Column Wizard（文本转变为列向导）会非常方便。

不过这些数据仍然有问题。例如，姓和名的域中都有一些多余的符号，必须想个办法除掉这些多余的符号！

现在数据已经清楚地分成了几列。

既然数据已经折开，就可以根据需要分别处理了。

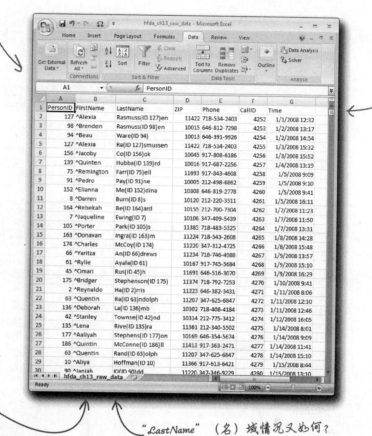

该怎么修复FirstName（姓）域呢？

"LastName"（名）域情况又如何？

动动笔

你会使用什么模式来修复FirstName列？

....

....

第13章 整理数据 井然有序 395

消除乱码

FirstName域中是否有某个造成混乱的模式?

每个名字的开头位置都有一个"^"字符。我们需要弄掉这些符号,得到纯粹的姓。

连连看

将Excel公式与功能搭配起来。你觉得可以用哪种功能整理名字列?

FIND   求单元格的长度。

LEFT   求以文本格式存储的数字的数值。

RIGHT   取单元格右边的字符。

TRIM   以指定的新文本替代单元格中不需要的文本。

LEN   告诉你在单元格中的哪个位置查找搜索字符串。

CONCATENATE   取两个值,然后合并在一起。

VALUE   取单元格左边的字符。

SUBSTITUTE   删除单元格中的空格。

文本公式

连连看解答

将Excel公式与功能搭配起来。你觉得可以用哪种功能整理名字列?

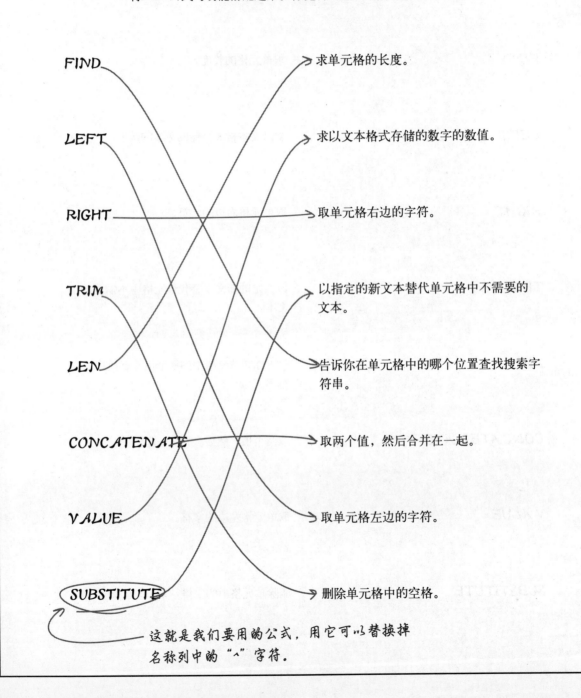

FIND → 告诉你在单元格中的哪个位置查找搜索字符串。

LEFT → 取单元格左边的字符。

RIGHT → 取单元格右边的字符。

TRIM → 删除单元格中的空格。

LEN → 求单元格的长度。

CONCATENATE → 取两个值,然后合并在一起。

VALUE → 求以文本格式存储的数字的数值。

SUBSTITUTE → 以指定的新文本替代单元格中不需要的文本。

这就是我们要用的公式,用它可以替换掉名称列中的"^"字符.

用SUBSTITUTE替换"^"字符

1 在单元格H2中输入下面公式可修复FirstName域：
=SUBSTITUTE(B2,"^","")

这样做！

在这儿输入公式。

2 复制这个公式，在H列中从头到尾粘贴这个公式。结果如何？

世上没有傻问题

问：只有这些公式可用吗？要是我想取出单元格左右两边的字符拼接在一起，该怎么做？似乎没有这种公式。

答：是没有，不过你可以将文本函数嵌套起来用，这样就能完成更复杂的文本处理。例如，如果想取出单元格"A1"中的第一个和最后一个字符拼接在一起，可以使用下面这个公式：

CONCATENATE(LEFT(A1,1),
    RIGHT(A1,1))

问：这么说我可以把一大堆文本公式嵌套在一起？

答：可以，这对于处理文本很有效。不过有一个问题：要是数据实在太乱，再把一大堆公式嵌套在一起，整个公式就几乎没法辨认了。

问：管它呢，只要有效就行，我没打算辨认。

答：呵，公式越复杂，就越需要小心调整；公式越难辨认，就越难以调整。

问：那该怎么回避繁复而难以辨认的公式呢？

答：不要把较小的公式合并成一个大公式，而是把小公式拆成几个不同的单元格，再用一个最终的公式将所有单元格合并起来。通过这种方法，假如有哪里不对，就很容易找出需要调整的公式。

问：我打赌"R"有更好的文本处理办法。

答：有是有，不过干嘛要费事去学呢？要是Excel的SUBSTITUTE公式能够完成任务，就省省时间吧，别管R怎么做了。

修复"姓"

所有的"姓"都整理好了

利用Excel的SUBSTITUTE选取每个"姓"中的"^"符号，代之以通过两个引号（""）指定的空内容。

其他许多软件都是通过以空内容替换冗余字符来实现删除冗余字符的。

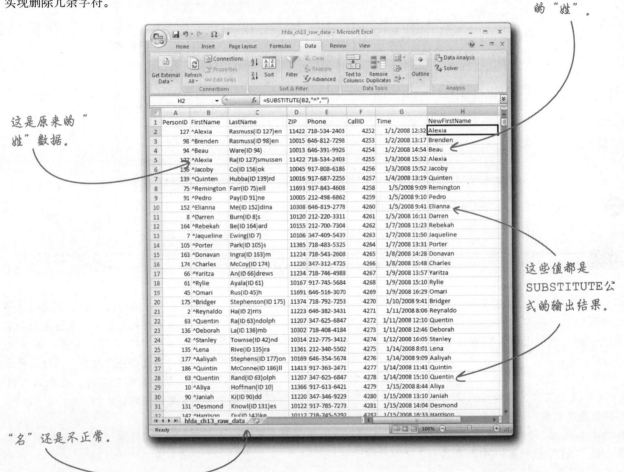

这是原来的"姓"数据。

这是更正过的"姓"。

这些值都是SUBSTITUTE公式的输出结果。

"名"还是不正常。

为了永远删除原来的"姓"数据，复制H列，然后执行"Paste Special > Values"（选择性粘贴>数值），将这些值转变成纯文本，而不再是公式输出结果。随后即可删除FirstName列，这样就再也看不到讨厌的"^"符号了。

先保存原始文件再删除……万一出错，还能重新开始。

哼。"姓"的这种模式容易对付，因为只有一个开头字符要删除。"名"就难了，格式麻烦得多。

练习

让我们再用用SUBSTITUTE，这次要修复的是"名"。

C
LastName
Rasmuss(ID 127)en
Rasmuss(ID 98)en
Ware(ID 94)
Ra(ID 127)smussen
Co(ID 156)ok
Hubba(ID 139)rd
Farr(ID 75)ell
Pay(ID 91)ne
Me(ID 152)dina
Burn(ID 8)s
Be(ID 164)ard
Ewing(ID 7)
Park(ID 105)s
Ingra(ID 163)m

首先从一片混乱中找出数据模式。你想让SUBSTITUTE替换什么？句法结构如下：

=SUBSTITUTE (**参考单元格，被替换的文本，用于替换的文本**)

你能写出一个有效的公式吗？

难以处理的格式

能用SUBSTITUTE修复LastName域吗?

SUBSTITUTE对此无效!每个单元格的乱码都不一样,要想让SUBSTITUTE生效,就得为每一个"名"写一个公式。

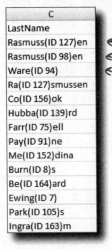

=SUBSTITUTE(C2, "(ID 127)", "")
=SUBSTITUTE(C3, "(ID 98)", "")
=SUBSTITUTE(C4, "(ID 94)", "")

这就失去了使用公式的意义——使用公式不就是为了摆脱输入输入再输入的麻烦吗!

用SUBSTITUTE替换名字模式太麻烦了

SUBSTITUTE函数的功能是找到某种格式的文本字符串并替换,"名"的问题是**每个名称都各不相同,难以替换**。

Rasmuss(ID 98)en
Co(ID 156)ok

这些文本字符串各不相同。

没法输入替换值,因为这些值会变来变去。

不仅如此,LastName域的复杂模式还在于:不统一的字符串出现在各个单元格的**不同位置上,长度也不一样**。

这里的不统一从单元格字符的第八位开始……

Rasmuss(ID 98)en
Co(ID 156)ok

这里的不统一从第三位字符开始!

这段文本的长度是7个字符。

这一段的长度则为8个字符。

用嵌套文本公式处理复杂的模式

熟悉了Excel的文本公式之后，就可以**嵌套**使用，以便处理混乱的数据。实例如下：

```
FIND("(",C3)

    LEFT(C3,FIND("(",C3)-1)

    RIGHT(C3,LEN(C3)-FIND(")",C3))

        CONCATENATE(LEFT(C3,FIND("(",C3)-1),
        RIGHT(C3,LEN(C3)-FIND(")",C3)))
```

FIND公式返回一个代表"("位置的数值。

LEFT取出最左端的文本。

Rasmuss(ID 98)en

Rasmuss(ID 98)en

Rasmuss(ID 98)**en**

RIGHT取出最右端的文本。

Rasmussen

CONCATENATE将结果组合在一起。

公式**行得通**，但有一个**问题**：公式开始变得晦涩难懂。要是能一次性把公式写全，这倒也算不得问题，不过，能有一个既简单**又**有效的工具会更好，但CONCATENATE没有做到这一点。

可不可以不用冗长晦涩的公式，而用更简单的办法修复混乱而复杂的数据呢？我知道这不过是在做梦罢了……

R的正则表达式

R能用正则表达式处理复杂的数据模式

正则表达式是一种编程工具，你可以用这个工具指定复杂的模式以便匹配和替换文本字符串，R在这方面非常好用。

下面是一个用于查找字母"a"的简单的正则表达式模式。在R中输入这个模式，R将指出是否存在匹配结果。

技巧

为了进一步了解正则表达式的完整规定和语法，让我们在R中输入"?regex"。

这就是R帮助文件中的正则表达式参考资料。

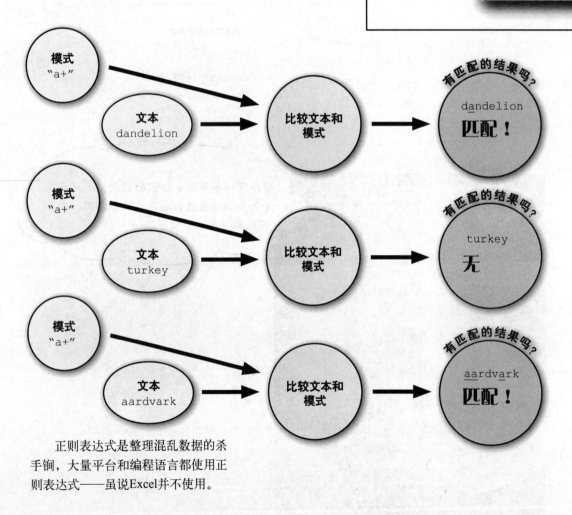

正则表达式是整理混乱数据的杀手锏，大量平台和编程语言都使用正则表达式——虽说Excel并不使用。

> 发件人: Head First猎头公司
> 收件人: 分析师
> 主题: 现在就要名单
>
> 好好干！这些人很热门，不过已经开始遇冷。
> 我希望营销团队不要错过打电话的时机！

最好行动起来！方案：

1 将数据加载到R中，看看head指令得出的结果，可以将Excel文件保存为CSV文件，然后将CSV文件下载到R中，或可使用以下网络链接获取最新数据。

这个指令将CSV读入一个名为hfhh的表格中。

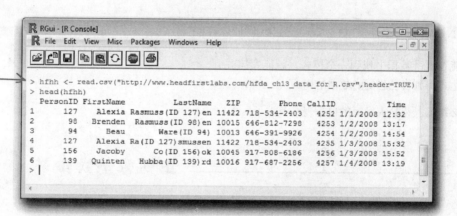

2 运行以下正则表达式指令

```
NewLastName <- sub("\\(.*\\)","",hfhh$LastName)
```

3 然后检查一下工作成果：运行head指令，查看表格前几行。

```
head(NewLastName)
```

结果如何？

用正则表达式进行替换

用sub指令整理"名"

sub指令用空格替换所发现的所有指定**模式**，有效地删除了LastName列中的每一个插入文本字符串。

让我们看看语法：

- 这是代表经过整理的"名"的新矢量。
- 这是正则表达式模式。
- 这是空白文本，以此替换匹配模式。

```
NewLastName <- sub("\\(.*\\)","",hfhh$LastName)
```

只要能在混乱数据中找到一个模式，就能写出并利用正则表达式得到自己想要的数据结构。

再不必编写长得让人发疯的电子表格公式了！

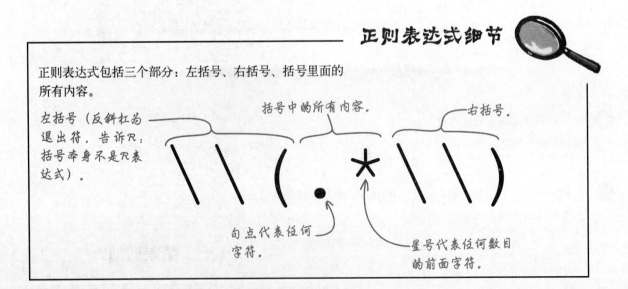

正则表达式细节

正则表达式包括三个部分：左括号、右括号、括号里面的所有内容。

- 左括号（反斜杠为退出符，告诉R：括号本身不是R表达式）。
- 括号中的所有内容。
- 右括号。
- 句点代表任何字符。
- 星号代表任何数目的前面字符。

世上没有傻问题

问：某些正则表达式似乎的确难以看懂，掌握正则表达式有多难？

答：正则表达式难懂的原因是它们非常精炼。在语法上精打细算非常有利于处理错综复杂的模式。和其他复杂事物一样，正则表达式易学难精。多花点时间研究正则表达式吧，你会弄明白的。

问：要是没有电子数据表怎么办？我的数据可能取自PDF、网页或甚至是XML。

答：这才是正则表达式的用武之地。只要能把信息转变成某种文本文件，就能用正则表达式解析。网页尤其是数据分析工作中常见、地道的信息来源，把HTML标记模式编制成正则表达式不过是小菜一碟。

问：其他还有哪些特定平台使用正则表达式？

答：Java、Perl、Python、JavaScript……各种各样的编程语言都使用正则表达式。

问：既然正则表达式在编程语言中广泛使用，为什么Excel不能执行正则表达式？

答：在Windows平台上，你可以用Excel自带的VBA编程语言执行正则表达式。但大部分人很快就会不再费心学习Excel编程，而是改用功能更强大的程序，比如R。哦，由于最新发布的Excel for Mac去掉了VBA，所以，无论如何都不能在Excel for Mac中使用正则表达式了。

现在可以向客户交货了

最好把最新工作成果写成CSV文件供客户使用。

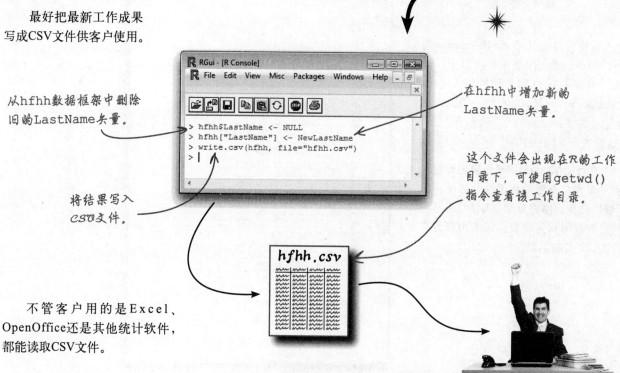

从hfhh数据框架中删除旧的LastName矢量。

在hfhh中增加新的LastName矢量。

将结果写入CSV文件。

这个文件会出现在R的工作目录下，可使用getwd()指令查看该工作目录。

不管客户用的是Excel、OpenOffice还是其他统计软件，都能读取CSV文件。

重复数据

可能尚未大功告成……

客户对你的工作成果颇有微辞。

这没法用啊!看这些重复条目!

他说得对。以Alexia Rasmussen为例:Alexia确实出现了一次以上。当然,可能有两位同名同姓的Alexia Rasmussen,可是,再仔细一看呢,两条记录的"`PersonID`"都等于"127",这就表示是同一个人。

有可能Alexia是**唯一重复出现的名字**,而客户正巧看到了这个错误。为了查清究竟,你需要想个办法让自己更轻松地找出重复现象,而不用费力查看这张长长的名单。

这儿有一个名字重复了!

为数据排序，让重复数值集中出现

如果数据量很大，则**发现重复数值**颇为不易，给名单排个序的话就容易多了。

发现这份名单中的重复情况颇为不易，尤其是在名单较长的情况下。

这儿有大量重复。

很容易看出重复情况。

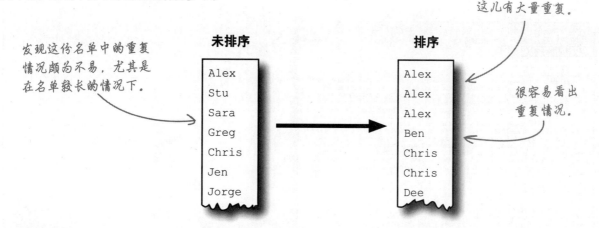

练习

让我们通过排序更仔细地看看名单中的重复情况。

在R中，通过子集括号中的order函数可以对数据框架排序。执行下列指令：

排序得出的新名单。

```
hfhhSorted <- hfhh[order(hfhh$PersonID), ]
```

由于PersonID域有可能是代表每一个人的特定编号，用它排序再好不过。毕竟，这些数据中可能不止一个叫做"John Smith"的人。

下面，执行head指令看看生成的结果：

```
head(hfhhSorted, n=50)
```

R做了什么？

通过排序发现重复数据

练习解答

用R按照PersonID对数据框架排序后,发现有重复数据吗?

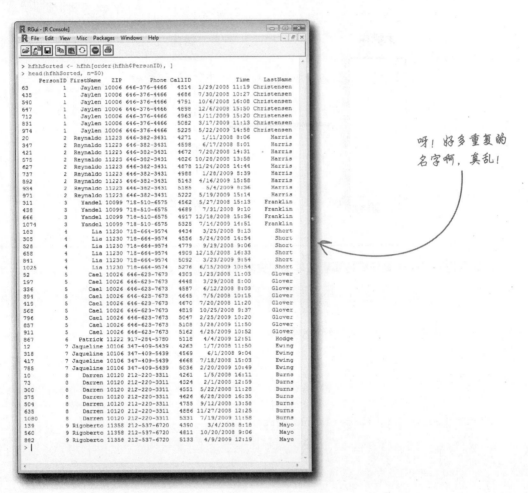

呀!好多重复的名字啊,真乱!

若手头数据非常混乱,就应该**大胆地排序**,尤其是在记录量很大的情况下,要一次性看清所有的数据往往很难,而按照不同的域对数据进行排序则能够以直观的方式为数据分组,从而发现重复现象或其他疑义。

整理数据

有几点可疑之处。我们的竞争对手为什么要重复保存数据？是在开玩笑吗？

动动笔

仔细看看这些数据。能说说为什么名字会重复吗？

把答案写在这儿。

```
> head(hfhhSorted)
    PersonID FirstName   ZIP     Phone   CallID    Time       LastName
63         1    Jaylen 10006 646-376-4466   4314  1/29/2008 11:19 Christensen
435        1    Jaylen 10006 646-376-4466   4686  7/30/2008 10:27 Christensen
540        1    Jaylen 10006 646-376-4466   4791 10/6/2008 16:08 Christensen
647        1    Jaylen 10006 646-376-4466   4898 12/6/2008 15:50 Christensen
712        1    Jaylen 10006 646-376-4466   4963 1/11/2009 15:20 Christensen
831        1    Jaylen 10006 646-376-4466   5082 3/17/2009 11:13 Christensen
>
```

RDBMS返回结果

你认为相同的名字为什么会重复出现?

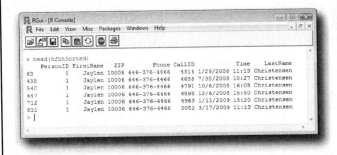

要是你看一下最右边的列,就能发现每个数据记录都有一个独特的数据点:某个电话号码的时间标记。这可能意味着,这个数据库中的每一行都代表一个电话号码,由于某些人有好几个电话号码,于是就出现了名字重复的现象。

这些数据有可能来源于某个关系数据库

如果你所拥有的混乱的数据列表中出现重复元素,则这些数据有可能来自一个关系数据库。在本例中,你使用的数据是某个查询的输出结果,且被输出成两个表格。

由于你了解RDBMS架构,你知道,我们之所以看到这些重复现象,是因为**查询返回数据的方式**,而不是因为**数据质量低劣**。所以,你现在可以放心地删除这些重复的名称,而不必担心数据中存在本质错误。

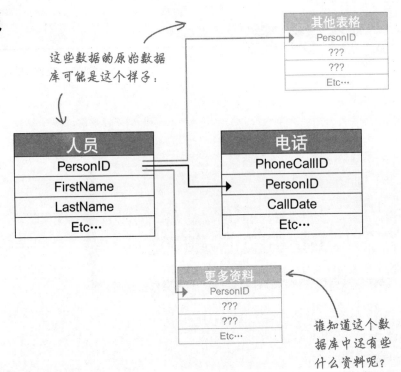

这些数据的原始数据库可能是这个样子:

谁知道这个数据库中还有些什么资料呢?

删除重复名字

既然已经知道名字出现重复的原因,就可以开始删除了。R和Excel都有用于删除重复数据的快捷、简便的函数。

在R中删除重复数据非常简便:

除了删除重复数据,"unique"函数还返回一个矢量或具有指定外观的数据框架。

unique(mydata)

这就对了!务必将结果数值赋值给一个新名称,这样就能使用数据的唯一返回值。

在R中需要使用"unique"函数。

为了在Excel中删除重复数值,使用这个按钮。

在Excel中删除重复数据是小菜一碟:

必须将光标放在数据上,然后点击这个按钮:

Excel将要求你指出哪几列数据包含重复数值,其他列中的非重复数据将被删除。

既然你已经有了除去这些烦人的重复名字的工具,就让我们整理名单,然后交给客户吧。

① 创建一个新数据框架,显示唯一出现的记录:

```
hfhhNamesOnly <- hfhhSorted
```

② 删除CallID和Time域,这些域使名字出现重复,而客户并不需要这些域:

```
hfhhNamesOnly$CallID <- NULL
hfhhNamesOnly$Time <- NULL
```

③ 使用unique函数删除重复的名称:

```
hfhhNamesOnly <- unique(hfhhNamesOnly)
```

unique在行动!

在R中一劳永逸地修复数据……

④ 看一看结果,将结果写入一个新的CSV文件:

```
head(hfhhNamesOnly, n=50)
write.csv(hfhhNamesOnly, file="hfhhNamesOnly.csv")
```

数据整理完毕

你创建了美观、整洁、具有唯一性的记录

这些数据看起来无懈可击：没有挤在一起的数据列，没有混乱的字符，没有重复现象。这都是按照下列整理混乱数据的基本步骤进行操作的结果：

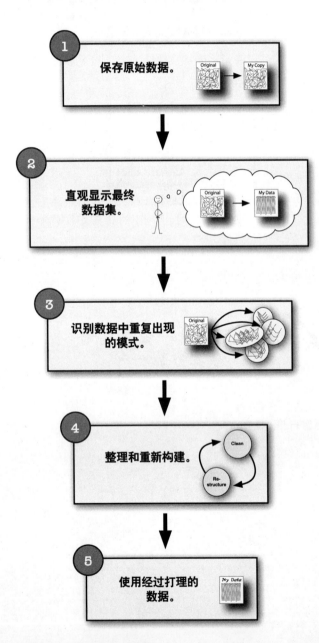

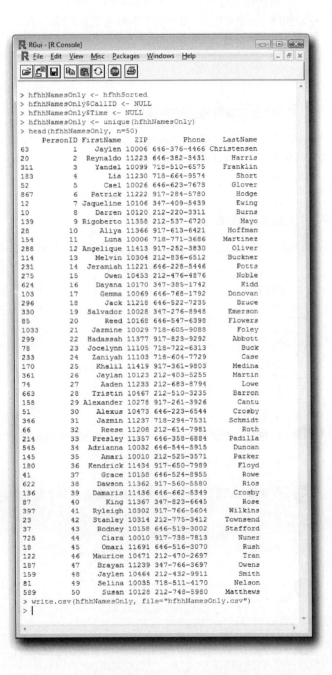

414 深入浅出数据分析

Head First猎头公司正在一网打尽各种人才!

事实证明,你整理的数据集收效奇特。凭借这份活色生香的名单,Head First猎头公司客户盈门,没有你的数据整理技术,他们决不可能走到这一步。干得漂亮!

继续分析之路

再见……

数据邦感谢您的光临!

离别让人黯然神伤。不过,看到你学以致用,这是我们再高兴不过的事。你的分析师人生刚刚开始,我们已经扶你上马。我们渴望知道你的消息,所以,来 Head First 图书馆网页上(*www.headfirstlabs.com*)给我们**写几句**吧,让我们知道数据分析为**你**做出的贡献!

附录A：尾声

正文未及的十大要诀

你已颇有收获。

但数据分析这门技术不断变迁，学之不尽。由于本书篇幅有限，尚有一些密切相关的知识未予介绍，我们将在本附录中浏览十大知识点。

更多统计知识

其一：统计知识大全

统计学领域拥有**大量数据分析工具和技术**，对数据分析极其重要，乃至许多"数据分析"著作其实就是统计学著作。

下面列出本书未提及的统计工具。

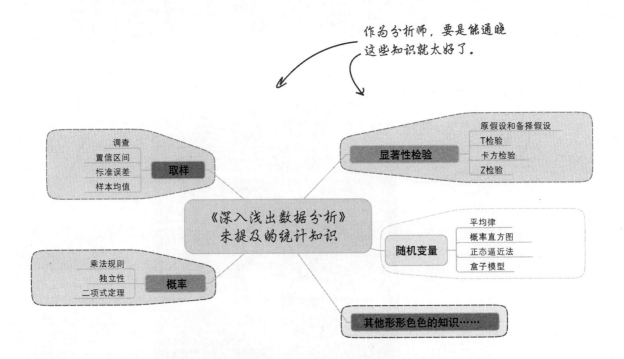

不过，通过本书，你在假设和建模意识方面**获得了长足进步**，不仅为使用各种统计工具做好了准备，也了解到了各种统计工具的**局限性**。

统计知识越渊博，分析工作越有可能取得辉煌成就。

其二：Excel技巧

本书假定你掌握了基本的电子表格技术，但娴熟的数据分析师应该是一个电子表格**忍者**。

与R及回归等概念相比，掌握Excel并不是特别难。你行的!

顶级数据分析师连做梦都在做数据表格。

其三：耶鲁大学教授Edward Tufte（爱德华·塔夫特）的图形原则

优秀的数据分析师会花大量的时间反复拜读数据分析大师的杰作，Edward Tufte不仅在自己的工作上独树一帜，而且对搜集并选入自己著作的其他分析师的作品质量也有独特的看法。下面是他提出的关于分析设计的基本原则：

"体现出比较、对比、差异。"

"体现出因果关系、机制、理由、系统结构。"

"体现出多元数据，即体现出1个或2个变量。"

"将文字、数字、图片、图形全面结合起来。"

"充分描述证据。"

"数据分析报告的成败在于报告内容的质量、相关性和整体性。"

—Edward Tufte

这些引言出自其著作《出色的证据》（*Beautiful Evidence*）之127、128、130、131、133、136页。其著作可谓数据图形化顶级作品展馆。

另外，其著作《公共政策数据分析》（*Data Analysis for Public Policy*）可谓回归技术宝典，可在此网址免费下载：http://www.edwardtufte.com/tufte/dapp/。

其四：数据透视表

数据透视表是电子表格和数据分析软件中极其有效的数据分析工具，是**探索性数据分析**和**相关数据库**数据汇总的梦幻之作。

利用这份原始数据，可以得到大量数据透视表汇总。

这是两份十分简单的数据透视表。

附录A 尾声 正文未及的十大要诀

其五：R社区

R不只是一个出色的软件程序，它还是一个出色的软件**平台**。其威力来源于全球用户和作者社区，这些用户和作者向社区提交免费**软件包**，其他人则可借助这些成果进行数据分析。

通过运行神奇的数据图形化数据包——**lattice**中的"xyplot"函数，你已经体验过这个社区。

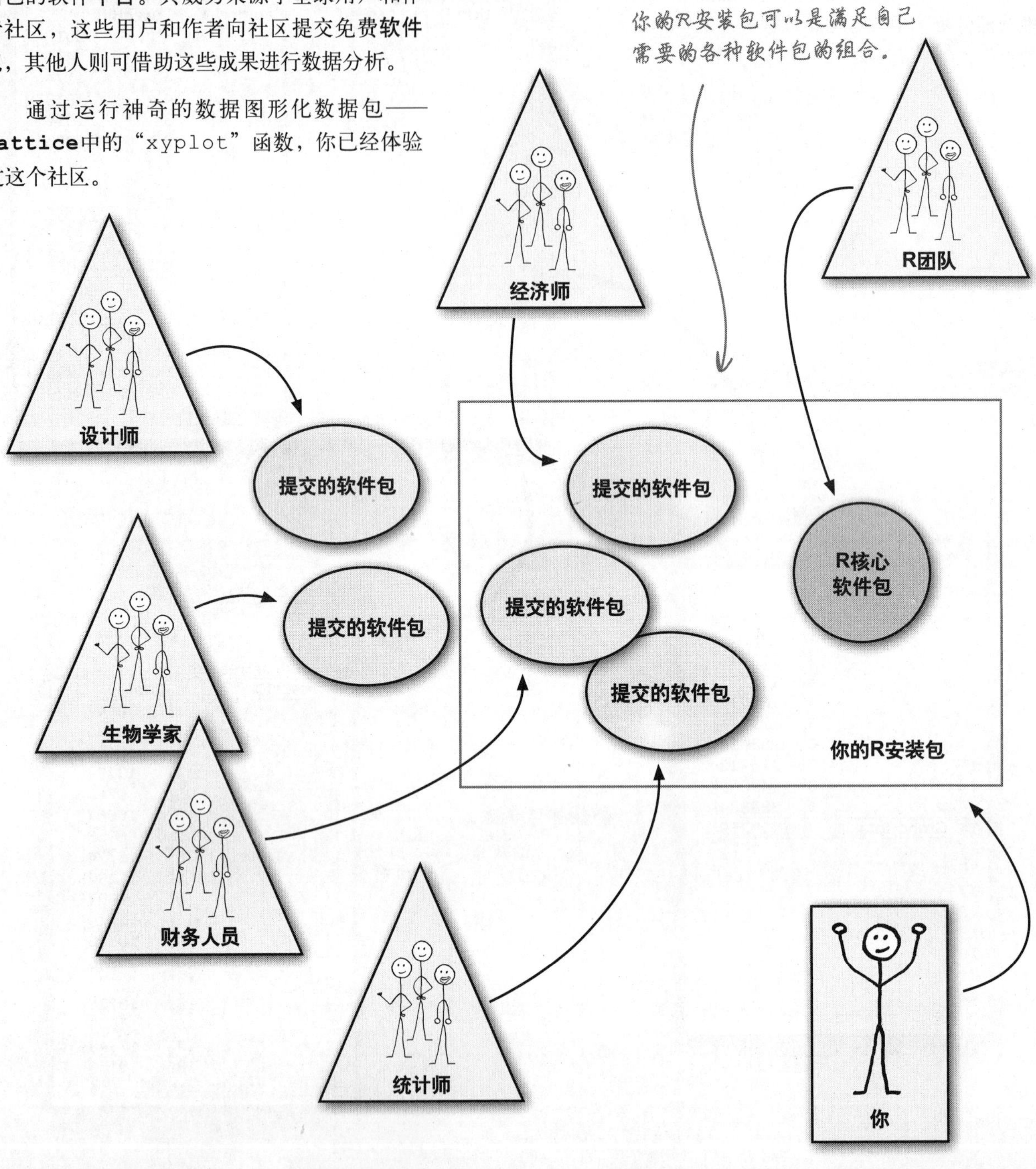

你的R安装包可以是满足自己需要的各种软件包的组合。

设计师

经济师

R团队

生物学家

提交的软件包

提交的软件包

提交的软件包

提交的软件包

R核心软件包

财务人员

统计师

你的R安装包

你

其六：非线性与多元回归

即使数据未呈现线性外观，在某些情况下，也可以使用回归进行预测。一种办法是将数字**变形**，最终使数据线性化；另一种办法是穿过图上的点画一条**多项式**回归线，以此取代线性回归线。

同样，不必限定自己通过唯一的自变量预测一个应变量。有时候，影响变量的因素**多种多样**，为了进行有效预测，可以使用**多元回归**技术。

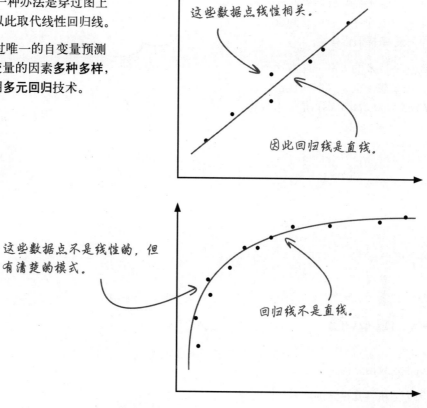

$y = a + bx$

用这个等式通过一个自变量预测一个应变量。

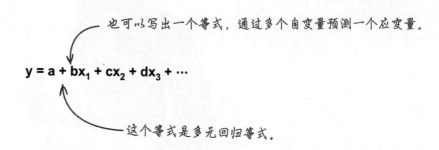

$y = a + bx_1 + cx_2 + dx_3 + \cdots$

这个等式是多元回归等式。

其七：原假设-备择假设检验

尽管第5章介绍的假设检验技术用途广泛，能涵盖各种分析问题，但是，不少人（尤其是学术界与科学界）一听到"假设检验"这几个字，就会想到统计技术中的**原假设-备择假设检验**。

使用这个技术的人多于理解这个技术的人，如果想学会，《深入浅出统计学》（*Head First Statistics*）是个不错的起点。

其八：随机性

随机性是数据分析的重头戏。

原因是**随机性几乎无迹可寻**。当人们试图解释事件时，通过以模型套证据，可以解释得很好；但在做决定的时候，仅用解释模型就收效不佳。

要是客户问你为什么会发生某件事，在经过最精心的分析之后，你往往只能老老实实地回答："这件事可以用结果的随机性来解释。"

其九：Google Docs

我们介绍过Excel、OpenOffice及R，其实Google Docs也很值得一提。**Google Docs**不仅有功能完备的在线电子表格，还可通过**Gadget**特性提供大量图形。

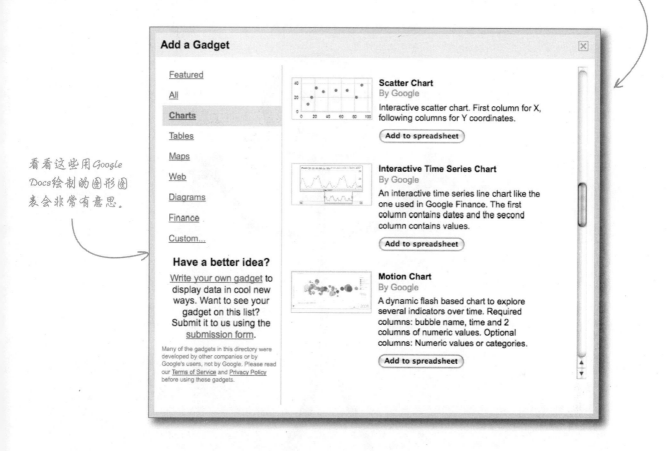

用Google Docs的Gadget特性可以绘制五花八门的图形。

看看这些用Google Docs绘制的图形图表会非常有意思。

另外，Google Docs有很多功能都能帮助你访问**实时在线数据资源**。这款免费软件绝对值得一试。

个人的作用

其十：你的专业技能

你学会了本书介绍的各种工具，但与此相比，更令人振奋的是，你将结合自己的**专业技能**，凭借这些工具去发现世界、改造世界。祝你好运。

附录B：安装R

启动R！

是的，我要订一套世界一流的统计软件，要能发挥我的分析潜力，还要，嗯，还要方便，拜托了。

强大的数据分析功能靠的是复杂的内部机制。

好在只需几分钟就能安装和启动R，本附录将介绍如何不费吹灰之力安装R。

为新软件欢呼

R起步

强大、免费的开源统计软件R可以以下四步快捷、简便地进行安装。

① **前往**www.r-project.org下载R。在身边找到一个提供R的镜像并不难（用于Windows、Mac和Linux等环境）。

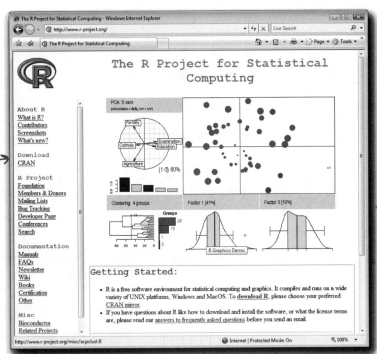

单击这个下载链接。

② 下载好R程序文件后，**双击**程序文件，启动R安装程序。

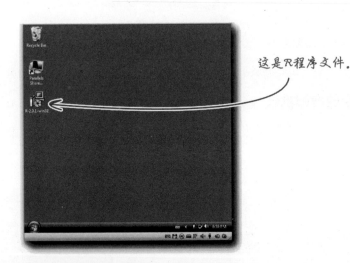

这是R程序文件。

这是R安装程序窗口。

单击此处。

428 深入浅出数据分析

安装R

❸ 在各个窗口中,单击Next(下一步),接受所有R默认安装选项,让安装程序执行安装。

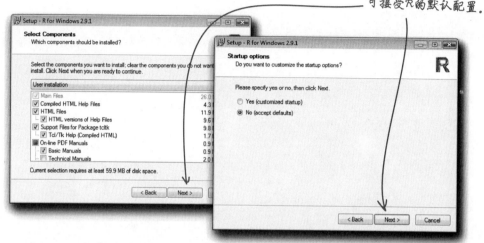

单击Next(下一步)即可接受R的默认配置。

最痛苦的就是等待。

❹ 单击电脑桌面或Start Menu(开始菜单)上的R图标,准备使用R。

这是首次启动R时的窗口。

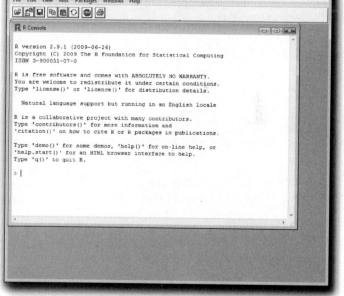

附录B 安装R 启动R! **429**

附录C：安装Excel分析工具 ToolPak

Excel有一些最好的功能在默认情况下并不安装。

为了执行第3章的优化和第9章的直方图，需要激活Solver和Analysis ToolPak，Excel在默认情况下安装了这两种扩展插件，但若非用户主动操作，这些插件不会被激活。

安装toolpak

在Excel中安装数据分析工具

按照下列步骤进行简单操作，就可以在Excel中轻松安装Analysis ToolPak和Solver。

这是 Microsoft Office 按钮。

❶ 单击Microsoft Office按钮，选择**Excel Options**（Excel选项）。

这是 Excel Options（Excel选项）。

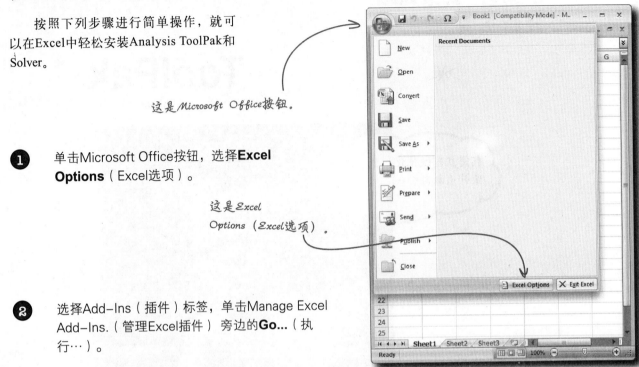

❷ 选择Add-Ins（插件）标签，单击Manage Excel Add-Ins.（管理Excel插件）旁边的**Go...**（执行…）。

"Add-Ins" 标签

单击这个按钮。

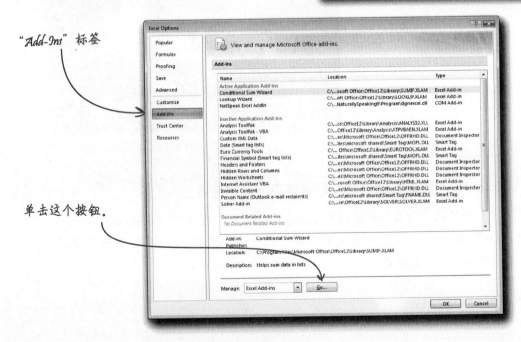

432　深入浅出数据分析

❸ 务必选中Analysis ToolPak和Solver插件框,然后单击OK(确定)。

务必选中这两个选项框。

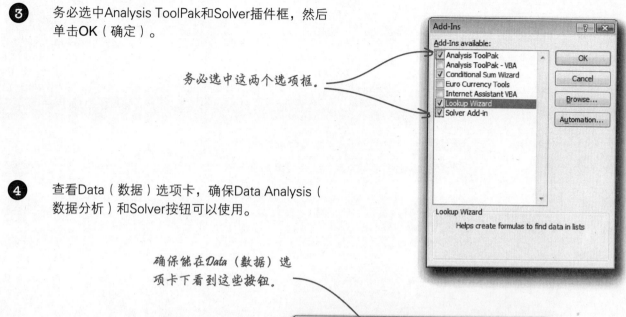

❹ 查看Data(数据)选项卡,确保Data Analysis(数据分析)和Solver按钮可以使用。

确保能在Data(数据)选项卡下看到这些按钮。

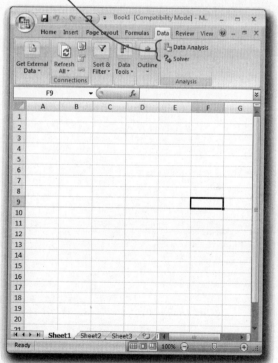

行了!

现在你已经做好准备,可以使用最优化、直方图和其他功能了。

索引

数字

3D scatterplots（三维散点图），291

符号

~ 非（概率），176
<- 赋值 (R), 413
\ 换码符, 406
| 假定（概率），176
| 结果 (R), 380
* 正则表达式通配符, 406
. 正则表达式通配符, 406
? 主题信息 (R), 404

A

accuracy analysis（正确性分析），172–174, 185–188, 214, 248, 300, 350
Adobe Illustrator, 129
Algorithm（算法），284
alternative causal models（可相互换用的因果模型），131
analysis（分析）
    accuracy（正确性），172–174, 185–188, 214, 248, 300, 350
    definitions of（…的定义），4, 7, 286
    exploratory data（探索性数据），7, 124, 421
    process steps（过程步骤），4, 35
        step 1: define（步骤1：确定），5–8
        step 2: disassemble（步骤2：分解），9–12, 256–258
        step 3: evaluate（步骤3：评估），13–14
        step 4: decide（步骤4：决策），15–17
    purpose of（目的），4
Analysis ToolPak (Excel), 431–433
"anti-resume"（"反查"），25

arrays (lattices) of scatterplots（大量散点图），126, 291, 379–381
association（关系）
    vs. causation（因果），291
    linear（线性），291–302
assumptions（假设）
    based on changing reality（基于不断变化的现实），109
    baseline set of（基准……），11, 14
    cataloguing（编目），99
    evaluating and calibrating（评估与校正），98–100
    and extrapolation（外插法），321–324
    impact of incorrect(错误造成的影响), 20–21, 34, 100, 323
    inserting your own（本人介入），14
    making them explicit（使…变得明确），14, 16, 27, 99, 321–324
    predictions using（使用…进行预测），322–323
    reasonableness of（…的合理性），323–324
    reassessing（重新评估），24
    regarding variable independence（关于自变量与应变量），103
casterisk(*)（星号 (*)），406
averages, types of（平均值类型），297
=AVG()（Excel/OpenOffice公式），121

B

Backslash（反斜杆 (\)），406
baseline expectations（基准期望），254
    （另参见"假设"）
baseline (null) hypothesis（基准（原）假设），155
base rate fallacy（基础概率谬误），178
base rates (prior probabilities)（基础概率（事前概率）），178–189
    Bayes' rule and（贝叶斯规则），182–189, 218
    Defined（已确定），178

索引 **435**

how new information affects（新信息带来的影响），185–188

Bayes' rule（贝叶斯规则）
 effect of base rate on（基础概率的影响），182–189, 218
 overview（概述），169, 182–183
 revising probabilities using（修正概率的方法），217–223
 theory behind（基本理论），179–181

Beautiful Evidence (Tufte)（《出色的证据》（塔夫特著）），420

Behind the Scenes（花絮）
 R.M.S. error formula（均方根误差公式），338
 R regression object（R的回归对象），306

bell curve（铃形曲线），270

blind spots（盲点），25–27

Bullet Points（要点）
 client qualities（客户素质），6
 questions you should always ask（不能不问的问题），286
 things you might need to predict（可能需要预测的问题），286

C

candidate hypothesis（候选假设），155

cataloguing assumptions（假设分类），99

causation（因果关系）
 alternative models（可换用模型），131
 vs. association（关系），291
 causal diagrams（因果关系图），46, 48
 causal networks（因果关系网络），148, 149
 flipping cause and effect（颠倒因果关系），45
 and scatterplots（散点图），291–292
 searching for causal relationships（寻找因果关系），124, 130

chance error (residuals)（机会误差（残差））
 defined（已确定），330
 and managing client expectations（管理客户预期），332–335
 and regression（回归），335
 residual distribution（残差分布），336–337

（同时参见"均方根误差"）

Chance Error Exposed Interview（机会误差访谈），335

charting tools, comparing（制图工具，比较），129, 211

cleaning data (see raw data)（整理数据（参见"原始数据"））

clients（客户）
 assumptions of（假设），11, 20, 26, 196–198
 communication with（沟通），207
  as data（数据），11, 77–79, 144, 196
  delivering bad news（说出坏消息），60–61, 97
  examples of（实例），8, 16, 26
  explaining limits of prediction（解释预测局限性），322, 326, 332–335, 356–357
  explaining your work（解释自己的工作），33–34, 94–96, 202–204, 248
  helping them analyze their business（帮助客户分析业务），7, 33–34, 108, 130, 240, 382
  helping you define problem（帮助你确定问题），6, 38, 132, 135, 232, 362
  Visualizations（图形），115, 206, 222, 371
 listening to（倾听），132, 135, 313, 316, 388
 mental models of（心智模型），20, 26
 professional relationship with（职业关系），14, 40, 327
 understanding/analyzing your（理解/分析），6, 119, 283

cloud function（cloud函数），291

code examples (see Ready Bake Code)（代码示例，参见"预编程代码"）

coefficient（系数）
 correlation (r)（相关性（r）），300–303, 338
 defined（已确定），304

"cognitive art,"（"认知艺术"）129, 420

comparable, defined（可比较，已确定），67

comparisons（比较）
 break down summary data using（拆分汇总数据），10
 evaluate using（评估），13, 73
 of histograms（直方图），287–288
 and hypothesis testing（假设检验），155, 158–162
 and linked tables（链接各个表格），366
 making the right（正确处理），120
 method of（方法），42, 58
 multivariate（多元），125–129, 291
 and need for controls（控制需求），58–59

and observational data（观察数据），43, 47
of old and new（新与旧），221–222
RDBMS, 382
valid（正确），64, 67–68
visualizing your（图形），72, 120–123, 126, 288–293
=CONCATENATE(), 398, 399, 403
conditional probabilities（条件概率），176–177, 182
confounders（混杂因素）
controlling for（控制），50, 63–65, 67
defined（已确定），47
and observational studies（观察研究法），45, 49
constraints（约束条件）
charting multiple（多元图形），84–87
defined（已确定），79
and feasible region（可行区域），85, 87
as part of objective function（目标函数的一部分），80–82, 100
product mixes and（产品组合），83
quantitative（定量），100
in Solver utility（Solver插件），92–94, 104–106
contemporaneous controls（同期控制法），59
control groups（控制组），58–59, 62–67
controls（控制法）
contemporaneous（同期），59
historical（历史），59, 66
possible and impossible（可能与不可能），78–79
Convert Text to Column Wizard (Excel：文本转变为列向导)，394–395
cor()（R命令），301–302
correlation coefficient (r)（相关系数r），300–303, 338
=COUNTIF()（Excel/OpenOffice公式），368
CSV files(CSV文件)，371, 405, 407
curve, shape of（曲线，形状），266–270
custom–made implementation（定制改装），365

D

Data（数据）
constantly changing（不断变化），311
diagnostic/nondiagnostic（诊断/非诊断），159–162
distribution of（分布），262
dividing into smaller chunks（分解为更小的组块），9–10, 50, 256, 271–275, 346–348
duplicate, in spreadsheet（重复，电子表格），408–413
heterogeneous（异质），155
importance of comparison of（比较的重要性），42
messy（混乱），410
observations about（观察），13
paired（成对），146, 291
quality/replicability of（质量/重复性），303
readability of（可读性），386, 399
scant（极少量），142, 231–232
segmentation (splitting) of（分区），346–348, 352, 354
subsets（子集），271–276, 288
summary（总结），9–10, 256, 259–262
"too much,"（太多）117–119
when to stop collecting（何时停止收集），34, 118–120, 286
data analysis (see analysis)（数据分析，参见"分析"）
Data Analysis for Public Policy（《公共政策数据分析》（塔夫特著）），420
data analyst performance（数据分析师绩效）
empower yourself（提高自身），15
insert yourself（本人介入），14
not about making data pretty（不以数据美观为目的），119
professional relationship with clients（与客户的个人关系），14, 40, 327
showing integrity（体现公正），131, 327
data art（数据艺术），129
databases（数据库），365
defined（已确定），365
relational databases（关系数据库），359, 364–370
software for（软件），365
data cleaning (see raw data)（数据整理（参见"原始数据"））
data visualizations (see visualizations)（数据图形（参见"图形"））
decide (step 4 of analysis process)（决策（分析步骤第4步）），15–17
decision variables（决策变量），79–80, 92, 233
define (step 1 of analysis process)（确定（分析步骤第1步）），5–8

defining the problem（确定问题），5–8
delimiters（分隔符），394–395
dependent variables（应变量），124, 423
diagnosticity（诊断性），159–162
disassemble (step 2 of analysis process)（分解（分析步骤第2步）），9–12, 256–258
distribution, Gaussian (normal)（高斯分布（正态）），270
distribution of chance error（机会误差分布），336
distribution of data（数据分布），262
diversity of outcomes（结果差别），318, 328–329
dot(.)（点(.)），406
dot plots（点阵图，同时参见"散点图"），206
duplicate data, eliminating（重复数据，删除），408–413

E

edit()（R的编辑命令），264
equations（方程）
    linear（线性），304
    multiple regression（多元回归），423
    objective function（目标函数），81
    regression（回归），306, 308–310, 318, 321–326, 356
    slope（斜率），305, 308
error（误差）
    managing, through segmentation（通过分区进行管理），346–348
    quantitative（量化），332–338
    variable across graph（图形中的变量），344–345
    (同时参见"机会误差"；均方根误差RMS)
error bands（误差区间），339–340, 352
\（转义符），406
Ethics（伦理学）
    and control groups（控制组），59
    showing integrity toward clients（向客户体现公正），131, 327
evaluate (step 3 of analysis process)（评估（分析步骤第3步）），13–14
evidence（证据）
    diagnostic（诊断），159–162
    in falsification method（证伪法），154

handling new（处理新消息），164–166, 217–223
model/hypothesis fitting（模型/假设相符），144–145
Excel/OpenOffice
    =AVG(), 121
    Bayes' rule in（贝叶斯规则），220
    charting tools in (制图工具)，129, 211, 260–262
    Chart Output checkbox（图形输出复选框），261
    =CONCATENATE(), 398, 399, 403
    Convert Text to Column Wizard（数据转化为列向导），394–395
    =COUNTIF(), 368
    Data Analysis（数据分析），260
    =FIND(), 398, 403
    histograms in（直方图），260–262
    Input Range field（输入范围域），261
    =LEFT(), 398, 399, 403
    =LEN(), 398, 403
    nested searches in（嵌套搜索），403
    no regular expressions in（非正则表达式），407
    Paste Special function（"选择性粘贴"功能），400
    pivot tables in（数据透视表），421
    =RAND(), 68
    Remove Duplicates button（"删除重复"按钮），413
    =RIGHT(), 398, 399, 403
    Solver
        Changing Cells field（更改单元格），93
        installing/activating（安装/激活），431–433
        Target Cell field（目标单元格），92, 93
    specifying a delimiter（指定分隔符），394
    standard deviation in（标准偏差），208, 210
    =STDEV(), 208, 210
    =SUBSTITUTE(), 398–402
    =SUMIF(), 369–370
    text formulas（文本公式），398–402
    =TRIM(), 398
    =VALUE(), 398
experiments（实验）
    control groups（控制组），58–59, 62–67
    example process flowchart（流程图实例），71
    vs. observational study（观察研究法），43, 54, 58–59
    overview（概要），37
    randomness and（随机），66–68
    for strategy（策略），54, 62–65
exploratory data analysis（探索性数据分析），7, 124, 421
extrapolation（外插法），321–322, 326, 356

F

false negatives（假阴性），176–181
false positives（假阳性），175–181
falsification method of hypothesis testing（假设检验证伪法），152–155
fast and frugal trees（快省树），239, 242, 244
feasible region（可行区域），85, 87
=FIND()（Excel/OpenOffice公式），398, 403
Fireside Chat (Bayes' Rule and Gut Instinct)（今夜谈："贝叶斯规则"先生和"直觉"先生）218
flipping the theory（反向理论），45
frequentist hypothesis testing（频率论者假设检验），155

G

Gadget (Google Docs特性), 425
Galton, Sir Francis（高尔顿爵士），298
Gaps（间隔）
    in histograms（直方图），263
    knowledge（知识），25–27
gaps in histograms（直方图间隔），263
Gaussian (normal) distribution（高斯分布（正态分布）），270
Geek Bits（技巧）
    regex specification（正则表达式规定），404
    slope calculation（斜率计算），308
getwd()（R指令），371, 407
Google Docs, 425
Granularity（颗粒），9
graphics (see visualizations)（图形，参见"图形"）
graph of averages（平均值图形），297–298
groupings of data（数据分组），258–266, 269–270, 274

H

head()（R指令），291–292, 372, 405
Head First Statistics（《深入浅出统计学》），155, 424
help()（R指令），267

heterogeneous data（异质数据），155
heuristics（启发法）
    and choice of variables（选择变量），240
    defined（已确定），237
    fast and frugal tree（快省树），239, 242, 244
    human reasoning as（人类推理），237–238
    vs. intuition（直觉），236
    overview（概述），225, 235–236
    rules of thumb（经验），238, 244
    stereotypes as（固定模式），244
    strengths and weaknesses of（优缺点），238, 244
hist()（R指令），265–266, 272
histograms（直方图）
    in Excel/OpenOffice（Excel/OpenOffice中的……），260–262
    fixing gaps in（处理缺口），263
    fixing multiple humps in（处理多个峰），269–276
    groupings of data and（数据分组），258–266, 269–270, 274
    normal (bell curve) distribution in（正态分布（铃形曲线）），270
    overlays of（迭加），288
    overview（概述），251
    in R（R程序），265–268
    vs. scatterplots（散点图），292
historical controls（历史控制法），59, 66
human reasoning as heuristic（启发式人类推理法），237–238
hypothesis testing（假设检验）
    diagnosticity（诊断性），159–162
    does it fit evidence（假设是否与证据相符），144–145
    falsification method（证伪法），152–155
    frequentist（频率论者），155
    generating hypotheses（建立假设），150
    overview（概述），139
    satisficing（满意法），152
    weighing hypotheses（权衡假设法），158–159

I

Illustrator (Adobe Illustrator), 129
independent variables（自变量），103, 124
intercepts（截距），304, 307, 340
internal variation（内部偏差），50

interpolation（内插法），321
intuition vs. heuristics（直觉与启发法），236
inventory of observational data（搜集观察数据），43
iterative, defined（反复的，确定的），393

J

jitter()（R指令），372

K

knowledge gaps（知识缺陷），25-27

L

lattices (arrays) of scatterplots（散点图集），126, 291, 379-381
=LEFT()（Excel/OpenOffice公式），398, 399, 403
=LEN()（Excel/OpenOffice公式），398, 403
library()（R指令），379-380
linear association（线性相关性），291-302
linear equation（线性方程），304
linearity（线性），149, 303
linear model object (线性模型对象), 306, 338, 340
linear programming（线性编程），100
linked spreadsheets（关联电子表格），361, 366, 369-371, 374
linked variables（关联变量），103, 146-148
lm()（R指令），306-309, 338, 340, 353-354

M

measuring effectiveness（计量绩效），228-232, 242, 246
mental models（心智模型），20-27, 150-151, 311
method of comparison（比较方法），42, 58
Microsoft Excel (Excel/OpenOffice程序)
Microsoft Visual Basic for Applications (VBA), 407
models（模型）
  fit of（符合），131
  impact of incorrect（错误影响），34, 97-98
  include what you don't know in（包含不了解的因素），25-26
  making them explicit（模型明确化），21, 27
  making them testable（模型可测试），27
  mental（心智的），20-27, 150-151, 238, 311
  need to constantly adjust（需要不断调整），98, 109
  segmented（分区），352
  statistical（统计的），22, 27, 238, 330
  with too many variables（变量太多），233-235
multi-panel lattice visualizations（多面板网格图形），291
multiple constraints（多种约束条件），84-87
multiple predictive models（多种可预测模型），346
multiple regression（多元回归），298, 338, 423
multivariate data visualization（多变量数据图形），123, 125-126, 129, 291

N

negatively linked variables（负相关变量），103, 146-148
networked causes（因果关系），148, 149
nondiagnostic evidence（非诊断证据），160
nonlinear and multiple regression（非线性多元回归），298, 338, 423
normal (Gaussian) distribution（正态（高斯）分布），270
null-alternative testing（备择检验），424
null (baseline) hypothesis（备择假设（原假设）），155

O

objective function（目标函数），80-82, 92, 233
objectives（目标），81, 92, 99, 118-120, 233
"objectivity,"（目标性）14
observational studies（观察研究），43, 45, 59
OpenOffice (参见Excel/OpenOffice)
operations research（运算研究），100
optimization（最优化）
  and constraints（约束条件），79, 100, 103-105
  vs. falsification（证伪法），155
  vs. heuristics（启发法），236-238

overview（概述），75
solving problems of（解决问题），80–81, 85, 90
using Solver utility for（Solver功能），90–94, 106–107
order()（R指令），409
outcomes, diversity of（多种结果），318, 328–329
out-of-the-box implementation（现买现用），365
overlays of histograms（重迭直方图），288

P

paired data（成对数据），146, 291
perpetual, iterative framework（反复不断地构建），109
pipe character (|字符)
　in Bayes' rule（贝叶斯规则），176
　in R commands（R指令），380
pivot tables（数据透视表），421
plot()（R命令），291–292, 372
polynomial regression（多项式回归），423
positively linked variables（正相关变量），146–148
practice downloads（练习下载：www.headfirstlabs.com/books/hfda/）
　bathing_friends_unlimited.xls, 90
　hfda_ch04_home_page1.csv, 121
　hfda_ch07_data_transposed.xls, 209
　hfda_ch07_new_probs.xls, 219
　hfda_ch09_employees.csv, 255
　hfda_ch10_employees.csv, 291, 338
　hfda_ch12_articleHitsComments.csv, 379
　hfda_ch12_articles.csv, 367
　hfda_ch12_issues.csv, 367
　hfda_ch12_sales.csv, 369
　hfda_ch13_raw_data.csv, 386
　hfda.R, 265
　historical_sales_data.xls, 101
prediction（预测）
　balanced with explanation（加以解释），350
　and data analysis（数据分析），286
　deviations from（偏差），329–330
　explaining limits of（解释限制条件），322, 326, 332–333, 335, 356
　outside the data range (extrapolation)（超出数据范围（外插）），321–322, 326, 356

and regression equations（回归方程），310
and scatterplots（散点图），294–300
prevalence, effect of（程度，效果），174
previsualizing（想象），390–393, 414
prior probabilities (see base rates [prior probabilities])（事前概率（参见"基础概率[事前概率]"））
probabilities（概率）
　Bayes' rule and（贝叶斯规则），182–189
　calculating false positives, negatives（计算假阳性、假阴性），171–176, 182
　common mistakes in（普通错误），172–176
　conditional（条件），176–177, 182
　（同时参见"主观概率"）
probability histograms（概率直方图），418
product mixes（产品组合），83–89, 100

Q

Quantitative（定量）
　Constraints（约束条件），100
　Errors（误差），332–338
　linking of pairs（数据相关），146
　making goals and beliefs（制定目标，确立信念），8
　relationships（关系），376
　relations in RDBMS（相关数据库中的关系），376
　theory（理论），233, 303
querying（查询）
　defined（已确定），375
　linear model object in R（R中的线性模型对象），340
　SQL, 379
question mark (?)（R中的问号），404

R

R
　charting tools in（绘图工具），129
　cloud function（cloud函数），291
　command prompt（指令提示），264
　commands（指令）
　　?, 404
　　cor(), 301–302
　　edit(), 264

索引

getwd(), 371, 407
head(), 291–292, 372, 405
help(), 267
hist(), 265–266, 272
jitter(), 372
library(), 379–380
lm(), 306–309, 338, 340, 353–354
order(), 409
plot(), 291–292, 372
read.csv(), 291
save.image(), 265
sd(), 268, 276
source(), 265
sub(), 405–406
summary(), 268, 276, 339
unique(), 413
write.csv(), 413
xyplot(), 379–380
community of users（用户社区）, 422
defaults（默认值）, 270
described（描述）, 263
dotchart function in（dotchart函数）, 211
histograms in（直方图）, 265–268
installing and running（安装与运行）, 264–265, 428–429
pipe character in (|字符), 380
regular expression searches in（正则表达式搜索）, 404–408
scatterplot arrays in（散点图集合）, 126
r (correlation coefficient)（相关系数r）, 300–303, 338
=RAND()（Excel/OpenOffice公式）, 68
randomized controlled experiments（随机控制实验）, 40, 66–68, 70, 73, 113
Randomness（随机）, 68, 424
Randomness Exposed Interview（随机访谈）, 68
random surveys（随机调查）, 40–44, 50–52, 73, 228–234
rationality（理性）, 238
raw data（原始数据）
  disassembling（分解）, 9–10, 255–259
  evaluating（评估）, 28–32
  flowchart for cleaning（整理流程图）, 414
  previsualize final data set（最终数据外观）, 390, 392–394

using delimiter to split data（使用分隔符分隔数据）, 394–395
using Excel nested searches（使用Excel嵌套搜索）, 403
using Excel text formulas（使用Excel文本公式）, 398–402
using R regular expression searches（使用R正则表达式搜索）, 404–408
using R to eliminate duplicates in（使用R消除重复数据）, 408–413
RDBMS（关系数据库管理系统）, 376–378, 382, 412, 421
read.csv()（R指令）, 291
Ready Bake Code（预编代码）
  calculate r in R（在R中计算r）, 301–302
  generate a scatterplot in R（在R中生成散点图）, 291–292
recommendations（建议，参见"客户报告"）
regression（回归）
  balancing explanation and prediction in（平衡解释与预测）, 350
  and chance error（机会误差）, 335
  correlation coefficient (r) and（相关系数r）, 302–303
  Data Analysis for Public Policy（《公共政策数据分析》（塔夫特著）), 420
  Linear（线性）, 307–308, 338, 423
  linear correlation and（线性相关）, 299–305
  nonlinear regression（非线性回归）, 298, 338, 423
  origin of name（名字来源）, 298
  overview（概述）, 279, 298
  polynomial（多项式）, 423
  and R.M.S. error（均方根误差）, 337
  and segmentation（分区）, 348, 352, 354
regression equations（回归方程）, 306, 308–310, 318, 321–326, 356
regression lines（回归线）, 298, 308, 321, 337, 348
regular expression searches（正则表达式搜索）, 404–408
relational database management system (相关数据库管理系统RDBMS), 376–378, 382, 412, 421
relational databases（关系数据库）, 359, 364–370
replicability（重复性）, 303
reports to clients（给客户的报告）
  examples of（实例）, 16, 34, 96, 136, 246, 248, 356
  guidelines for writing（撰写指南）, 14–16, 33, 310
  using graphics（使用图形）, 16, 31, 48, 72, 154, 310

representative samples（典型抽样），40, 322
residual distribution（残差分布），336–337
residuals (残差，参见"机会误差")
residual standard error (残差标准差，参见"均方根误差")
=RIGHT()（Excel/OpenOffice公式），398, 399, 403
rise（高），305
Root Mean Squared (R.M.S.) error（均方根误差）
    compared to standard deviation（与标准偏差进行比较），337
    defined（已确定），336–337
    formula for（公式），338
    improving prediction with（改进预测），342, 354–356
    R, 339–340, 354
    regression and（回归），338
rules of thumb（经验），238, 244
run（边长），305

S

Sampling（抽样），40, 322, 418
Satisficing（满意法），152
save.image()（R指令），265
scant data（数据匮乏），142, 231–232
scatterplots（散点图）
    3D, 291
    creating from spreadsheets in R（在R中用电子表格创建），371–373
    drawing lines for prediction in（绘制预测线），294–297
    vs. histograms（直方图），292
    lattices (arrays) of（网格（数组）），126, 291, 379–381
    magnet chart（数据点图），290
    overview（概述），123–124, 291
    regression equation and（回归方程），309
    regression lines in（回归线），298–300
sd()（R指令），268, 276
segmentation（分区），346–348, 352, 354
segments（分区），266, 318, 343, 350, 353
self-evaluations（自评），252
sigma（σ，参见"均方根误差"）
slope（斜率），305–308, 340
Solver, 90–94, 100, 431–433
Sorting（排序），209–210, 409–410
source()（R指令），265
splitting data（拆分数据），346–348, 352, 354
spread of outcomes（结果分布），276
spreadsheets（电子数据表）
    charting tools（绘图工具），129
    linked（关联），361, 366, 369–371, 374
    provided by clients（来自客户），374
    （同时参见Excel/OpenOffice）
SQL (结构化查询语言), 379
standard deviation（标准偏差）
    calculating the（计算），210, 268, 276
    defined（已确定），208
    and R.M.S. error calculation（均方根误差计算），338
    and standard units（标准单位），302, 337
    =STDEV, 208
standard units（标准单位），302
statistical models（统计模型），22, 27
=STDEV()（Excel/OpenOffice公式），208, 210
stereotypes as heuristics（固定模式，启发式），244
strip, defined（区间，已确定），296
Structured Query Language (结构化查询语言SQL), 379
sub()（R指令），405–406
subjective probabilities（主观概率）
    charting（绘图），205–206
    defined（已确定），198
    describing with error ranges（描述误差范围），335
    overcompensation in（过度补偿），218
    overview（概述），191
    quantifying（量化），201
    revising using Bayes' rule（使用贝叶斯规则进行修正），217–223
    strengths and weaknesses of（优点和缺点），211
subsets of data（数据子集），271–276, 288
=SUBSTITUTE()（Excel/OpenOffice），398–402
=SUMIF()（Excel/OpenOffice公式），369–370
summary()（R指令），268, 276, 339
summary data（汇总数据），9–10, 256, 259–262

索引

surprise information（惊人的信息），18, 212–213
surveys（调查），40–44, 50–52, 73, 228–234

T

tag clouds（标签云），114
Test Drive（"一试身手"）
    Using Excel for histograms（用Excel绘制直方图），260–261
    Using R to get R.M.S. error（用R计算均方根误差），339–340
    Using Solver（使用Solver），93–94
tests of significance（显著性检验），418
theory（理论，参见"心智模型"）
thinking with data（用数据思考），116
tilde (~), 176
ToolPak (Excel), 431–433
Transformations（变形），423
=TRIM()（Excel/OpenOffice公式），398
Troubleshooting（处理问题）
    activating Analysis ToolPak（激活Analysis ToolPak），431–433
    Data Analysis button missing（数据分析按钮不出现），260, 431–433
    gaps in Excel/OpenOffice histograms（Excel/OpenOffice直方图缺口），262–263
    histogram not in chart format（非图形格式直方图），261
    read.csv()（R指令），291
    Solver utility not on menu（菜单中不见Solver功能），90, 431–433
true negatives（真阴性），175–181
true positives（真阳性），176–181
Tufte, Edward（爱德华·塔夫特），129, 420
two variable comparisons（两种变量比较），291–292

U

ultra-specified problems（超规范问题），237
uncertainty（不确定因素），25–27, 342
unique()（R指令），413

Up Close（细节放大）
    conditional probability notation（条件概率记法），176
    confounding（混杂），64
    correlation（相关），302
    histograms（直方图），263
    your data needs（数据需要……），78
    your regular expression（正则表达式），406

V

=VALUE()（Excel/OpenOffice公式），398
Variables（变量）
    Decision（决策），79–80, 92, 233
    Dependent（应变），124, 423
    Independent（自变），103, 124
    Linked（相关），103, 146–148
    Multiple（多个），84, 123–126, 129, 291, 359
    Two（两个），291–292
variation, internal（内部偏差），50
vertical bar (|)
    in Bayes' rule（贝叶斯规则），176
    in R commands（R命令），380
Visual Basic for Applications (VBA), 407
Visualizations（图形）
    Beautiful Evidence（《可靠的证据》（塔夫特著）），420
    causal diagrams（因果关系图），46, 48
    data art（数据艺术），129
    examples of poor（不合格实例），83, 114–115
    fast and frugal trees（快省树），239, 242, 244
    making the right comparisons（正确比较），120–123
    multi-panel lattice（多面板网格图），291
    multivariate（多变量），123, 125–126, 129, 291
    overview（概述），111
    in reports（报告），16, 72, 96
    software for（软件），129, 211
    (同时参见"直方图"、"散点图")

W

Watch it!（小心！）
    always keep an eye on your model assumptions（千万对模型假设保持戒心），323

always make comparisons explicit（千万要进行明确比较），42
does your regression make sense?（回归线有意义吗？），306
way off on probabilities（概率错觉），172, 184
websites（网站）
 to download R（下载R），264, 428
 Edward Tufte（爱德华·塔夫特），420
 Head First（深入浅出），416
 tag clouds（标签云），114
whole numbers（整数），182
wildcard search（通配符搜索），406
write.csv()（R指令），413

xyplot()（R指令），379–380

y-axis intercept（Y轴截距），304, 307, 340

博文视点O'REILLY®系列

《高性能网站建设指南》
Steve Souders 著
刘彦博 译
- 深度阐述前端工程师的技能精髓
- 详细解读提高网页效率的14条准则
- 分享作者多年网站性能方面的丰富经验

《集体智慧编程》
Toby Segaran 著
莫映 王开福 译
- 构建智能Web2.0应用
- Tim O'Reilly赞本书为"第一本真正的Web2.0应用开发实践指南"

《JavaScript语言精粹》
Douglas Crockford 著
赵泽欣 鄢学鹍 译
- 雅虎资深JavaScript架构师Douglas Crockford倾力之作
- 向读者介绍如何运用JavaScript创建真正可扩展的和高效的代码

《构建可扩展的Web站点》
Cal Henderson 著
徐宁 译
- Flickr.com主力架构师Cal Henderson倾力之作
- 为你揭开Flickr.com构建之谜
- 帮你解读Web应用程序扩展之道
- 助你构建最优秀的Web 2.0应用

《移动应用的设计与开发》
Brian Fling 著
马晶慧 译
- 全面展现移动开发产业生态环境
- 细致分析移动应用产品开发方法

《Web信息架构》
Peter Morville, Louis Rosenfeld 著
陈建勋 译 范炜 审校
- 信息架构领域权威著作
- Web站点开发参考
- 九年三版,经典巨著

《精通正则表达式》
Jeffrey E.F.Friedl 著
余晟 译
- 十年三版,再显王者风范
- 近30年开发经验的智慧结晶
- 深入理解正则表达式,彻底修炼基本功

《Java消息服务(第2版)》
Mark Richards, Richard Monson-Haefel
David A.Chappell 著
闫怀志 译
- 深入浅出解读JMS和消息传送机制关键技术
- 解剖JMS1.1最新技术热点

《高性能网站建设进阶指南》
Steve Souders 著
口碑网前端团队 译
- 《高性能网站建设指南》姊妹篇
- 作者Steve Souders是Google Web性能布道者和Yahoo!前首席性能工程师
- 在本书中,Souders与8位专家分享了提升网站性能的最佳实践和实用建议

《Java Web服务:构建与运行》
Martin Kalin 著
任增刚 译
- 包含大量有完整代码的实例
- 以示例驱动的方式,循序渐进地解剖基于Java的Web服务技术
- 评点基于SOAP和RESTful的服务的异同,细致分析服务部署方式

《软件架构师应该知道的97件事》
Richard Monson-Haefel 编
徐定翔 章显洲 译
- O'Reilly第一本开源图书,业界专家集体智慧创作
- 旨在"为全世界的软件架构师提供洞察力和指导"
- 集思广益、覆盖面广、写法新颖
- 技术社区及程序员博客热议

《高性能MySQL(第二版)》
Baron Schwartz, Peter Zaitsev, Vadim Tkachenko,
Jeremy D.Zawodny, Arjen Lentz, Derek J.Balling 著
王小东 李军 康建勋 译
- 汇聚著名MySQL专家在实践中构建大型系统的多年经验
- 剖析MySQL内部工作机制,指导读者使用MySQL开发出快速可靠的系统
- 实例讲解MySQL实用又安全的高性能之路

博文视点诚邀精锐作者加盟

《代码大全》、《Windows内核情景分析》、《加密与解密》、《编程之美》、《VC++深入详解》、《SEO实战密码》、《PPT演义》……

"圣经"级图书光耀夺目，被无数读者朋友奉为案头手册传世经典。

潘爱民、毛德操、张亚勤、张宏江、昝辉Zac、李刚、曹江华……

"明星"级作者济济一堂，他们的名字熠熠生辉，与IT业的蓬勃发展紧密相连。

九年的开拓、探索和励精图治，成就**博**古通今、**文**圆质方、**视**角独特、**点**石成金之计算机图书的风向标杆：博文视点。

"凤翱翔于千仞兮，非梧不栖"，博文视点欢迎更多才华横溢、锐意创新的作者朋友加盟，与大师并列于IT专业出版之巅。

英雄帖

江湖风云起，代有才人出。
IT界群雄并起，逐鹿中原。
博文视点诚邀天下技术英豪加入，
指点江山，激扬文字
传播信息技术，分享IT心得

• 专业的作者服务 •

博文视点自成立以来一直专注于IT专业技术图书的出版，拥有丰富的与技术图书作者合作的经验，并参照IT技术图书的特点，打造了一支高效运转、富有服务意识的编辑出版团队。我们始终坚持：

善待作者——我们会把出版流程整理得清晰简明，为作者提供优厚的稿酬服务，解除作者的顾虑，安心写作，展现出最好的作品。

尊重作者——我们尊重每一位作者的技术实力和生活习惯，并会参照作者实际的工作、生活节奏，量身制定写作计划，确保合作顺利进行。

提升作者——我们打造精品图书，更要打造知名作者。博文视点致力于通过图书提升作者的个人品牌和技术影响力，为作者的事业开拓带来更多的机会。

联系我们

博文视点官网：http://www.broadview.com.cn　　CSDN官方博客：http://blog.csdn.net/broadview2006/
新浪官方微博：http://weibo.com/broadviewbj　　腾讯官方微博：http://t.qq.com/bowenshidian
投稿电话：010-51260888　88254368　　投稿邮箱：jsj@phei.com.cn

反侵权盗版声明

电子工业出版社依法对本作品享有专有出版权。任何未经权利人书面许可,复制、销售或通过信息网络传播本作品的行为,歪曲、篡改、剽窃本作品的行为,均违反《中华人民共和国著作权法》,其行为人应承担相应的民事责任和行政责任,构成犯罪的,将被依法追究刑事责任。

为了维护市场秩序,保护权利人的合法权益,我社将依法查处和打击侵权盗版的单位和个人。欢迎社会各界人士积极举报侵权盗版行为,本社将奖励举报有功人员,并保证举报人的信息不被泄露。

举报电话:(010)88254396;(010)88258888
传　　真:(010)88254397
E-mail: dbqq@phei.com.cn
通信地址:北京市万寿路173信箱
　　　　　电子工业出版社总编办公室
邮　　编:100036